ライブラリ新・基礎物理学＝1

新・基礎　力学

永田一清　著

サイエンス社

編者のことば

本ライブラリの前身にあたる「ライブラリ工学基礎物理学：基礎力学，基礎電磁気学，基礎波動・光・熱学」が発刊されて，すでに十数年を経た．当時（1980 年代後半）は，丁度戦後日本の高等教育の大拡張期が一段落を見た時期でもあった．1950 年代には 8 %程度であった 4 年制大学の就学率は，1980 年代には 28 %にまで達していた．その頃の大学教育は，この大学生の量的な拡大があまりにも急激に進んだために，その学生の質の変化に対応することができず，その方策を模索していた．理工系の大学初年次教育でもっとも重要な部分を占める物理学の基礎教育についても，それは例外ではなかった．

前ライブラリは，そのような当時の基礎物理教育に寄与するために，物理学のテキストとして新しいスタイルを提案した．すなわち，それまでの物理学のテキストのように，美しい理論体系をテキストの中で精緻に説明するのではなく，学生諸君自らが実際に手を動かして，例題などを解き，証明を導くことによって，より効果的に物理法則などの理解を深めさせることをねらったものであった．幸い私たちの試みは広く受け入れて頂けたようで，大変嬉しく思っている．

しかし，近年，少子化が進んで大学は入学し易くなり，さらに，“初等・中等教育の学習指導要領”の改変によって高等学校までの学習の習熟度が低下し，大学生のユニバーサル化が一挙に進むことになってしまった．そうなると，もはや前ライブラリで対応することは難しいように思われる．

この新しい「ライブラリ新・基礎物理学」シリーズでは，高等学校で物理を十分に学習してこなかった学生諸君でも十分に理解できるように，また，物理の得意な学生諸君には，物理学の面白さが理解できるように，各巻がそれぞれに工夫をこらして執筆されている．たとえば，学生諸君の負担をなるべく軽減するために内容は重要な項目だけに精選し，その代わり重要な概念や法則については，初心者にも十分に理解できるように，また物理の好きな学生にはより深く理解できるように，一つ一つをできるだけ平易に，丁寧に説明するように心がけられている．したがって，学生諸君はこのライブラリを繰り返し読むことによって，物理を学ぶ楽しさを味わうことができるであろう．

永田一清

はしがき

近年，高等学校で「物理」を履修しないで，大学の理工系学部・学科に入学してくる学生が増えてきている．そのため，大学の初年次における物理学の授業では，多くの場合，高校「物理」を十分に理解している学生と，きちんと履修してこなかった学生が，同じ教室で一緒に受講することになる．したがって，そこでは，もはや高校での物理の履修を前提とした従来型の物理教育は通用しない．すなわち，大学の基礎物理担当の先生方は，「物理をはじめて学ぶ学生」に，物理の基本的な諸概念や法則を理解させながら，一方では物理の得意な学生にはより深く物理の理論を理解させることが求められる．

この『新・基礎力学』は，このような，いま大学が直面している難問に少しでも応えたいと考えて執筆された大学初年次の「力学」のテキストである．「力学」は「電磁気学」などと違って日常的に感覚できる現象を対象としている．その意味では，はじめて学ぶ学生諸君にとっても，取っ掛かり易い学問である．本テキストでは，この「力学」の特徴を活かしながら，以下の点に留意して執筆した．

(1) まず，学生諸君の負担をなるべく軽減し，また，1セメスターで授業が余裕をもって完結できるように，内容を重要な項目だけに精選した．

(2) 重要な概念や法則の説明は，初心者にも十分に理解できるように，一つ一つをできるだけ平易に説明するように心がけた．わが国の物理学の教科書は，伝統的になるべくあっさり説明するのがよいとされてきたが，本テキストでは，むしろ丁寧にきちんと説明することによって，物理学の得意な学生諸君には力学の面白さが理解できるように配慮した．

(3) 前ライブラリの特徴を継承し，学生諸君が実際に手を動かして，問題を解きながら法則などを自然に理解していけるように，各章の最後に厳選された例題を置いている．さらに，章末には演習問題も豊富に用意し，その詳細な解答は巻末にまとめて示した．

(4) このテキストを学ぶにあたって，数学の力不足のために内容の理解が妨げられることのないように，必要な数学的な知識は逐次本文の中で説明している．

(5) ただし，やや複雑な数学的計算が避けられないような種類の運動については，「第5章」にまとめて，そこで解説した．したがって，物理や数学に自信のある学生諸君は「第5章」に挑戦してみてほしい．また，数学の苦手な学生諸君はこの章は飛ばして先に進むとよい．

学生諸君が本テキストを繰り返し読むことによって，「力学の理解」が深まり，「力学を学ぶ」楽しさが味わえることを願っている．

最後に，本書の出版にあたってお骨折り頂いたサイエンス社の田島伸彦氏と足立豊氏に心からお礼申し上げる．

2005年7月

著　者

目　　次

第0章

はじめに

力学を学ぶ

物体に力が加わると，物体は運動の状態が変化し，形や大きさが変わり，ある場合には温度までも変化する．これから学ぶ「力学」では，これらの力が物体におよぼす効果のなかで，特に力と運動の関係を取り上げる．

本章の内容

0.1 力とは何だろう？

私たちは日常の経験を通して“力”という共通の概念をもっている．たとえば，片腕で水の入ったバケツを提げるとき，腕の筋肉に受ける感覚によってそれを直接確かめることができる．しかし，感覚は人によってそれぞれ異なる．バケツの水の量は同じであってもA君の腕の感覚とBさんの腕の感覚が同じであるという保証はない．このように，日常経験に基づいた“力”という概念はかなり曖昧なものである．

それでは，力を客観的に定義するにはどうすればよいのだろうか．物体に力が作用すると，物体は運動の状態が変化し，形や大きさが変わり，ある場合には温度までも変化する．このことは，逆に物体に生じる変化によって，それに加わる力を定義できる可能性を示唆している．実際にこれから学ぶ「力学」では，力が物体におよぼすこれらの効果の中で，特に運動に現れる変化から“力”という量が定義される．この力の定義については後の章で詳しく述べられるので，本章ではとりあえず日常経験に基づいた常識的な力の概念を用いて話を進める．

0.2 アリストテレスの自然運動と強制運動

力と物体の関わりについてはギリシャの昔から原理が探求されてきた．古代ギリシャの哲学者であり科学者でもあったアリストテレスは観察と経験を総括して，「すべて動くものは動かすものによって動かされる」と考え，この動かすものが“物体の本性（霊魂）”であるか“外部からの力の作用”であるかによって，運動を**自然運動**と**強制運動**に分類した．自然運動とは，物体の落下運動のような地上における鉛直線に沿った上下運動と，天体の行う円運動であって，これらは物体の本性によって生じると考えていた．これに対して強

図 0.1 アリストテレス（前384–前322）

制運動には，押されて前に進む荷車の運動や，帆に風を受けて進む船の運動など，地上における上下運動を除く全ての運動がこれに含まれるとした．すなわち，強制運動は，物体を押したり引っ張ったりする接触力によって引き起こされ，接触が離れると力が働かなくなり途端に物体は運動を止めてしまう．したがって，物体が運動を続けている間は絶えず物体に力が働いていなければならない．このようなアリストテレスの力と運動に関する考えが間違っていることは，今日では，少しでも物理学を学んだ人なら誰でも知っているであろう．しかし，彼の後継者たちは，その後，古代・中世を通して，ルネッサンスの初期に至るまでの約 2000 年もの長い間，このアリストテレスの考えを「疑問の余地のない自明なこと」と信じてきたのである．1 つの間違った理論が，このような長きにわたって広く受け入れられてしまった例は，人類の歴史を振り返っても他に見当たらないであろう．

0.3　「プリンキピア」

今日の「力学」の基礎を築き上げたのは，16 世紀から 18 世紀にかけて登場したガリレイ，ケプラー，デカルト，ニュートン達である．特に最後に登場したイギリスの物理学者であるニュートンは，ガリレイ達先輩の研究業績や自らの経験や実験をもとにして，「力」と「運動」についての基本的な法則を発見し，1687 年にそれを主著「**自然哲学の数学的原理**」（しばしば「**プリンキピア**」と略称される）の中で発表した．それが有名な「万有引力の法則」と「運動の 3 法則」である．これらの法則は，いずれも地上における運動だけでなく，天体の運行などにも普遍的に適用できるものであった．ニュートンは自ら発見したこれらの法則を用いて，力と運動の概念を明確に規定して，いわゆるニュートン力学と呼ばれる理論体系を作り上げることに成功したのである．

ニュートン力学は，20 世紀のはじめに相次いで登場した相対性理論や量子力学と区別するために，今日ではしばしば「古典力学」と呼ばれる．しかし，自然科学が対象とするほとんどの現象では，相対論効果や量子効果を無視することができるため，ニュートン力学は，現在でも自然科学の基礎をなす最も重要な理論体系である．

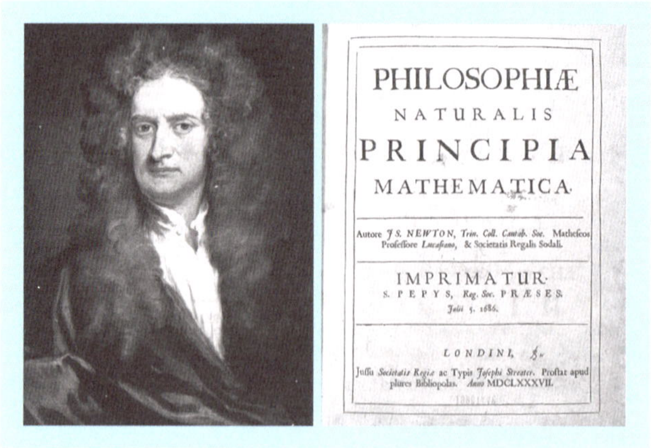

図 0.2 アイザック・ニュートン（1642〜1727）と主著「プリンキピア」

0.4 アリストテレスとニュートンの運動の法則

ここで，アリストテレスとニュートンの運動の法則を簡単に比較してみよう．“霊魂”による自然運動という考えは，偉大な哲学者であり科学者であったアリストテレスでも，まだ完全にはアニミズムから脱却しきれなかったことを物語るものであって，歴史的には興味深いが，物理学としては意味がない．一方，強制運動の方は，他の物体から及ぼされた接触力によって引き起こされる．この場合の力と運動との関係は，力の大きさを F，物体の速度を v，そして何か抵抗があるとしてこれを R で表すと

$$v = \frac{F}{R} \tag{0.1}$$

と書き表すことができる．つまりアリストテレスによれば，力によって物体には速度が誘起され，その速度の大きさは力に比例する．したがって，力が働かなければ物体は静止したままということになる．

一方，後の章で詳しく学ぶように，ニュートンの運動の法則によれば，力によって物体に誘起されるのは，加速度 a，つまり速度の時間変化率である．すなわち，加えられる力の大きさに比例した加速度が物体に現れるから，ニュートンの運動の法則は

$$a = kF \tag{0.2}$$

と書くことができる．この場合の比例係数 k の逆数は，物体の質量を与えるが，これについても後で学ぶであろう．

0.5 物体のモデル化 — 質点と剛体

運動は物体の位置が時々刻々変化する現象である．したがって，運動を取り扱う力学では**位置**，**速度**，**加速度**という 3 つの量が特に重要な量となる．速度は位置の時間変化率であり，加速度は速度の時間変化率であるから，これらの 3 つの量の中では，位置が最も基本的な量である．

ところで，物体には大きさがあり，形がある．力が働けば変形もする．すなわち，物体は空間の中にある広がりをもって存在している．そのため物体の位置を一義的に定義することはできない．そこで力学では，2 つの理想化された物体のモデル，すなわち「**質点**」と「**剛体**」という概念を導入する．

質点は，物体の大きさを無限に縮めた極限の仮想的な微小物体である．太陽の周りを回る地球の運動や，空に放り上げたボールの運動のように，物体全体としての運動だけを問題にして，物体の回転や変形を無視する場合には，物体は，全質量が重心と呼ばれる 1 点に集中した質点とみなしてよい．

一方，剛体は大きさはあるが，力を加えても変形しない仮想的な物体である．このような剛体の運動を考えるときは，剛体を微小な部分に分割して，その各々を互いにかたく結びついた質点系とみなして，質点の力学を応用すればよい．

本書でも，この質点や剛体という概念は絶えず用いられる．すなわち，小物体，小球，粒子などのように，大きさそのものが重要でない場合には，特に断らなくてもそれらの物体は質点として扱われる．同様に，大きさをもつが変形の小さな固体などは剛体として扱われる．

0.6 物理量の時間微分

これまで高校で学んできた数学では，微分といえば専ら関数 $f(x)$ を x で微分してきた．しかし，これから学ぶ力学では，速度や加速度のように時間に関する微分係数によって定義される量がしばしば登場する．微分と聞くだけで恐れをいだく人とっては，x ではなく時間 t で微分するとは一体どういうことなのか，少々不安を感じるかも知れない．この時間に関する微分係数とは，ある量が時々刻々変化しているときの各瞬間におけるその変化の速さ，つまり時間変化率のことであって，少しも恐れることはない．以下に簡単な例にについてそれを説明しよう．

直線上（x 軸上）を運動している質点の速さについて考えてみる．この場合，質点の x 軸上の位置，つまり原点からの距離 x は時刻 t の関数であって

$$x = f(t) \tag{0.3}$$

と表すことができる．ここで，$t = t_0$ の近傍における $f(t)$ の振る舞いに注目してみよう．いま，時刻が t_0 から微小時間経過して $t_0 + \Delta t$ へ至るとき，x もまた $x_0 = f(t_0)$ から Δx だけ微小変化するものとする．ここで Δ は“ごく小さい”という意味の修飾記号である．(0.3) から Δx は

$$\Delta x = f(t_0 + \Delta t) - f(t_0) \tag{0.4}$$

と書けるが，これは時間が経過した Δt の間に質点が移動した距離を表す．したがって，これを Δt で割ると t_0 から $t_0 + \Delta t$ までの間の質点の平均の速さ v_{AV} が得られる．

$$v_{\mathrm{AV}} = \frac{\Delta x}{\Delta t} = \frac{f(t_0 + \Delta t) - f(t_0)}{\Delta t} \tag{0.5}$$

このようにして定義された平均の速さ v_{AV} は，一般には Δt のとり方によって変わる．しかし，これは Δt を 0 に近づけていくと一定の値 v に漸近する．このことは次のようにして示すことができる．Δt が小さければ $f(t_0+\Delta t)$ は

$$f(t_0 + \Delta t) = f(t_0) + v\Delta t + o(\Delta t) \tag{0.6}$$

と書き表される．ここで，$o(\Delta t)$ は Δt よりもはるかに小さい量を表す記号である．そこで，(0.6) を (0.5) に代入すると

$$\frac{\Delta x}{\Delta t} = v + \frac{o(\Delta t)}{\Delta t} \tag{0.7}$$

となるが，$o(\Delta t)$ の定義から，Δt が 0 に近づくと右辺の第 2 項もまた 0 に近

づくことがわかる．そこで，$\Delta t \to 0$ の極限をとると，(0.7) は

$$\lim_{\Delta t \to 0} \frac{\Delta x}{\Delta t} = \frac{dx}{dt} = v \tag{0.8}$$

となり，$t = t_0$ における質点の位置 x の時間変化率，つまり速さ v が求められる．このような極限操作を行うこと，つまり $o(\Delta t)$ を無視することを関数 $x = f(t)$ を時間 t で微分するといい，$o(\Delta t)$ を無視することを表すために，(0.8) のように Δx，Δt の代わりに dx，dt と書く．また，その比 dx/dt は $x = f(t)$ の t に関する微分係数と呼ばれる．(0.8) を改めて

$$\frac{dx}{dt} = \frac{df(t)}{dt} = \lim_{\Delta t \to 0} \frac{f(t_0 + \Delta t) - f(t_0)}{\Delta t} \tag{0.9}$$

と書くと，数学の教科書にみられる微分係数の定義式が導かれる．

時間微分係数の表記法

微分法は 17 世紀の後半に，イギリスの物理学者であるニュートンとドイツの数学者であり哲学者でもあるライプニッツによってそれぞれ独立に発見された．そのために，使用される用語や表記法には，ニュートンの流儀とライプニッツの流儀があって，今日でも併用されている．上の (0.9) のように，

$$\frac{dx}{dt} \quad \text{あるいは} \quad \frac{df(t)}{dt}$$

のような表記法はライプニッツ流と呼ばれるもので，数学では専らこの表記法が使われている．これはいかにもドイツ人らしい曖昧さのない表記法で，微分係数の本来の意味がよくわかる．また，この表記法は微分する変数が時間 t に限らず何であってもよい点でも優れている．一方，ニュートンは力学に応用するために微分法を発見した．そのような経緯もあって，彼は“一様に流れる時間”という変数によって表される「流率」という概念を基礎においていた．これは現代流に言えば時間 t に関する速度，つまり時間微分係数のことである．彼はそれを

$$\dot{x}, \quad \dot{y}$$

のように文字の上に・(ドット) をつけて表した．物理学の専門家の中には，ニュートンが物理学者であったこともあって，このドット表記の方を愛用する人も多い．

第1章

運動の表し方（1）

位置とベクトル

物体の運動を記述するには，まず，ある時刻における物体の位置を指定しなければならない．そのために，通常はあらかじめ空間内に座標系を定めておき，座標を用いて物体の位置を指定する．座標は物体が運動する空間の次元数に等しい個数の数値の組で表される．したがって，物体が3次元運動（空間運動）する場合，その位置は (x, y, z) のように3つの数値の組で指定される．これらの数値の組は，位置ベクトルと呼ばれるベクトル量の各軸方向の成分でもある．この章では，物体の位置を指定するために必要な座標系と位置ベクトルについて述べ，ベクトルの意味と簡単な演算について解説する．

本章の内容

1.1 位置と座標系

質点の位置を表すには通常直交座標が用いられる．すなわち，空間に原点 O をとり，図 1.1 のように，O を通って互いに直交する x 軸，y 軸，z 軸を選んで，質点の位置 P を (x, y, z) の 3 つの座標を使って表す．この場合，原点 O も座標軸の方向も空間内で自由に選んでよい．特に，質点が 1 本の直線上を運動する 1 次元運動の場合は，軌道である直線を x 軸に選べば，質点の位置は x 座標だけで表される．同様に，質点が平面内を運動する 2 次元運動の場合も，その平面を xy-平面に選んで，位置を x，y 座標だけで表すことができる．これらの座標は，質点が空間内を移動するにつれてその位置も変化するために時刻 t の関数である．そこで，この時刻 t の関数であることを強調して，質点の座標を

$$(x(t), y(t), z(t))$$

のように表すこともある．

図 1.1 のような直交した 3 本の座標軸で座標を表す方式は**直交座標系**（あるいは**デカルト座標系**）と呼ばれる．この直交座標系には，直交した 3 本の軸の向きのとり方について 2 通りの場合があり，それぞれ，**右手系**および**左手系**と呼ばれる．図 1.1 のように，x 軸の向きを右手の親指の向きに，y 軸の

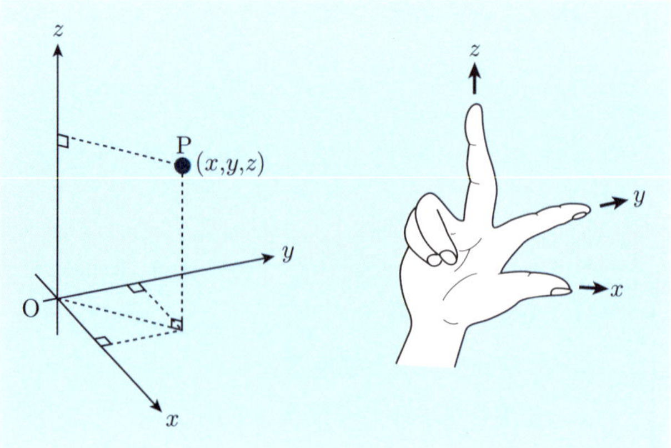

図 1.1 直交座標系と右手系

向きが人差し指の向きにそれぞれ合わせたとき，z 軸の向きが中指の向きと一致する場合が右手系で，z 軸の向きが中指の向きと逆になる場合が左手系である．本書では，特に断らない限り右手系が用いられる．

1.2　2 次元極座標と弧度法

直交座標以外にも位置を表すいろいろな座標が考えられる．そのなかでも比較的よく用いられるものに**2 次元極座標**（**平面極座標**）がある．通常，大学初年級の力学で扱われる運動のほとんどは，1 つの平面内の限られた 2 次元運動である．ところが 2 次元運動の中でも典型的な円運動や楕円運動を記述しようとする場合，直交座標は必ずしも便利ではない．そのような場合は 2 次元極座標を用いるのが便利である．2 次元極座標では，平面内の質点の位置 P を，図 1.2 のように，原点 O からの距離 r と，直線 OP と x 軸のなす角を反時計回りに測った角 θ で表す．したがって，位置 P の 2 次元極座標は (r, θ) である．図から明らかなように，位置 P の**直交座標** (x, y) と 2 次元**極座標** (r, θ) の間には次の関係がある．

$$x = r\cos\theta, \quad y = r\sin\theta \tag{1.1}$$

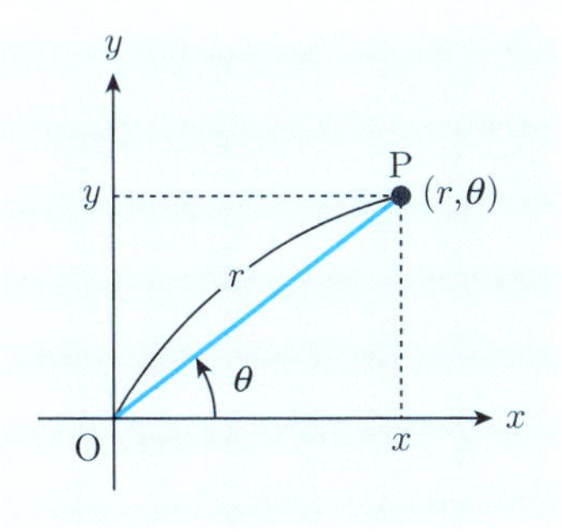

図 1.2　**2 次元極座標**

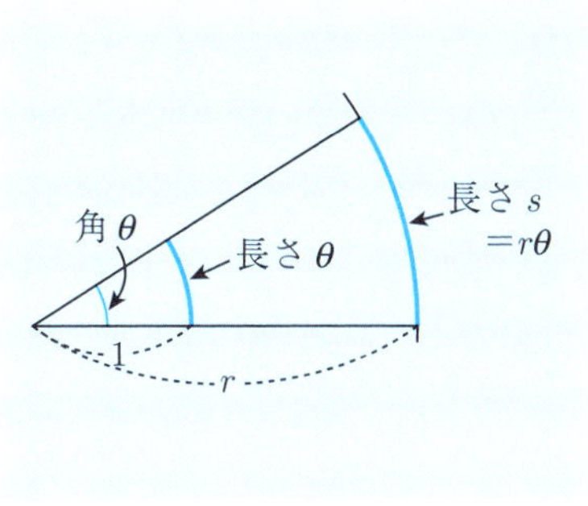

図 1.3　**弧度法**

また，この場合 θ の角度については通常**弧度**が用いられる．図 1.3 のような扇形において，弧の長さ s は，半径 r と中心角 θ に比例する．この比例係数を 1 になるように角度の単位を選ぶと，弧の長さは

$$s = r\theta \tag{1.2}$$

と表される．このような角度の測り方を弧度法といい，弧度法で測られた角度を弧度という．弧度の単位はラジアン（記号 **rad**）と呼ばれる．rad の次元は [長さ]/[長さ] なので無次元である．

1.3　位置ベクトルと変位ベクトル

空間内の質点の位置 P を表すには，直交座標系であれ，また例題 1.2 で扱う **3 次元極座標系**であれ，3 つの座標，つまり 3 個の数値の組を用いなければならない．このような幾つかの数値の組で表される量を**ベクトル**（量）と呼ぶ．ベクトルはその組となる数値の個数によって次元が決まっており，n 次元ベクトルは n 個の数値の組で表される．これに対して物の個数，時間，長さ，質量などのように，単位が与えられればただ 1 個の数値で表される量は**スカラー**（量）と呼ばれる．したがって，スカラーは 1 次元ベクトルでもある．

このように，空間内の位置 P は 3 個の座標で表されるベクトル量であって，**位置ベクトル**と呼ばれる．しかし，位置を表すのに，その都度 3 個の数値の組を書くのでは煩雑である．そこで位置ベクトルを 1 個の太文字で表して

$$\boldsymbol{r} = (x, y, z) \tag{1.3}$$

のように書く．一般にベクトル量は，このように 1 つの太文字（たとえば $\boldsymbol{A}$）で表して，その数学的な取り扱いの省力化が図られる．また，ベクトル $\boldsymbol{A}$ の大きさは，細字 A または $|\boldsymbol{A}|$ のように絶対値記号用いて表される．

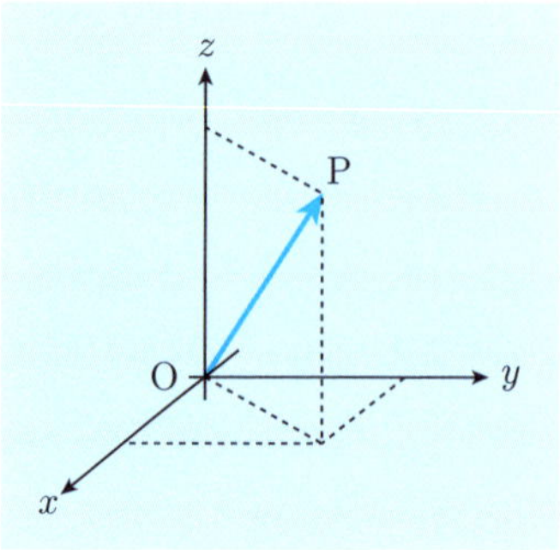

図 1.4　位置ベクトル

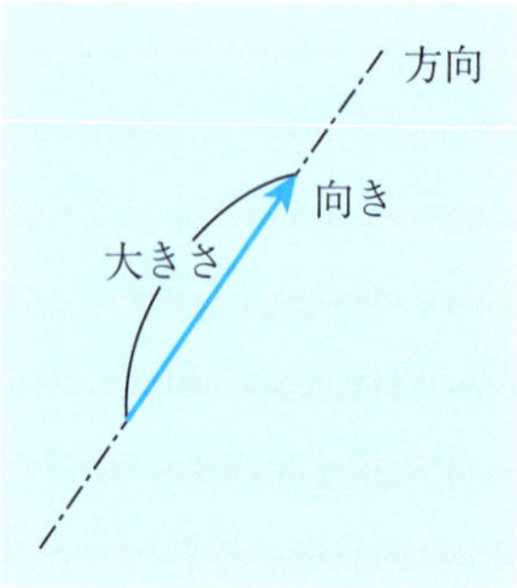

図 1.5　ベクトルの矢

ところで，位置 P を表すのに，座標を用いないで「原点 O からどちらの方向と向きに幾らの距離」というように表現することもできる．したがって，位置ベクトル $\boldsymbol{r}$ は図 1.4 のように，O から P へ向けて引いた矢によって表してもよい．この場合，矢の長さが O から P までの距離を表し，矢の方向が直線 OP の方向を，また，矢印が O から P へ向かう向きを表す．このようにベクトルを矢（有向線分）でもって図的に表現する方法は，ベクトル量をイメージしやすいため，ベクトル一般に広く用いられる．したがって，ベクトルは図 1.5 に示すように，矢（有向線分）で表される“大きさ”と“方向”と“向き”をもつ量として定義することもできる．

“大きさ”と“方向”と“向き”をもっている量は，位置ベクトルの他にも多くの力学量のなかに見出すことができる．たとえば，時刻 t_{A} で A 点にあった質点が時刻 t_{B} には B 点にまで移動した場合を考えてみよう．このような移動を表す量は「**変位**」と呼ばれる．この場合の変位は，A 点からどちらの方向と向きにどれだけ移動したかを言えばよい．したがって，変位はベクトル量であって，図 1.6 に示すように，A から B へ向かう矢で表される．

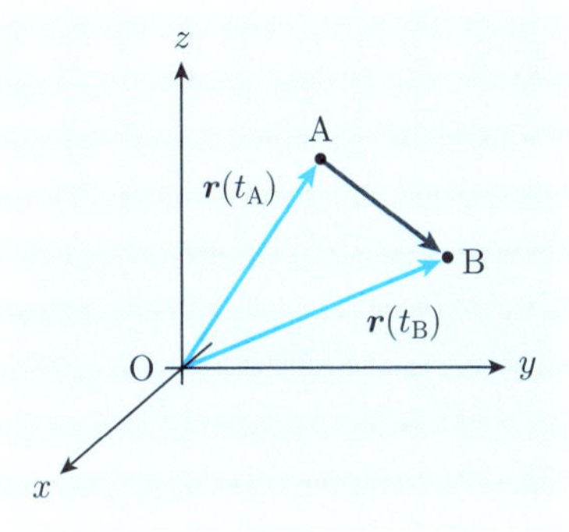

図 1.6　変位ベクトル

1.4　ベクトルの基本的性質

ベクトルの実数倍

ベクトル $\boldsymbol{A}$ に実数 k を掛けてできるベクトル $k\boldsymbol{A}$ は，$\boldsymbol{A}$ と同方向のベクトルで，A の $|k|$ 倍の大きさ $|kA|$ をもち，その向きは，$k > 0$ ならば $\boldsymbol{A}$ と同じ向きを，また $k < 0$ ならば，$\boldsymbol{A}$ とは逆の向きを向くベクトルを表す（図 1.7）．特に，$k = 0$ と $k = -1$ に対応するベクトル

$$0\boldsymbol{A} = \boldsymbol{0} \quad \text{および} \quad (-1)\boldsymbol{A} = -\boldsymbol{A}$$

はそれぞれ**零ベクトル**および $\boldsymbol{A}$ の**逆ベクトル**と呼ばれる．

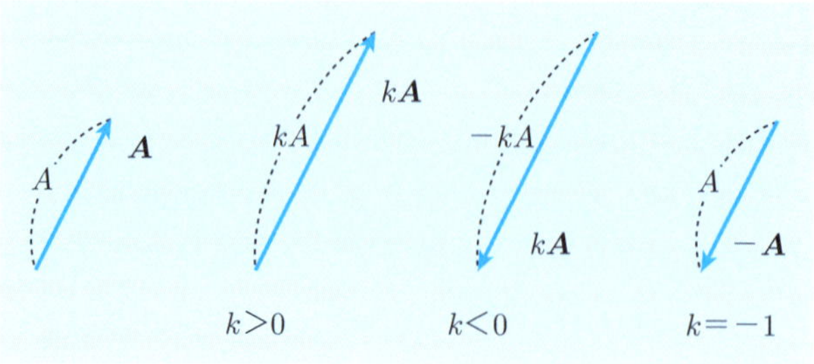

図 1.7 ベクトルの実数倍

単位ベクトル

大きさが1であるベクトルを単位ベクトルという．したがって，$\boldsymbol{A}$ と同じ方向と向きをもつ単位ベクトルを $\boldsymbol{e}$ で表すと

$$\boldsymbol{e} = \frac{\boldsymbol{A}}{A} \qquad \therefore \quad \boldsymbol{A} = A\boldsymbol{e} \tag{1.4}$$

となる．

2つのベクトルの相等

2つのベクトル $\boldsymbol{A}$，$\boldsymbol{B}$ が，ともに同じ大きさと，方向と向きをもつとき，$\boldsymbol{A}$，$\boldsymbol{B}$ は相等しいと定義して，$\boldsymbol{A} = \boldsymbol{B}$ と表す．この性質のために，われわれはベクトルに影響を与えることなく，作図上自由に平行移動させることができる．

ベクトルの和と差

2つのベクトル量 $\boldsymbol{A}$ と $\boldsymbol{B}$ があるとき

$$\boldsymbol{C} = \boldsymbol{A} + \boldsymbol{B} \tag{1.5}$$

で表される $\boldsymbol{C}$ をベクトル $\boldsymbol{A}$ と $\boldsymbol{B}$ の和と呼ぶ．この場合 $\boldsymbol{C}$ と $\boldsymbol{A}$，$\boldsymbol{B}$ との間にはよく知られた“**平行四辺形の法則**”が成り立っている．すなわち，図1.8(a) のように，2つのベクトル矢の根元を一致させておき，$\boldsymbol{A}$，$\boldsymbol{B}$ を隣り合う2辺とする平行四辺形を描けば，その対角線となる矢が $\boldsymbol{C}$ となる．この法則は次のようにして容易に示すことができる．いま，物体がある点から $\boldsymbol{A}$ だけ変位したのち，さらに $\boldsymbol{B}$ とだけ変位した場合を考えよう．このとき2つの変位ベクトル $\boldsymbol{A}$，$\boldsymbol{B}$ の和は，物体の発点からの最終的な変位 $\boldsymbol{C}$ によっ

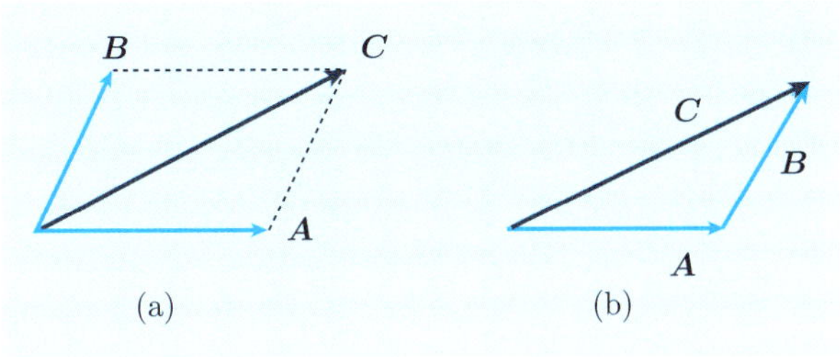

図 1.8 ベクトルの和（平方四辺形の法則）

て定義される．したがって，これをベクトル矢で示すには，図 1.8(b) のように，ベクトル $\boldsymbol{A}$ の先端にベクトル $\boldsymbol{B}$ の根元を置き，$\boldsymbol{A}$ の根元から $\boldsymbol{B}$ の先端に至る矢を描けばよく，それが和ベクトル $\boldsymbol{C}$ となる．また，この和ベクトル $\boldsymbol{C}$ が，図 1.8(a) の平行四辺形の対角線の矢に一致することも図から明らかである．

平行四辺形の法則から，ベクトルの和は加算の順序に依らないことがわかる．したがって，ベクトルの加法には**交換則**

$$\boldsymbol{A}+\boldsymbol{B}=\boldsymbol{B}+\boldsymbol{A} \tag{1.6}$$

がなりたつ．また，3 つ以上のベクトルを加え合わせるとき，それらの和は個々のベクトルをどのようにグループ分けするかには依らない．すなわち，ベクトルの加法には**結合則**がなりたつ．

$$\boldsymbol{A}+(\boldsymbol{B}+\boldsymbol{C})=(\boldsymbol{A}+\boldsymbol{B})+\boldsymbol{C} \tag{1.7}$$

2 つのベクトル $\boldsymbol{A}$ と $\boldsymbol{B}$ の差は

$$\boldsymbol{A}-\boldsymbol{B}=\boldsymbol{A}+(-\boldsymbol{B}) \tag{1.8}$$

と書けるから，$\boldsymbol{A}$ と $\boldsymbol{B}$ の逆ベクトルとの和を求めればよい（図 1.9）．

ベクトルの分解

一般に，2 個以上のベクトルの和をつくり 1 つのベクトルを求める操作を“**ベクトルの合成**”という．これに対して，逆に 1 個のベクトルを

$$\boldsymbol{A}=\boldsymbol{A}_1+\boldsymbol{A}_2+\boldsymbol{A}_3+\cdots \tag{1.9}$$

のように 2 個以上のベクトルの和と考えることを“**ベクトルの分解**”という．

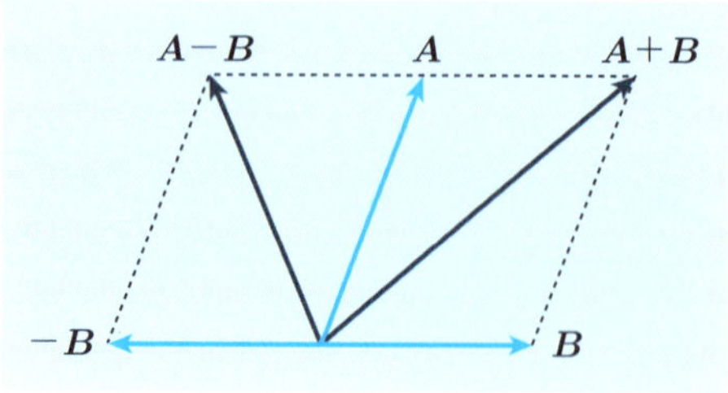

図 1.9　和ベクトルと差ベクトル

合成の場合と違って，ベクトルの分解の仕方は1通りではない．これは1つの対角線を共有する平行四辺形が無数に存在することからも容易に理解できる．すなわち，図1.10の場合についていえば，ベクトル $\boldsymbol{C}$ は $\boldsymbol{A}_1$ と $\boldsymbol{B}_1$ にも，また，$\boldsymbol{A}_2$ と $\boldsymbol{B}_2$ にも分解することができる．

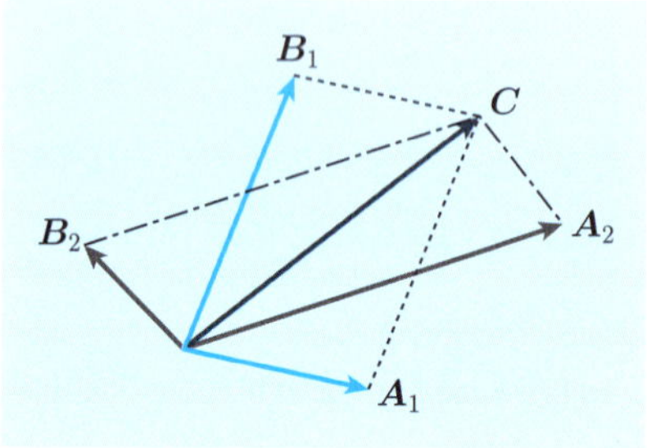

図 1.10　ベクトルの分解

ただし，分解する方向があらかじめ定まっているような場合には，分解の仕方はもちろん唯1通りに決まる．

ベクトルの成分表示

矢（有向線分）によるベクトルの表現法はイメージをもつ上では便利であるが，定量的な扱いには不向きである．そのような場合には，ベクトルの直交座標系による成分表示が有効である．図1.11のように，空間に直交座標軸をとり，ベクトル $\boldsymbol{A}$ を x 軸，y 軸，z 軸に平行な3つのベクトル $\boldsymbol{A}_1$，$\boldsymbol{A}_2$，$\boldsymbol{A}_3$ に分解してみる．

$$\boldsymbol{A} = \boldsymbol{A}_1 + \boldsymbol{A}_2 + \boldsymbol{A}_3 \tag{1.10}$$

容易に分かるように，分解された $\boldsymbol{A}_1$，$\boldsymbol{A}_2$，$\boldsymbol{A}_3$ は，その大きさが，それぞれ $\boldsymbol{A}$ の x 軸，y 軸，z 軸への正射影 A_x，A_y，A_z になっている．そこで，それぞれ $+x$ 軸，$+y$ 軸，$+z$ 軸方向を向いた単位ベクトル（**基本ベクトル**という）を $\boldsymbol{i}$，$\boldsymbol{j}$，$\boldsymbol{k}$ とおくと，分解された3つのベクトルは

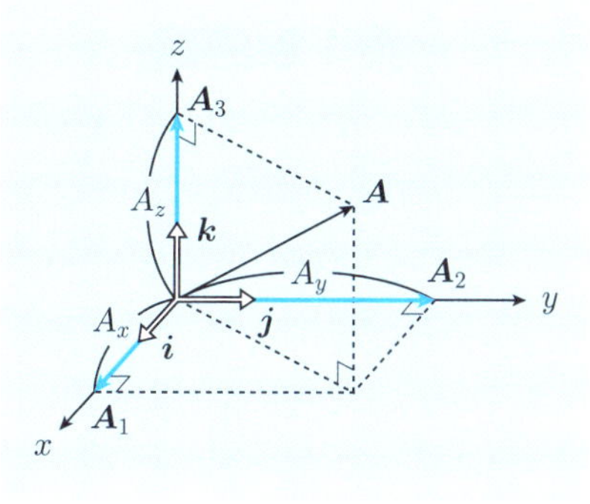

図 1.11　ベクトルの直交座標成分

$$\boldsymbol{A}_1 = A_x\boldsymbol{i}, \quad \boldsymbol{A}_2 = A_y\boldsymbol{j}, \quad \boldsymbol{A}_3 = A_z\boldsymbol{k} \tag{1.11}$$

と書ける．したがって，これを (1.10) に代入すると，$\boldsymbol{A}$ は結局

$$\boldsymbol{A} = A_x\boldsymbol{i} + A_y\boldsymbol{j} + A_z\boldsymbol{k} \tag{1.12}$$

と表される．(1.12) は

$$\boldsymbol{A} = (A_x, A_y, A_z) \tag{1.13}$$

のように表すこともある．ここで，A_x，A_y，A_z は，それぞれベクトル $\boldsymbol{A}$ の x 成分，y 成分，z 成分と呼ばれる．特に，$\boldsymbol{A}$ が位置ベクトル $\boldsymbol{r}$ の場合は，A_x，A_y，A_z は座標 x，y，z であって

$$\boldsymbol{r} = x\boldsymbol{i} + y\boldsymbol{j} + z\boldsymbol{k} \tag{1.14}$$

となる．このようにしてみると，はじめに述べたベクトル量が表す数の組とは，ベクトルの座標成分に他ならないことがわかる．

また，3 平方の定理から，ベクトル $\boldsymbol{A}$ の大きさ A は，これらの座標成分を使って

$$A = \sqrt{A_x^2 + A_y^2 + A_z^2} \tag{1.15}$$

と表される．

第1章例題

例題 1.1 **円運動**

図 1.12 のように，質点 P が原点 O を中心に，半径 R の円周上を一定の速さ v で運動している．この質点の円運動を直交座標と 2 次元極座標を用いて，それぞれ表してみよう．

(1) 図のように，円周が x 軸を切る点を A とし，時刻 t で質点 P は $\angle \mathrm{POA} = \theta$ の位置にあったとする．このときの P の x，y 座標を求めよ．

(2) 質点 P の位置は 2 次元極座標で表すと (R, θ) となる．しかし，この場合は R は固定されているため，P の運動は θ の時間変化だけで表されて，1 次元運動とみなすことができる．$t = 0$ で P は $\theta = \alpha$ の位置にあったとして，θ を時刻 t の関数として求めよ．

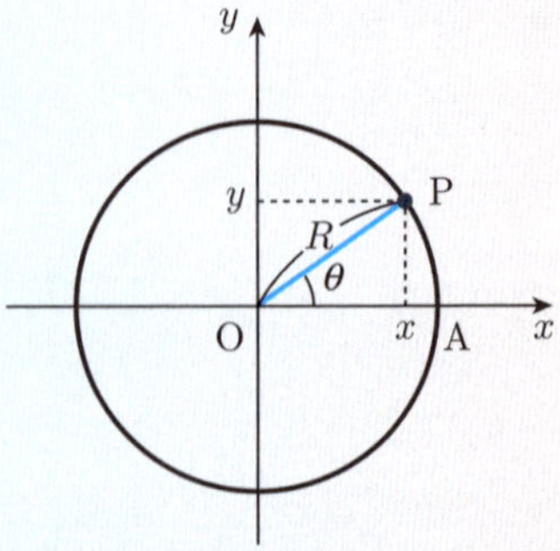

図 1.12

解答 (1) P 点の x，y 座標は，それぞれ

$$x = R\cos\theta$$

$$y = R\sin\theta$$

と表される．

(2) 弧 AP の長さを s とすると，(1.2) より

$$\theta = \frac{s}{R}$$

となる．ここで θ の時間変化率を求めてみると

$$\frac{d\theta}{dt} = \frac{v}{R} \equiv \omega \quad (一定)$$

となり，$t = 0$ で $\theta = \alpha$ であるから

$$\theta = \omega t + \alpha$$

と求められる．θ の時間変化率 ω は角速度と呼ばれる．

例題 1.2 **3 次元極座標と円筒座標**

(1) 図 1.13 のように，空間内の質点の位置 P を原点 O からの距離 r と，天頂角 θ（直線 OP と z 軸の正の部分とのなす角）および方位角 φ（直線 OQ と x 軸とのなす角を反時計回りに測った角）で表すとき，(r, θ, φ) を **3 次元極座標**（または**空間極座標**）という．点 P の直交座標 x，y，z を r，θ，φ を使って表せ．

(2) 質点の位置 P を，原点 O と点 Q（点 P から xy-平面に下ろした垂線の足）との間の距離 r，方位角 φ および点 P の z 座標で表すとき (r, φ, z) を円筒座標という．直交座標 x，y，z を r，φ，z を使って表せ．

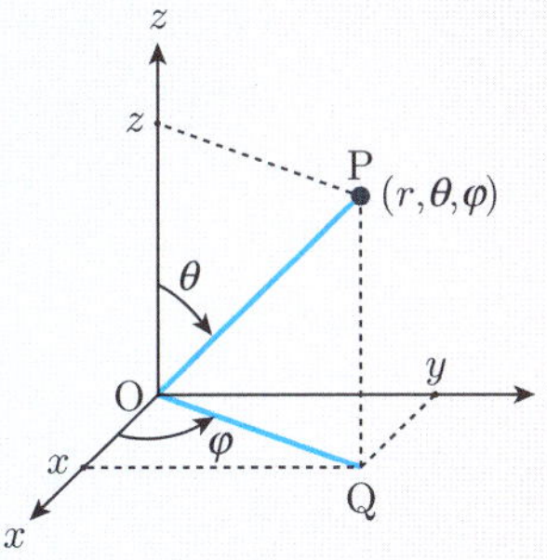

図 1.13

解答 (1) 図から容易に

$$x = r \sin\theta \cos\varphi$$

$$y = r \sin\theta \sin\varphi$$

$$z = r \cos\theta$$

と得られる．なお，これから逆に (r, θ, φ) を (x, y, z) で表すと

$$r = \sqrt{x^2 + y^2 + z^2}$$

$$\cos\theta = \frac{z}{r} = \frac{z}{\sqrt{x^2 + y^2 + z^2}}$$

$$\tan\varphi = \frac{y}{x} \quad \text{（ただし，}\varphi\text{ は点 }(x, y)\text{ が含まれる象限の角）}$$

(2) $x = r\cos\varphi, \quad y = r\sin\varphi, \quad z = z$

逆に (r, φ, z) を直交座標 (x, y, z) で表すと

$$r = \sqrt{x^2 + y^2}$$

$$\tan\varphi = \frac{y}{x} \quad \text{（ただし，}\varphi\text{ は点 }(x, y)\text{ が含まれる象限の角）}$$

$$z = z$$

例題 1.3 **ベクトルの加減**

(1) 2つのベクトル $\boldsymbol{A} = A_x\boldsymbol{i} + A_y\boldsymbol{j} + A_z\boldsymbol{k}$ と $\boldsymbol{B} = B_x\boldsymbol{i} + B_y\boldsymbol{j} + B_z\boldsymbol{k}$ の和は

$$\boldsymbol{A} + \boldsymbol{B} = (A_x + B_x)\boldsymbol{i} + (A_y + B_y)\boldsymbol{j} + (A_z + B_z)\boldsymbol{k} \tag{1.16}$$

であることを示せ.

(2) 2つのベクトル $\boldsymbol{A} = -3\boldsymbol{i} + 6\boldsymbol{j} - 2\boldsymbol{k}$, $\boldsymbol{B} = 4\boldsymbol{i} + 2\boldsymbol{j} + 5\boldsymbol{k}$ についてつぎの量を計算せよ.

(i) $A(= |\boldsymbol{A}|)$ (ii) $\boldsymbol{A} - (1/2)\boldsymbol{B}$

解答 (1) 3つのベクトル $\boldsymbol{A}$, $\boldsymbol{B}$, $\boldsymbol{A}+\boldsymbol{B}$ の間には平行四辺形の法則が成り立つ. そこで, $\boldsymbol{A}$, $\boldsymbol{B}$ が xy-平面上にある場合を例にとって, それらの関係を図示すると図 1.14 のようになる. 図から明らかなように, 各成分の間には

$$(\boldsymbol{A} + \boldsymbol{B})_x = A_x + B_x$$

$$(\boldsymbol{A} + \boldsymbol{B})_y = A_y + B_y$$

の関係が成り立つ. $\boldsymbol{A}$, $\boldsymbol{B}$ が xy-平面上にない場合は, それぞれ z 成分が現れるが, それらについても容易に

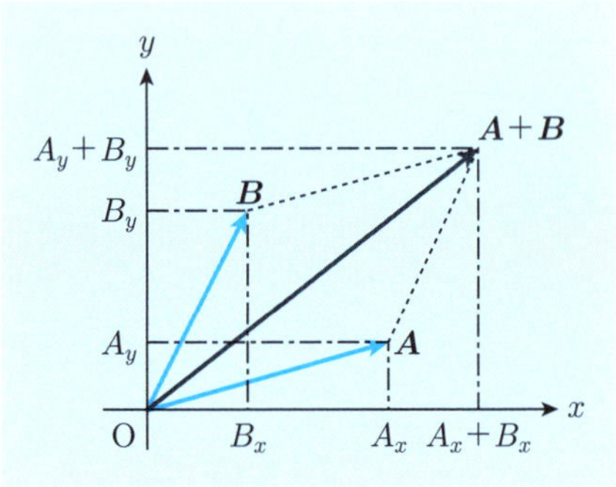

図 1.14

$$(\boldsymbol{A} + \boldsymbol{B})_z = A_z + B_z$$

の関係が成り立つことが示される. よって (1.16) は成り立つ.

(2) (i) 上の図で3平方の定理を適用すると

$$A = |\boldsymbol{A}| = \sqrt{A_x^2 + A_y^2 + A_z^2}$$
$$= \sqrt{9 + 36 + 4}$$
$$= \sqrt{49} = 7$$

(ii) $$\boldsymbol{A} - (1/2)\boldsymbol{B} = (-3 - 2)\boldsymbol{i} + (6 - 1)\boldsymbol{j} + (-2 - 5/2)\boldsymbol{k}$$
$$= -5\boldsymbol{i} + 5\boldsymbol{j} - (9/2)\boldsymbol{k}$$

第 1 章演習問題

[1]　xy-平面内にある 2 点 A, B の 2 次元直交座標が $(2, -4)$ および $(-3, 3)$ であるとき，次の量を求めよ．

(1) 2 点 A, B 間の距離．

(2) 2 点 A, B の 2 次元極座標．

[2]　2 次元極座標が，$r = 2.0\,\mathrm{m}$，$\theta = (1/6)\pi$ (rad) である xy-平面上の点 P の x 座標および y 座標を求めよ．

[3]　xy-平面内にある 2 点 A, B の位置ベクトルが

$$\boldsymbol{r}_A = 2\boldsymbol{i} + 6\boldsymbol{j}, \quad \boldsymbol{r}_B = 5\boldsymbol{i} + 3\boldsymbol{j}$$

であるとき，次の量を求めよ．

(1) 点 A と点 B の中点を表す位置ベクトル．

(2) 2 点 A, B を 1 : 2 に内分する点の x, y 座標．

(3) 点 A と原点に関して対称な点の位置ベクトル．

[4]　2 つのベクトル

$$\boldsymbol{A} = 2\boldsymbol{i} + 5\boldsymbol{j} - 3\boldsymbol{k}, \quad \boldsymbol{B} = 3\boldsymbol{i} + 6\boldsymbol{j} - 2\boldsymbol{k}$$

について，次の量を求めよ．

(1)　$2\boldsymbol{A} - (1/3)\boldsymbol{B}$　　(2)　$A = |\boldsymbol{A}|$　　(3)　$\boldsymbol{A}$ 方向の単位ベクトル $\boldsymbol{e}$

[5]　ベクトル $\boldsymbol{A}$, $\boldsymbol{B}$, $\boldsymbol{C}$ の間に次の関係が成り立つとき，$\boldsymbol{A}$ と $\boldsymbol{B}$ はどのようなベクトルか．

(1) $\boldsymbol{A} + \boldsymbol{B} = \boldsymbol{C}$　かつ　$A + B = C$

(2) $\boldsymbol{A} + \boldsymbol{B} = \boldsymbol{A} - \boldsymbol{B}$

(3) $\boldsymbol{A} + \boldsymbol{B} = \boldsymbol{C}$　かつ　$A^2 + B^2 = C^2$

[6]　平面上にある点 P は 2 次元直交座標系を使うと直交座標 (x, y) で表される．P はまた，xy 座標系を面内で角度 ϕ だけ反時計回りに回転した $x'y'$ 座標系を使うと座標 (x', y') で表される．(x', y') を (x, y) および ϕ を使って表せ．

[7]　半径 1 の球において，球の中心を頂点とする円錐が，球の表面から切り取る面積と $1\,\mathrm{m}^2$ との比を立体角という．図 1.15 のように立体角 Ω の円錐が，半径 r の球面を切り取る面積 S を r と Ω を用いて表せ．立体角は平面内の弧度 θ に対応する 3 次元の角度であって，弧度と同様に無次元の量である．

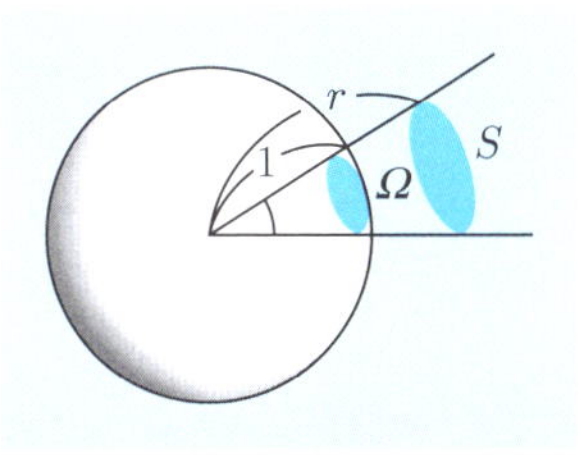

図 1.15

第2章

運動の表し方（2）

速度と加速度

運動している物体が，時間とともに位置を変えていく様子を数学的に表すには，“速度”と“加速度”が用いられる．力学ではこれらは，いずれもある瞬間におけるベクトル量の時間微分係数として定義されている．すなわち，速度は，前章で学んだ位置ベクトル（あるいは変位ベクトル）の時間変化率（時間微分係数）であり，加速度はその速度の時間変化率である．本章では，速度と加速度の定義と，ベクトル量の時間微分について学ぶ．

本章の内容

2.1 速　　さ

平均の速さ

運動する物体にとって最も基本的な量は“速さ”である．いま，図2.1のようにある軌道上を物体（質点）が移動している場合を考えよう．時刻 t_0 における物体の位置を原点Oにとると，任意の時刻 t における物体の位置は，Oから軌道に沿って測ったその点までの距離 $s(t)$ で表される．したがって，

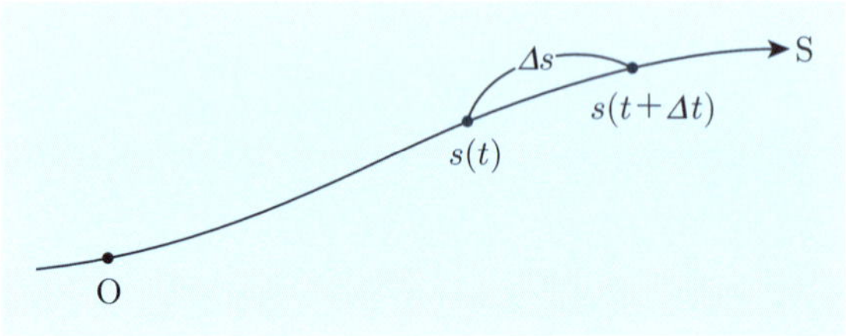

図2.1　曲線上を運動する質点の移動距離と1次元座標

物体が時刻 t から $t+\Delta t$ の間に距離 Δs だけ移動したとすると

$$\Delta s = s(t+\Delta t) - s(t) \tag{2.1}$$

となり，その間の平均の速さ v_{AV} は

$$v_{\mathrm{AV}} = \frac{\Delta s}{\Delta t} \tag{2.2}$$

で定義される．たとえば，東京駅を出発した新幹線「のぞみ」号が，2時間34分で新大阪駅に到着するとすると，東京—新大阪間の距離は552.6 kmであるから，「のぞみ」号の**平均の速さ**は

$$v_{\mathrm{AV}} = \frac{552.6\ (\mathrm{km})}{2.57\ (\mathrm{h})} = 215\,\mathrm{km/h}$$

である．このように，乗り物などの速さは，Δs をkmで測り，Δt を時間（記号h）で測ってkm/h（キロメートル毎時）で表す場合が多い．しかし，力学の場合は通常，距離（長さ）の単位には**メートル**（記号m）を，また，時間の単位には**秒**（記号s）が使われる．したがって，特に断らない限り，速さの単位としてはm/s（メートル毎秒）を使うことにする．ところで新幹線の列車はいつも一定の速さで走り続けているわけではない．駅に停車している

ときもあれば，途中では 230 km/h 以上の速さで走るであろう．そこで，ある時刻における瞬間の速さを定義する必要がある．

瞬間の速さ

(2.2) に (2.1) を代入すると

$$v_{\mathrm{AV}} \equiv v(t, \Delta t) = \frac{s(t+\Delta t) - s(t)}{\Delta t} \tag{2.3}$$

と書ける．これは図 2.2 のように，横軸に時刻 t，縦軸に物体の位置 $s(t)$ を選ぶと直線 PQ の勾配にあたる．Δt を小さくしていくと Q は P に近づくため，$\Delta t \to 0$ の極限では直線 PQ は P 点におけるグラフの接線になる．この接線の勾配を時刻 t における**瞬間の速さ**（または単に速さ）といい，$v(t)$（あるいは単に v）と書く．この速さの定義は，数学的に表すと

$$v(t) = \lim_{\Delta t \to 0} \frac{\Delta s}{\Delta t} = \lim_{\Delta t \to 0} \frac{s(t+\Delta t) - s(t)}{\Delta t} \tag{2.4}$$

となる．これは第 0 章で学んだように $s(t)$ の時間微分係数であって，ds/dt と書くことができる．したがって，速さは

$$v(t) = \frac{ds}{dt} \tag{2.5}$$

と表される．

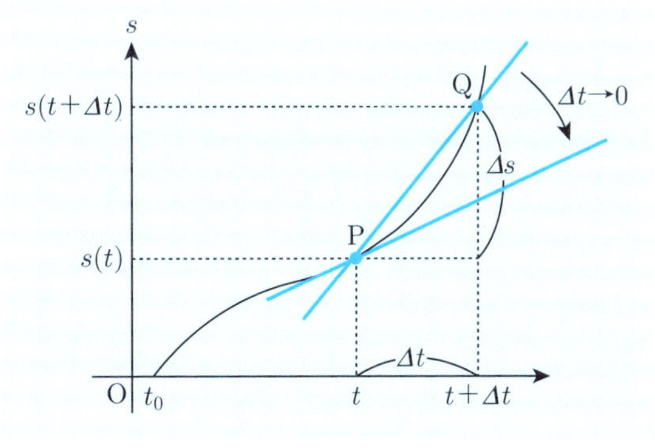

図 2.2　時刻 t における速度を求める

移動距離と速さ

図 2.3 のように速さが時刻 t とともに変化しているとき，時刻 t_A から時刻 t_B までの間に物体が移動した距離 s を求めてみよう．いま，時間 $t_B - t_A$ を N 等分し，t_A から i 番目の時間区分の時刻を t_i とすると，この微小時間 Δt $(= \{t_B - t_A\}/N)$ での物体の移動距離 Δs_i は，図で青色をつけた細長い長方形の面積 $v(t_i)\Delta t$ にほぼ等しい．したがって，時間 $t_B - t_A$ の間に物体が移動した距離 s は，これらの長方形の面積の和を求めて，$N \to \infty$，$\Delta t \to 0$ の極限をとればよい．したがって

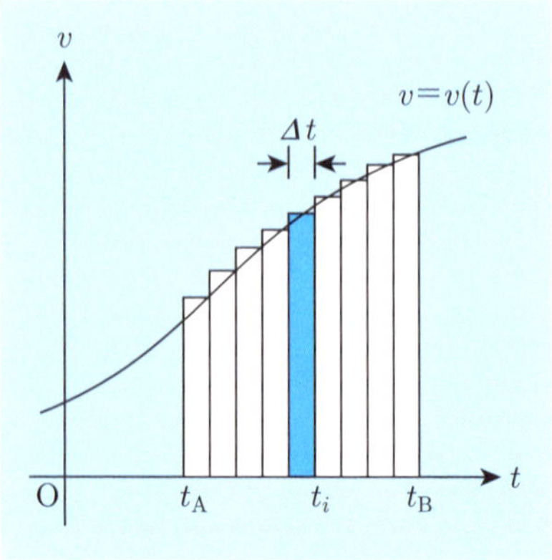

図 2.3 移動距離と速さ

$$s = \lim_{N\to\infty} \sum_{i=1}^{N} v(t_i)\Delta t \tag{2.6}$$

となる．ここで右辺の極限値は**定積分**といい

$$s = \int_{t_A}^{t_B} v(t)\,dt \tag{2.7}$$

と書かれる．これは図 2.3 で $t = t_A$，$t = t_B$，$v = 0$，$v = v(t)$ の 4 本の曲線で囲まれた面積に等しい．

2.2 速 度

(2.5) で定義される速さ $v(t)$ だけでは，物体の時刻 t における運動の状態を正確に表すことはできない．速さが同じであっても運動の方向や向きが違えば別の運動だからである．そこで，$v(t)$ を大きさとし，時刻 t における運動の方向と向きをもつベクトル量を考え，それを**速度**と呼び，$\boldsymbol{v}(t)$ と表すことにする．日常的には速度と速さは区別しないで用いられるが，このように力学では速度と速さは別の量であって，速さはベクトル量である速度の大きさを表すスカラー量である．さて，このようにして定義された速度 $\boldsymbol{v}(t)$ は物

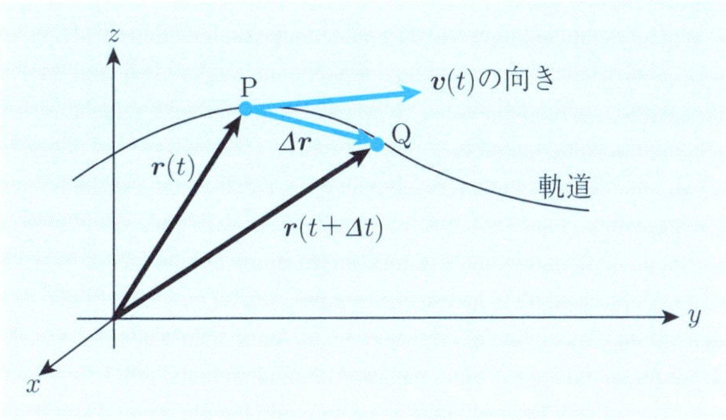

図 2.4　物体（質点）の微小変位と瞬間の速度

体（質点）の位置ベクトル $\boldsymbol{r}(t)$ の時間変化率で表される．

図 2.4 のように，軌道上を質点が運動している場合を考えて，時刻 t に点 P にあった質点が時刻 $t+\Delta t$ には点 Q へ移動したとする．このときの位置の移動を表す変位 $\Delta\boldsymbol{r}$ は，点 P，Q の位置ベクトルを $\boldsymbol{r}(t)$，$\boldsymbol{r}(t+\Delta t)$ とすると

$$\Delta\boldsymbol{r} = \boldsymbol{r}(t+\Delta t) - \boldsymbol{r}(t) \tag{2.8}$$

と表される．そこで平均の速さを定義したときと同じように，この変位 $\Delta\boldsymbol{r}$ を時間 Δt で割って平均の速度 $\boldsymbol{v}_{\mathrm{AV}}$ を

$$\boldsymbol{v}_{\mathrm{AV}} \equiv \boldsymbol{v}(t, \Delta t) = \frac{\Delta\boldsymbol{r}}{\Delta t} = \frac{\boldsymbol{r}(t+\Delta t) - \boldsymbol{r}(t)}{\Delta t} \tag{2.9}$$

と定義する．このようにして定義された平均速度 $\boldsymbol{v}_{\mathrm{AV}}$ は，変位の方向 $\mathrm{P} \to \mathrm{Q}$ を向き，大きさが $|\Delta\boldsymbol{r}/\Delta t|$ のベクトルである．

時刻 t における瞬間の速度 $\boldsymbol{v}(t)$ も，瞬間の速さ $v(t)$ と同様に (2.9) の $\Delta t \to 0$ での極限値として

$$\boldsymbol{v}(t) = \lim_{\Delta t \to 0} \frac{\Delta\boldsymbol{r}}{\Delta t} = \lim_{\Delta t \to 0} \frac{\boldsymbol{r}(t+\Delta t) - \boldsymbol{r}(t)}{\Delta t} \tag{2.10}$$

で定義される．また，この場合も通常は「瞬間の」という言葉は省略され，単に時刻 t の速度という．右辺の極限値はベクトル $\boldsymbol{r}(t)$ の微分係数（または導関数）と呼ばれ，$d\boldsymbol{r}/dt$ と書く．したがって，(2.10) は，

$$\boldsymbol{v}(t) = \frac{d\boldsymbol{r}(t)}{dt} \tag{2.11}$$

と書き表される．

速度ベクトル $\boldsymbol{v}(t)$ を直交座標成分を用いて

$$\boldsymbol{v}(t) = v_x\boldsymbol{i} + v_y\boldsymbol{j} + v_z\boldsymbol{k} \tag{2.12}$$

と表すと，各成分は (2.10) から

$$\begin{aligned} v_x &= \lim_{\Delta t\to 0} \frac{x(t+\Delta t) - x(t)}{\Delta t} \\ v_y &= \lim_{\Delta t\to 0} \frac{y(t+\Delta t) - y(t)}{\Delta t} \\ v_z &= \lim_{\Delta t\to 0} \frac{z(t+\Delta t) - z(t)}{\Delta t} \end{aligned} \tag{2.13}$$

となり，それぞれの座標の時間についての微分係数（導関数）である．したがって，(2.11) は

$$\boldsymbol{v}(t) = \frac{d\boldsymbol{r}}{dt} = \frac{dx}{dt}\boldsymbol{i} + \frac{dy}{dt}\boldsymbol{j} + \frac{dz}{dt}\boldsymbol{k} \tag{2.14}$$

と書ける．

一般にベクトルの大きさは，三平方の定理から，3つの各成分の2乗の和の平方根で与えられる．したがって，速度 $\boldsymbol{v}(t)$ の大きさ，つまり速さ $v(t)$ は

$$\begin{aligned} v(t) = |\boldsymbol{v}(t)| &= \sqrt{v_x^2 + v_y^2 + v_z^2} \\ &= \sqrt{\left(\frac{dx}{dt}\right)^2 + \left(\frac{dy}{dt}\right)^2 + \left(\frac{dz}{dt}\right)^2} \end{aligned} \tag{2.15}$$

となる．また，$\boldsymbol{v}(t)$ の方向は質点の位置における軌道の接線の方向に一致しており，その向きは運動の向きと同じである．

2.3 加　速　度

次章で学ぶように，物体に力が働いている場合，物体の速度は時間とともに変化する．たとえば，自由落下している物体の速度は，方向や向きは変わらないが，その大きさ（つまり速さ）は時間とともに増大する．また，等速円運動している質点の速度は，大きさは一定であるが，その方向はたえず変

化している．そこで，前節で位置ベクトル $\boldsymbol{r}(t)$ の時間変化率から速度ベクトル $\boldsymbol{v}(t)$ を定義したように，今度は速度ベクトル $\boldsymbol{v}(t)$ の時間変化率を考えて，速度変化の程度を表す量，すなわち**加速度**を定義しよう．図 2.5 は軌道上の質点の，時刻 t と $t+\Delta t$ における速度ベクトルをそれぞれ平行移動して 1 点 O′ から引いたものである．このように各時刻における速度ベクトル $\boldsymbol{v}(t)$ を平行移動して 1 点から引いた図を，$\boldsymbol{v}(t)$ の**ホドグラフ**という．ホドグラフの矢の先を結ぶと 1 つの曲線が得られる．

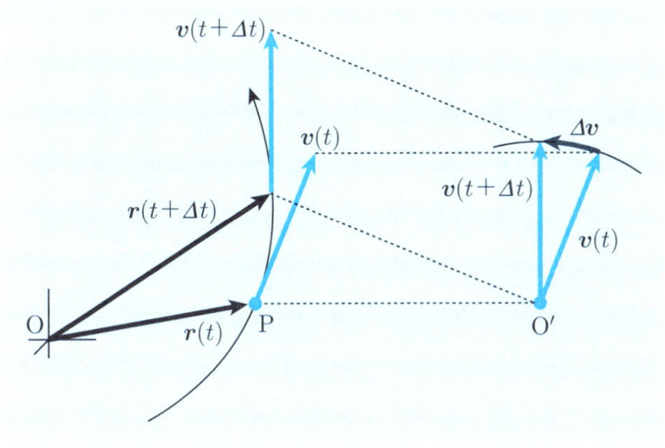

図 2.5　速度ベクトル $\boldsymbol{v}(t)$ のホドグラフ

時刻 t と $t+\Delta t$ の間に，運動する質点 P に生じる速度変化は，図 2.5 の $\Delta\boldsymbol{v}$ で表され，これは

$$\Delta\boldsymbol{v} = \boldsymbol{v}(t+\Delta t) - \boldsymbol{v}(t) \tag{2.16}$$

と書ける．そこで，これを Δt で割った商

$$\boldsymbol{a}_{\mathrm{AV}} = \frac{\Delta\boldsymbol{v}}{\Delta t} = \frac{\boldsymbol{v}(t+\Delta t) - \boldsymbol{v}(t)}{\Delta t} \tag{2.17}$$

を時間 Δt の間の平均の加速度という．したがって，時刻 t での瞬間の加速度は，瞬間の速度の場合と同様にして，(2.17) の $\Delta t \to 0$ の極限値

$$\boldsymbol{a}(t) = \lim_{\Delta t\to 0}\frac{\Delta\boldsymbol{v}}{\Delta t} = \lim_{\Delta t\to 0}\frac{\boldsymbol{v}(t+\Delta t) - \boldsymbol{v}(t)}{\Delta t} \tag{2.18}$$

で定義することができる．また，これは (2.11) から

$$\boldsymbol{a}(t) = \frac{d\boldsymbol{v}}{dt} = \frac{d^2\boldsymbol{r}}{dt^2} \tag{2.19}$$

と書くこともできる．

加速度 $\boldsymbol{a}(t)$ を

$$\boldsymbol{a}(t) = a_x\boldsymbol{i} + a_y\boldsymbol{j} + a_z\boldsymbol{k} \tag{2.20}$$

のように直交座標成分で表すと，各成分は (2.19) から

$$\begin{aligned} a_x(t) &= \frac{dv_x(t)}{dt} = \frac{d^2x}{dt^2} \\ a_y(t) &= \frac{dv_y(t)}{dt} = \frac{d^2y}{dt^2} \\ a_z(t) &= \frac{dv_z(t)}{dt} = \frac{d^2z}{dt^2} \end{aligned} \tag{2.21}$$

と表される．これから分かるように，加速度の直交座標成分は，それぞれ速度の各成分の時間に関する 1 階の微分係数（導関数）であり，また，各座標の 2 階微分係数でもある．したがって，等速直線運動（すなわち等速度運動）の場合は，$\boldsymbol{v}(t) =$ 一定 であるから，$\boldsymbol{a}(t) = 0$ である．また，等加速度運動の場合は，$\boldsymbol{a}(t) =$ 一定 となるため，速度が一定の速さで変化する．

2.4　等加速度運動

質点の加速度が時間的に変化しているときの運動は，一般に複雑であって解くことが難しい．しかし，加速度が一定（等加速度）であるとき，その運動は簡単になり，直線運動（1 次元の運動）か放物運動（2 次元の運動）のいずれかになる．この節では，加速度が一定の 1 次元運動を調べてみる．

いま，質点が x 軸上を一定の加速度 a で運動している場合を考える．時刻 $t = 0$ での質点の位置と速度が，それぞれ x_0，v_0 と分かっている場合に，時刻 t における位置 $x(t)$ および速度 $v(t)$ を求めてみよう．

加速度の定義 (2.21) から

$$\frac{d^2x(t)}{dt^2} = \frac{dv(t)}{dt} = a \tag{2.22}$$

と書ける．このように求めたい量の微分係数（導関数）を含む方程式は微分方程式と呼ばれる．特に (2.22) は，x については 2 階の微分係数を，v については 1 階の微分係数を含んでいるため，x については 2 階の微分方程式，v については 1 階の微分方程式という．また，このような微分方程式から速度 $v(t)$ や位置 $x(t)$ を求めることを，微分方程式を解くといい，それには，移動距離と速さの関係を調べた過程で学んだ定積分が使われる．

まず，(2.22) から速度 $v(t)$ を求めてみよう．加速度 a が一定であるから，時間 Δt の間に生じる速度の変化 Δv は，時間 Δt に比例して

$$\Delta v = a\Delta t \tag{2.23}$$

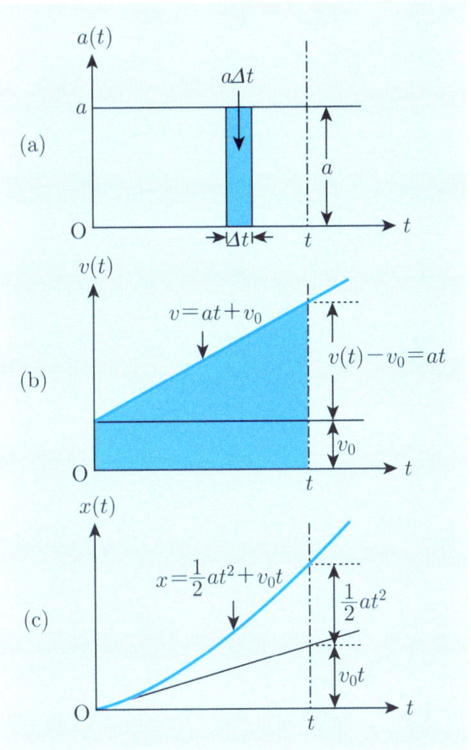

図 2.6　等加速度 a で x 軸上を運動する質点の
(a)　a–t 図，**(b)**　v–t 図，**(c)**　x–t 図

となる．したがって，時刻 $t=0$ から t までの間に質点の速度に生じる変化 $v(t)-v_0$ を求めるには，時間 t を Δt で区切って，各 Δt に生じる速度の変化 Δv を加え合わせればよい．これは，図 2.6(a) において，2 つの軸と 2 本の直線 $a(t)=a$，$t=t$ で囲まれた長方形の面積に相当し

$$v(t)-v_0=\int_0^t a\,dt=at \tag{2.24}$$

となる．このように $v(t)$ は a の時間についての定積分から求められる．

(2.24) は (2.22) の右側の半分

$$\frac{dv(t)}{dt}=a \tag{2.25}$$

を考えて，その両辺の不定積分から導くこともできる．いま，(2.25) の両辺の t について不定積分を求めると

$$v(t)=\int a\,dt=at+C \tag{2.26}$$

となる．**不定積分**はそれを微分すると元の関数になる関数のことである．不定積分にはこのように**積分定数**と呼ばれる任意定数 C が現れるが，これは初期条件が与えられると決まる．(2.26) において，$v(0)=v_0$ とおくと $C=v_0$ が得られるから，(2.26) は

$$v(t)=at+v_0 \tag{2.27}$$

となり，(2.24) が導かれる．

位置 $x(t)$ は時刻 $t=0$ から t までの間に質点が移動した距離である．したがって，(2.27) から

$$x(t)=\int_0^t v(t)\,dt=\int_0^t (at+v_0)\,dt=\frac{1}{2}at^2+v_0t \tag{2.28}$$

と得られる．これらの速度 $v(t)$，位置 $x(t)$ と時間との関係を，それぞれグラフで示すと図 2.6(b)，(c) のようになる．(2.28) の定積分は，図 2.6(b) の $v(t)-t$ 図において，2 つの軸と 2 本の直線 $v(t)=at+v_0$ および $t=t$ によって囲まれる四辺形の面積に相当する．

2.5　等速円運動

物体が円周上を一定の速さで回る**等速円運動**は，速度や加速度の定義を理解するのに役立つ例題である．図 2.7 のように，質点 P が原点 O を中心とする半径 r の円周上を一定の速さ v で運動する場合を考えよう．例題 1.1 で学んだように，点 P の位置は x 軸と円周の交点 A を起点として，円周に沿って測った距離 s で指定される．あるいは 2 次元（平面）極座標で表せば中心角 $\theta = s/r$ だけで指定することができる．したがって，等速円運動は位置と速さだけを問題にする場合は

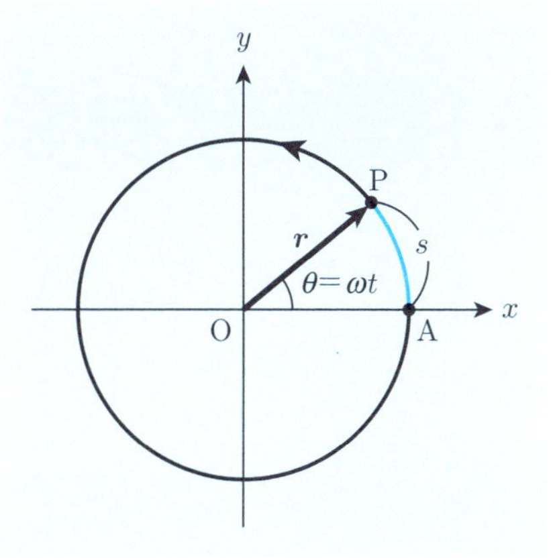

図 2.7　等速円運動

$$s = r\theta = r\omega t \tag{2.29}$$

$$v = \frac{ds}{dt} = r\frac{d\theta}{dt} = r\omega \tag{2.30}$$

となり，1 次元運動とみなしてよい．

しかし，速度や加速度を問題にする場合には，2 次元（平面）運動として扱わなければならない．この場合，質点 P の位置ベクトル $\boldsymbol{r}$ は長さを変えずに，ベクトル矢の先端は円周上を一定の速さ v（すなわち一定の角速度 ω（$= d\theta/dt$））で回転する．一方，速度ベクトル $\boldsymbol{v}$ は円周の接線方向，すなわち，位置ベクトル $\boldsymbol{r}$ に垂直な方向のベクトルであって，大きさ（速さ）は一定に保たれる．しかし，その方向は，質点が円周上を移動するにつれて位置ベクトルと同じ向きに一定の角速度 ω で回転する．したがって，図 2.8 に示すように，速度ベクトルのホドグラフをつくるとベクトル矢の先端は半径 v の円を描く．

加速度 $\boldsymbol{a}$ は，この速度ベクトル $\boldsymbol{v}$ のホドグラフにおける矢の先端が移動す

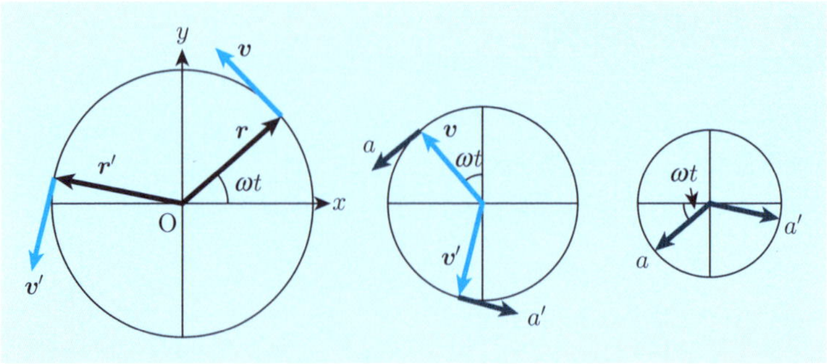

図 2.8　等速円運動の位置ベクトル，速度ベクトル，加速度ベクトル

る速度である．図 2.8 からも分かるように，位置ベクトル $\boldsymbol{r}$ と速度ベクトル $\boldsymbol{v}$ の関係は，そのまま $\boldsymbol{v}$ と $\boldsymbol{a}$ の間にも当てはめることができる．すなわち，$\boldsymbol{a}$ はつねに $\boldsymbol{v}$ に垂直なベクトルであって，$\boldsymbol{v}$ の先端が描く円周の接線方向のベクトルである．すなわち，$\boldsymbol{a}$ は $\boldsymbol{r}$ とはつねに反平行なベクトルである．また，その大きさ a は

$$a = v\omega = r\omega^2 = \frac{v^2}{r} \tag{2.31}$$

となる．したがって，等速円運動の加速度 $\boldsymbol{a}$ は，時間に関係なく

$$\boldsymbol{a} = -\omega^2\boldsymbol{r} = -\frac{v^2}{r^2}\boldsymbol{r} \tag{2.32}$$

が成り立つことが分かる．

第2章例題

例題 2.1 **直線運動**

(1) x 軸上を運動している質点の時刻 t における位置 $x(t)$ が次のように与えられているとき，時刻 t における質点の速度 $v(t)$ および加速度 $a(t)$ を求めよ．

$$\text{(i)} \quad x(t) = (b - ct)^2$$

$$\text{(ii)} \quad x(t) = A\sin(\omega t + \alpha)$$

(2) x 軸上を運動している質点の時刻 t における速度 $v(t)$ が

$$v(t) = v_0 - at$$

で与えられているとき，時刻 t_A（$< t_0$）から時刻 t_B（$> t_0$）までの間に質点はのべどれだけの距離を動くか．ただし，$t_0 = v_0/a$ である．

注意 (2.5) で定義される速さ $v(t)$ は運動の向きに対応して正負の値をとりうる．このように，運動の向きを考慮するときは，速さ $v(t)$ は速さと呼ばずに速度という．

解答 (1)

$$\text{(i)} \quad v(t) = \frac{dx(t)}{dt} = 2(c^2t - bc)$$

$$a(t) = \frac{dv(t)}{dt} = 2c^2$$

$$\text{(ii)} \quad v(t) = \frac{dx(t)}{dt} = A\omega\cos(\omega t + \alpha)$$

$$a(t) = \frac{dv(t)}{dt} = -A\omega^2\sin(\omega t + \alpha)$$

(2) $v(t)$ はグラフで示すと右図のようになる．したがって，質点が t_A から t_B の間に動くのべの距離 s は，図で色をつけた 2 つの三角形の面積 S_1 と S_2 の和である．したがって

$$\begin{aligned} s &= S_1 + S_2 \\ &= \int_{t_A}^{t_0} (v_0 - at)\,dt - \int_{t_0}^{t_B} (v_0 - at)\,dt \\ &= \frac{a}{2}\{(t_0 - t_A)^2 - (t_B - t_0)^2\} \end{aligned}$$

となる．

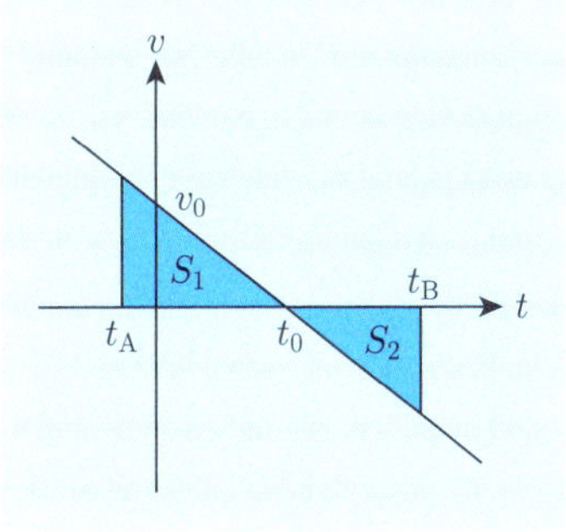

図 2.9

例題 2.2 **2次元極座標と円運動**

2次元極座標系では，図2.10のように直線OP方向を r 方向，それに垂直な方向を θ 方向と呼び，それぞれの方向の単位ベクトル $\boldsymbol{e}_r$，$\boldsymbol{e}_\theta$ を基本ベクトルにとる．これらの基本ベクトルはPの位置が変わると方向が変わるため時間的に変動する．

(1)　$\boldsymbol{e}_r$ と $\boldsymbol{e}_\theta$ の時間変化について

$$\frac{d\boldsymbol{e}_r}{dt} = \frac{d\theta}{dt}\boldsymbol{e}_\theta, \quad \frac{d\boldsymbol{e}_\theta}{dt} = -\frac{d\theta}{dt}\boldsymbol{e}_r \qquad (2.33)$$

が成り立つことを示せ．

(2)　等速でない円運動の場合について，質点Pの加速度 $\boldsymbol{a}$ の r 成分および θ 成分を求めよ．

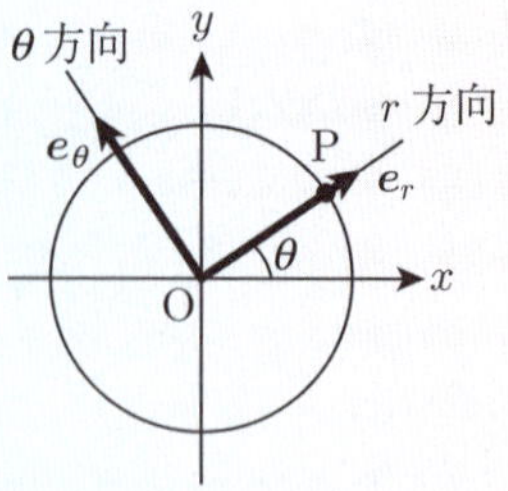

図 2.10

解答　(1)　2つの極座標基本ベクトルを直交座標基本ベクトルを用いて表すと

$$\boldsymbol{e}_r = \cos\theta\,\boldsymbol{i} + \sin\theta\,\boldsymbol{j}$$
$$\boldsymbol{e}_\theta = -\sin\theta\,\boldsymbol{i} + \cos\theta\,\boldsymbol{j}$$

したがって

$$\frac{d\boldsymbol{e}_r}{dt} = \frac{d\theta}{dt}(-\sin\theta\,\boldsymbol{i} + \cos\theta\,\boldsymbol{j}) = \frac{d\theta}{dt}\boldsymbol{e}_\theta$$
$$\frac{d\boldsymbol{e}_\theta}{dt} = -\frac{d\theta}{dt}(\cos\theta\,\boldsymbol{i} + \sin\theta\,\boldsymbol{j}) = -\frac{d\theta}{dt}\boldsymbol{e}_r$$

となり，(2.33) が導かれる．

(2)　2次元極座標での位置ベクトルの表示は $\boldsymbol{r} = r\boldsymbol{e}_r$ である．円運動の場合は $dr/dt = 0$ であるから，速度ベクトル，加速度ベクトルは極座標成分で表すと

$$\boldsymbol{v} = \frac{d\boldsymbol{r}}{dt} = r\frac{d\boldsymbol{e}_r}{dt} = r\frac{d\theta}{dt}\boldsymbol{e}_\theta,$$
$$\boldsymbol{a} = \frac{d\boldsymbol{v}}{dt} = r\frac{d\theta}{dt}\frac{d\boldsymbol{e}_\theta}{dt} + r\frac{d^2\theta}{dt^2}\boldsymbol{e}_\theta$$
$$= -r\left(\frac{d\theta}{dt}\right)^2\boldsymbol{e}_r + r\frac{d^2\theta}{dt^2}\boldsymbol{e}_\theta$$

となる．

第2章演習問題

[1]　8 s 間に静止状態から速さ 140 km/h まで一様に加速することのできるスポーツカーがある．

(1) このスポーツカーの加速度を求めよ．

(2) 最初の 8 s 間に車が走った距離を求めよ．

(3) 車が動き出してから 10 s 経過した瞬間の速度を求めよ．ただし，加速度はその 10 s 間は一定であると仮定する．

[2]　x 軸上を速度 v (>0) で運動している質点が，時刻 $t=0$ から一定の加速度 $-b$ で減速し始めて，やがて静止した．

(1) 時刻 $t=0$ から質点が静止するまでの時間を求めよ．

(2) この間に質点の移動する距離を求めよ．

[3]　図 2.11 は，時刻 $t=0$ において x 軸上を正の向きに動き出した質点の位置 x が時間 t とともに変化する様子をグラフで示したものである．

(1) 動き出してから 10 s 間の平均の速度を求めよ．

(2) 動き出してから 5 s, 10 s, 15 s 後の速度を求めよ．

(3) この曲線 $x(t)$ は t に関して 2 次関数で表される．$x(t)$ の関数形を求めよ．

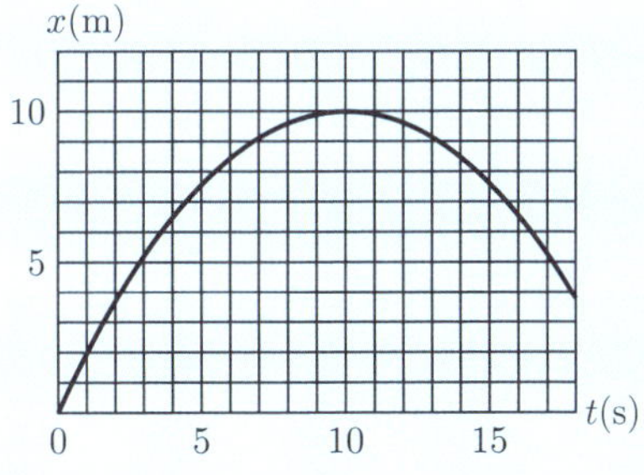

図 2.11

(4) この質点の運動が 1 次元等加速度であることを示し，その加速度を求めよ．

[4]　直線上を加速度 a で等加速度運動している質点の，時刻 t_1 および時刻 t_2 における速度をそれぞれ v_1，v_2 とし，その間に質点が移動した距離を s とすると，

$$v_2^2 - v_1^2 = 2as$$

関係が成り立つことを示せ．

[5]　x 軸上を運動している質点の時刻 t における加速度が

$$a(t) = \frac{d^2x}{dt^2} = 2g\cos^2\omega t$$

で与えられているとき，任意の時刻 t における質点の速度 $v(t)$ と位置 $x(t)$ を求めよ．ただし，$t=0$ での速度と位置はそれぞれ $v(0)=0$，$x(0)=0$ である．

[6] xy-平面上を運動している質点の時刻 t における x, y 座標が次のように与えられているとき，質点の軌道，速度，加速度を求めよ．

(1) $x = v_0 t, \quad y = -\dfrac{1}{2}gt^2 + h$

(2) $x = a\cos(\omega t + \alpha)$

$y = b\sin(\omega t + \alpha)$

(3) $x = v_0 t\cos\omega t, \quad y = v_0 t\sin\omega t$

[7] 平らな斜面の頂部に静止していた質点が等加速度で滑り降りた．斜面の長さは 2.0 m で，質点が斜面の底部に達するまでに 3.0 s かかった．

(1) 質点が斜面を滑り降りるときの加速度を求めよ．

(2) 質点が斜面の底部に達したときの速さを求めよ．

(3) 質点が斜面の中央に達するまでの時間を求めよ．

(4) 質点が斜面の中央を通過する瞬間の速さを求めよ．

[8] 円形の道路を自動車が時速 72 km で走っており，自動車の進行方向は 1 s に 0.01 rad の割合で変化している．

(1) この自動車の等速円運動の角速度 ω はいくらか．

(2) 円形の半径 r はいくらか．

(3) 自動車の向心加速度はいくらか．

[9] M 市は飛行場のある P 市から真北にあり，N 市は真東に位置していて，両市はいずれも P から 800 km のところにある．いま，A 氏と B 氏が P を同時に出発して，N 市と M 市を飛行機で往復する．飛行機の性能はともに等しく，無風状態における最高時速は 1600 km である．離着陸および U ターンの際に要する時間は無視し，上空では時速 160 km の東風が吹いているとして，以下の問いに答えよ．

(1) A が N へ向かって飛行中における飛行機の地上に対する時速はいくらか．

(2) A が N を往復するのに要する時間はいくらか．

(3) B が M へ向かっている間の飛行機の地上に対する速さはいくらか．

(4) A，B のどちらが何秒先に P へ戻ってくるか．

第3章

力と運動

運動の3法則

第0章で述べたように，物体に力が作用すると物体に加速度が生じる．言い換えると，力とは物体に加速度を生じさせる原因ということができる．このような，力とそれが引き起こす加速度との関係は，ニュートンによって初めて解明され，彼の著書「プリンキピア（自然哲学の数学的原理）」の中で，運動に関する3つの基本法則の1つに据えられている．この章では，ニュートンの運動の3法則を取り上げ，それに関連して，「力」，「質量」，「力積」などの概念を解説する．

本章の内容

3.1　ニュートンの第1法則（慣性の法則）

第0章で述べたように，1600年頃までの科学者は，物体は静止しているのが“自然な状態”であり，物体が一定の速度で運動を続けるには，ある作用，すなわち“力”が必要であると考えていた．このような考え方は，私たちが身の周りに起こっている現象をみるかぎり，一見もっともなようにみえる．確かに，テーブルの上に置かれている1冊の本は，何の影響もなければ静止したままであり，本を動かすには摩擦力に打ち勝つ水平な力を加えなければならない．また，一旦運動をしている物体も，押し続けるか引っ張り続けなければやがて止まってしまう．

しかし，私たちは，滑らかな床の上やスケートリンクの氷の上では，一旦滑り出した物体はなかなか止まらないことも経験で知っている．氷上で行うスポーツの1つのカーリング（図3.1）では，ハンドルのついた円形の平らな石を投げて氷上を滑らせ，標的に入れて得点を競うが，その場合石のスピードを保つために石の進行方向の氷面をブルームと呼ばれるほうきで掃いて氷面を滑らかにする．これなどは，運動している物体がやがて停止するのは，物体の本来の性質ではなく，摩擦力のせいであることを示している．したがって，広くて究極の滑らかさをもつ平面を想定すると，そこでは滑り出した物体は面の周縁に達するまで滑り続けるはずである．実際に，水平で滑らかな床の上にドライアイスの小片を置くと，ドライアイスの底面から気化する炭酸ガスのために床とドライアイスとの間の摩擦はほとんど無く，はじくとドライアイスの小片はほぼ等速直線運動を続ける．

図3.1　カーリング

このような考察から，ニュートンは**ニュートンの運動の第1法則**として知られている次の法則を導いた．

ニュートンの運動の第1法則：　物体は，力が作用していないか，あるいは作用していてもその合力が0であれば，静止している物体は静止し続け，運動している物体は一定速度の運動（すなわち等速直線運動）をし続ける．

このように，物体には本来その運動の状態を保ち続けようする性質がある．物体のもつこの性質は**慣性**と呼ばれる．したがって，この第1法則はしばしば**慣性の法則**とも呼ばれる．

慣性座標系（慣性系）

第1法則によれば，物体が運動の状態を変えない場合，すなわち，静止しているか，等速度運動を続けている場合には，その物体に働いている力の合力は0でなければならない．しかし，考えてみると，運動の状態は，それを観測する者がいる立場，つまり，運動を考える座標系によって変わってしまう．また，後の章でみるように，座標系によっては，等速直線運動とはおよそかけ離れた運動をしているにもかかわらず，物体には全く力が働いていないこともある．

このことからもわかるように，ニュートンの運動の第1法則は，ある特別な1組の座標系に対して限定的に成り立つ法則である．そこで，ニュートンの第1法則が成り立つ座標系を特に**慣性座標系**または**慣性系**と呼ぶ．しかし，厳密な意味での慣性座標系を選ぶことは難しく，むしろ不可能であるといってよい．そこで，通常は，星々から遠く離れていて，それらの星に対して等速度で相対運動している座標系を想定して，それを近似的な慣性座標系と考える．このようにして1つの慣性座標系（の候補）が選ばれると，それに対して相対的に等速度運動をするすべての座標系は慣性系と考えることができる．1つの慣性座標系に対して等速度で運動している物体は，その座標系に対して等速度で運動する別の座標系から観測しても，静止しているか等速度運動しているように見えるからである．したがって，慣性座標系は無数にある．特に，私たちの身の周りに起こる運動を扱う場合には，しばしば地球上に固定された座標系が近似的な慣性系として選ばれる．

質量

あらゆる物体は，運動状態を変化させようとすると，その変化に抵抗する性質，つまり慣性をもっている．すなわち，慣性は個々の物体に具わった性質の1つである．この慣性の大きさは質量というスカラー量によって表され，質量の単位としては国際的な取り決めにより，キログラム（kg）が用いられる．このように，国際的な取り決めによって定められた単位を**SI単位**と呼ぶ．質量のSI単位である1 kgは，フランスのセヴレ市にある国際度量衡局に保存されているプラチナーイリジウム合金の円柱（国際キログラム原器）の質量として定義されている．日本にも，この原器と同じ質量をもつようにつくられたキログラム原器が茨城県つくば市の計量標準総合センターに保管されている．

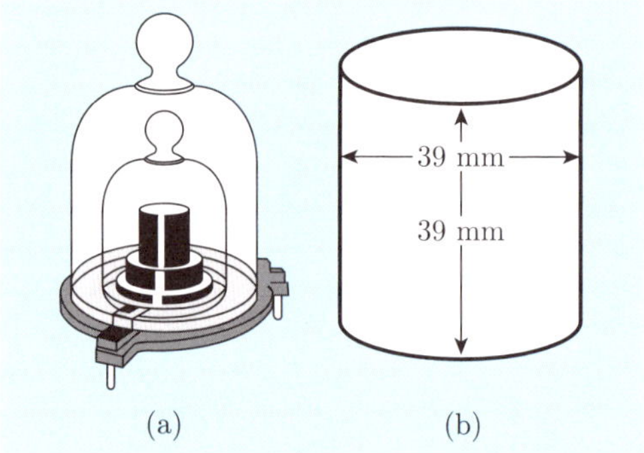

図3.2　国際キログラム原器　(a) 容器に入っているところ　(b) 原器のサイズ（白金90％，イリジウム10％の合金）

ここで，物体の質量を測るにはどうすればよいかを考えてみよう．まず，最初に，あらかじめ質量 m_0 がわかっている標準物体を選び，それに1つの力を作用させたところ，標準物体に生じた加速度は a_0 であったとする．次に，同じ力を未知の質量 m_x の別の物体に作用させて加速度を測ったところ a_x になったとしよう．2つの力が同じであることを確かめる方法については説明をしなければならないが，この説明はもう少し先に譲ることにして，ここでは，このような実験が実際に可能であることだけを述べるに留めておこう．ところで，質量は運動状態の変化のしにくさ，つまり加速度の生じにくさの尺度を与える量であった．したがって，2つの物体に同じ大きさの力を加えたときに生ずる加速度の大きさの比は，2つの物体の質量の比の逆数に等しいと置いてみよう．

$$\frac{m_x}{m_0} = \frac{a_0}{a_x}$$

これを m_x について解くと

$$m_x = m_0 \frac{a_0}{a_x} \tag{3.1}$$

となり，これよりあらかじめ m_0 がわかっていれば，m_x が求められる．この推論が正しいことは，同様の実験を，物体を替え，力の大きさを変えて繰り返し行うことによって確かめることができる．また，(3.1) は，次のニュートンの第 2 法則からも導き出される．

3.2 ニュートンの第 2 法則（運動方程式）

ニュートンの第 1 法則は，物体に作用するすべての力の合力が 0 であるとき，物体に何が起こるかについて述べたものであった．これに対して，物体に作用する力の合力が 0 でない場合に，物体に何が起こるかについて答えるのが，ニュートンの第 2 法則である．

私たちの身の周りに起こる運動の多くは等速度運動ではなく，有限の加速度を伴った加速度運動である．したがって，物体には 1 つまたは多くの力が働いていていて，それらの合力は 0 ではなく，正味の力が存在している．そのため物体はそれに働いている力の方向に加速される．すなわち，力が運動の方向に加えられると，物体は速さを増し，反対方向に加えられると速さは減る．また，力を運動の方向と直角に加えると，物体の運動方向が曲がる．一般に任意の方向に力を加えると，物体は速さと方向の両方が変わり，物体の加速度は，いつも加えられた合力の方向に生ずる．この場合，生ずる加速度の大きさは加えられた力の大きさに比例し，力の大きさが 2 倍になれば加速度は 2 倍になる．また，加速度は物体の質量にも依存し，同じ大きさの力が加えられても，質量が 2 倍であれば生ずる加速度の大きさは半分になる．このように，物体に生ずる加速度の大きさは物体の質量に反比例する．

これらの，物体に作用する合力と，物体の質量と物体に生ずる加速度の関係を要約して言い表したのが**ニュートンの運動の第 2 法則**である．

ニュートンの運動の第2法則：　物体の加速度 $\boldsymbol{a}$ はそれに作用する合力 $\boldsymbol{F}$ に比例し，その質量 m に反比例する．

これは式で表すと

$$m\boldsymbol{a} = \boldsymbol{F} \tag{3.2}$$

となる．この方程式は**ニュートンの運動方程式**または単に**運動方程式**と呼ばれる．(3.2) は物体の位置ベクトル $\boldsymbol{r}$ を用いて

$$m\frac{d^2\boldsymbol{r}}{dt^2} = \boldsymbol{F} \tag{3.3}$$

と表される．また，力 $\boldsymbol{F}$ はベクトル量であるから，他のベクトル式と同様に，(3.3) は3つの成分に分けて，次のように書ける．

$$m\frac{d^2x}{dt^2} = F_x, \quad m\frac{d^2y}{dt^2} = F_y, \quad m\frac{d^2z}{dt^2} = F_z \tag{3.4}$$

ニュートンの第2法則によれば，物体に加速度を与えるものが力である．したがって，力は，この第2法則によって定義されているとみることもできる．このように考えれば，物体が加速度 $\boldsymbol{a}$ をもっているとき，その物体には (3.2) で与えられる力 $\boldsymbol{F}$ が働いていることになる．力の単位はこの (3.2) から導かれる．すなわち，力のSI単位である1N（ニュートン）は，質量1kgの小物体に $1\,\mathrm{m/s^2}$ の加速度を生じさせる力として定義されている．

(3.2) で $\boldsymbol{F} = 0$ とおくと $\boldsymbol{a} = 0$ が導かれる．これは，力が働かなければ物体は静止したままか等速直線運動を続けるという，第1法則（慣性の法則）の主張に他ならない．したがって，ニュートンの第2法則は慣性系においてのみ成り立つことがわかる．つまり，ニュートンの運動の3法則の中での第1法則の役割は，第2法則が成り立つ座標系を規定することにあるのである．

運動量と第2法則

物体が運動しているとき，その質量 m と速度 $\boldsymbol{v}$ の積をその物体の**運動量**という．運動量はふつう $\boldsymbol{p}$ という記号で表す．したがって

$$\boldsymbol{p} = m\boldsymbol{v} \tag{3.5}$$

である．運動量は物体の運動の勢い（つまり運動の状態）を表すベクトル量

である．(3.5) の両辺を t について微分すると，質量は定数なので

$$\frac{d\boldsymbol{p}}{dt} = \frac{d}{dt}(m\boldsymbol{v}) = m\frac{d\boldsymbol{v}}{dt} = m\boldsymbol{a} = \boldsymbol{F}$$

となる．したがって，ニュートンの運動方程式 (3.3) は

$$\frac{d\boldsymbol{p}}{dt} = \boldsymbol{F} \tag{3.6}$$

と表すこともできる．(3.6) は，質量が定数でなく時間的に変化する場合でも，運動量 $\boldsymbol{p}$ を各瞬間における質量と速度の積と定義すればそのまま成立する．実は，ニュートンが第 2 法則として主張したのは，(3.3) の形ではなく (3.6) の方である．

運動量の変化と力積

運動量を使って表した運動方程式 (3.6) の両辺を，t について時刻 t_1 から t_2 まで積分してみると

$$\int_{t_1}^{t_2} \frac{d\boldsymbol{p}}{dt} dt = \int_{t_1}^{t_2} \boldsymbol{F}\, dt \tag{3.7}$$

となる．左辺は積分を実行すると

$$\int_{t_1}^{t_2} \frac{d\boldsymbol{p}}{dt} dt = \boldsymbol{p}(t_2) - \boldsymbol{p}(t_1)$$

となり，2 つの時刻の間の運動量の変化 $\Delta\boldsymbol{p} = p(t_2) - p(t_1)$ が得られる．したがって，(3.7) は

$$\boldsymbol{p}(t_2) - \boldsymbol{p}(t_1) = \int_{t_1}^{t_2} \boldsymbol{F}(t)\, dt \tag{3.8}$$

となる．ここで，右辺の積分を時刻 t_1 から t_2 までの間に物体に与えられた**力積**と呼び，記号 $\boldsymbol{I}$ で表す．

(3.8) は

『力の作用を受けた物体の運動量の変化 $\Delta\boldsymbol{p} = \boldsymbol{p}(t_2) - \boldsymbol{p}(t_1)$ は，その間に物体に働いた力積に等しい』

ことを表している．

3.3 ニュートンの第3法則（作用反作用の法則）

2つの物体が互いに押したり引いたりするとき，これらの物体は相互作用しているという．この場合，片方の物体Aを起源とする力 $\boldsymbol{F}_{\mathrm{BA}}$ がもう一方の物体Bに作用し，逆に物体Bを起源とする力 $\boldsymbol{F}_{\mathrm{AB}}$ が物体Aに作用している（図3.3）．このように力は常に対になって生じ，決して単一の孤立した力は存在しない．物体間に作用する力には，このように互いに接触しておよぼしあう場合（接触力）と，地球と月がおよぼしあっている万有引力のように，互いに離れていておよぼしあう場合（遠隔力）とがある．いずれの場合も，物体Aが物体Bに及ぼす力 $\boldsymbol{F}_{\mathrm{BA}}$ を**作用力**と呼び，BがAに及ぼす力 $\boldsymbol{F}_{\mathrm{AB}}$ を**反作用力**と呼ぶ．勿論どちらの力を作用力，反作用力と名づけてもよい．

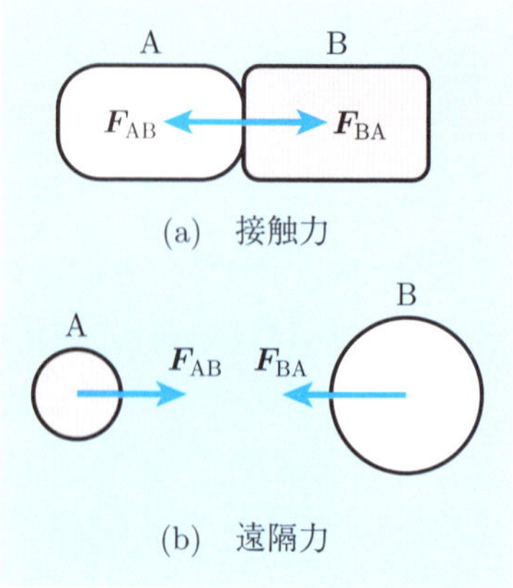

図3.3 作用と反作用

この作用と反作用の関係について述べているのが**ニュートンの運動の第3法則（作用反作用の法則）**である．

ニュートンの運動の第3法則： 2つの物体が相互作用するとき，物体Aが物体Bにおよぼす力 $\boldsymbol{F}_{\mathrm{BA}}$ は物体Bが物体Aにおよぼす力 $\boldsymbol{F}_{\mathrm{AB}}$ と大きさが等しく，方向が反対向きである．

これを式で書けば以下の式となる．

$$\boldsymbol{F}_{\mathrm{BA}} = -\boldsymbol{F}_{\mathrm{AB}} \tag{3.9}$$

2つの物体がどのような状態で相互作用しても，この作用力と反作用力はは存在する．すなわち，第3法則は，2つの物体が静止していても運動していても，あるいは加速度をもっていても成り立つ．また，作用力と反作用力は，大きさが等しく向きが逆の力であるが，それぞれは別の物体に作用するため，決して互いに釣り合って，平衡をもたらすことはない．

3.4 いろいろな力

万有引力（重力）

第2章の第5節で学んだように，半径 r の円周上を速さ v で等速円運動している物体は，たえず円の中心に向かう一定の大きさの加速度

$$a = \frac{v^2}{r} \tag{3.10}$$

で運動している．ニュートンの第2法則によれば，これは，物体にたえず円の中心を向かう向きに

$$\begin{aligned} F &= ma \\ &= m\frac{v^2}{r} \end{aligned} \tag{3.11}$$

の大きさの力（向心力）が働いていることを意味している．

このことは，地球の周りを回っている月についても言える．この場合，月に働く向心力の起源は地球である．ニュートンの第3法則によれば，力は常に作用力と反作用力が対になって生じる．したがって，地球が月におよぼす作用力に対して，それに大きさが等しく方向が反対向きの月が地球におよぼす反作用力が存在していることになる．ニュートンはこの地球と月の間の相互作用について考察し，すべての物体の間には，それぞれの物体の質量の積に比例し，両者の距離の2乗に反比例する引力が働くとすれば，月の公転だけでなく，惑星の運動までも説明できることを発見した．この引力はすべての物体間に働くので**万有引力**と呼ばれる．

万有引力の法則： すべての物体間には，2物体の質量（m と M）の積に比例し，その間の距離 r の2乗に反比例する引力 F が働く．

これを式で表すと

$$F = -\frac{GmM}{r^2} \tag{3.12}$$

となる．ここで負符号を付けたのは引力であることを示すためである．比例定数 G は重力定数と呼ばれ，最近の測定によると

$$G = (6.67259 \pm 0.00085) \times 10^{-11}\,\mathrm{m^3/kg{\cdot}s^2} \tag{3.13}$$

である．歴史的には，万有引力の法則 (3.12) に現れる質量は**重力質量**と呼び，第 2 法則 (3.11) に現れる質量を**慣性質量**と呼んで区別をしていたが，今日では両者は同じものであり区別されないことがわかっている．

重さ

重さと質量という 2 つの概念はしばしば混同される．これは主として，2 つの量が互いに直接比例するためである．ある物体の質量を 2 倍にすれば重さも 2 倍になる．質量を半分にすると重さも半分になる．しかし，2 つの概念は別であって，区別されなければならない．この章のはじめで述べたように，質量は摩擦のないところで物体の運動状態を変えようとするとき，それに対して物体が示す慣性（または慣性の大きさ）である．これに対して重さは物体に作用する重力の大きさを表すスカラー量である．

万有引力は地球と地上の物体との間にも働く．この場合，地球のように広がりをもっている物体間の万有引力は，物体を小さな部分に分割したとき，各小部分の間に働く万有引力の合力（ベクトル和）として求められる．この計算は一般には面倒であるが，地球のように質量分布が球対称な 2 つの物体間の万有引力は，2 つの物体の中心距離を r とすれば，やはり (3.12) で与えられることがわかっている．したがって，地上の物体は地球の中心に向かって，すなわち地面に向かって鉛直下方に引き寄せられる．この万有引力を重力という（重力と万有引力はしばしば区別しないで用いられる）．

この重力のために，地上の物体は支えていなければ真下に向かって落下する．この落下運動の加速度は一定であって，物体によらないばかりでなく，その大きさは地球上のどこでもほぼ同じ値をとる．そこで，この加速度のことを**重力加速度**といい，通常記号 g で表す．したがって，重力 F_{G} は

$$F_{\mathrm{G}} = mg \tag{3.14}$$

であることがわかる．ここで，$g = 9.80\,\mathrm{m/s^2}$ である．g は地球の質量 M_{E} と半径 R_{E} および重力定数 G を用いて表すと

$$g = \frac{GM_\mathrm{E}}{R_\mathrm{E}^2} \tag{3.15}$$

となる（例題 3.1 参照）.

垂直抗力

テーブルの上に置かれている本（質量 m）は，重力によって下向きの力 $\boldsymbol{W}$（大きさ mg）を受けているにもかかわらず落下しないでいる．これはテーブルから重力と同じ大きさ mg の力 $\boldsymbol{N}$ で上向きに押し上げられていて，本に働くこれらの 2 つの力が釣り合っているためである．テーブルが本を押し上げれば，当然その反作用として，本はテーブルを下向きに力 $\boldsymbol{N}'$ で押し付ける．このように 2 つの物体が接触しているとき，接触面を通して垂直に，互いに他方の物体に作用する力を**垂直抗力**という．垂直抗力は次に出てくる摩擦力と違って接触している面の状態には依存しない．

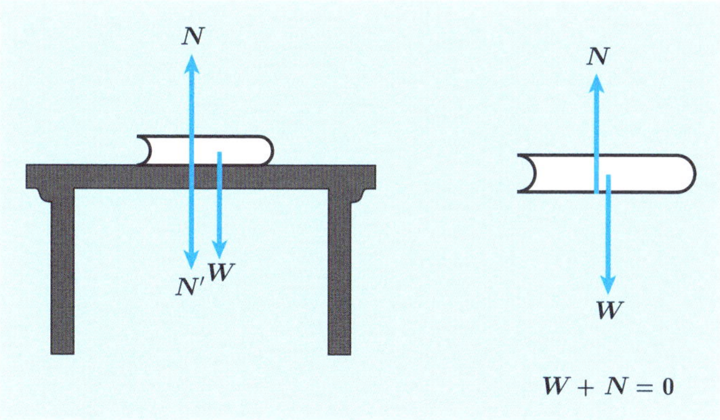

図 3.4　垂直抗力：　本に作用する垂直抗力 $\boldsymbol{N}$ が重力 $\boldsymbol{W}$ と釣り合う

このテーブルと本に働く 3 つの力（$\boldsymbol{W}$, $\boldsymbol{N}$, $\boldsymbol{N}'$）については，$\boldsymbol{W}$ と $\boldsymbol{N}$ とは釣り合いの関係にあり，$\boldsymbol{N}$ と $\boldsymbol{N}'$ とは作用反作用の関係にある（図 3.4）．すなわち

$$\boldsymbol{W} + \boldsymbol{N} = 0 \quad \text{（釣り合いの関係）}$$
$$\boldsymbol{N} = -\boldsymbol{N}' \quad \text{（作用反作用の関係）}$$

である．

摩擦力

接触する2つの物体において，接触面を通して互いに接触面に平行に及ぼしあう力を摩擦力という．摩擦力には静止摩擦力（あるいは静摩擦力）と運動摩擦力（あるいは動摩擦力）とがある．また，摩擦力は2つの物体の接触面の状態に依存し，面が滑らかであればあるほど小さくなる．

● 静止摩擦力（静摩擦力）

図3.5に示すように，水平な床の上に置かれたブロックを考えてみよう．このブロックに左向きに水平な外力 $\boldsymbol{F}$ を加えても，F があまり大きくなければブロックは動き出さない．これは，接触面を通して床から，ブロックの運動を阻止する逆向きの力 $\boldsymbol{R}$ が作用しているためである．この力 $\boldsymbol{R}$ を**静止摩擦力**という．ブロックが静止しているかぎり，この静止摩擦力は外力と釣り合っている．すなわち

$$\boldsymbol{R} = -\boldsymbol{F} \tag{3.16}$$

である．経験によれば静止摩擦力の大きさ R には上限があって，いま，接触面を通して垂直に作用する抗力の大きさを N とすると，静止摩擦力には

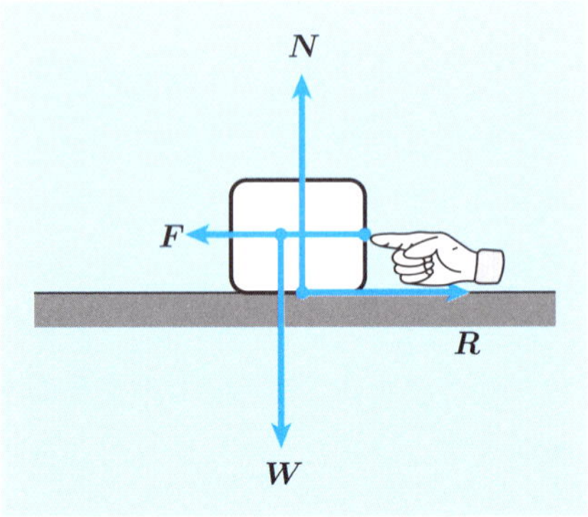

図 3.5　静止摩擦力　$R \leq \mu N$

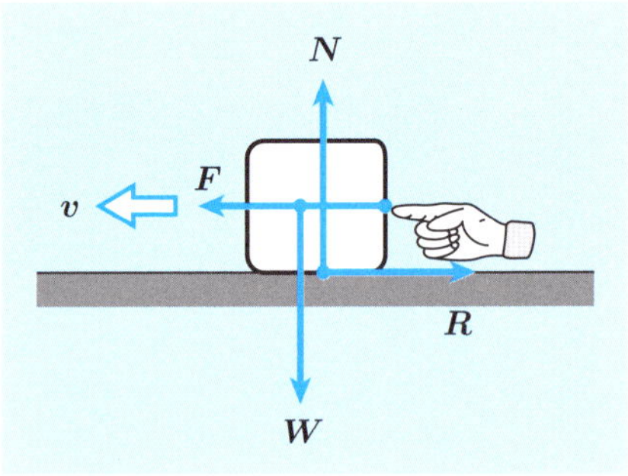

図 3.6　運動摩擦力　$R = \mu' N$

$$R < R_{\max} = \mu N \tag{3.17}$$

という関係がある．この摩擦力の最大値 $R_{\max}$（$= \mu N$）を**最大静止摩擦力**といい，係数 μ を**静止摩擦係数**という．μ は床とブロックの材質および接触面の状態によって決まる．

● **運動摩擦力（動摩擦力）**　　外力 $\boldsymbol{F}$ の大きさが増していき R_{max} を超えると，ブロックは動き出し，左の方向に加速される（図 3.6）．この場合も，ブロックには床から接触面を通して運動を妨げる向きに摩擦力が働く．この摩擦力 $\boldsymbol{R}$ は**運動摩擦力**（あるいは**動摩擦力**）と呼ばれ，その大きさ R はやはり垂直抗力 N に比例し，

$$R = \mu' N \tag{3.18}$$

の関係を満たす．この比例係数 μ' は，2 物体の接触面の状態によって決まる定数で，**運動摩擦係数**（または**動摩擦係数**）という．図 3.7 に示すように，R は R_{max} よりも小さい値をとるため，一般に

$$\mu > \mu' \tag{3.19}$$

である．

これらの摩擦係数は，接触面の面積にはほとんど依存しない．また，運動摩擦係数 μ' は，両物体の相対速度によって変化するが，その変化は小さいため通常は無視される．

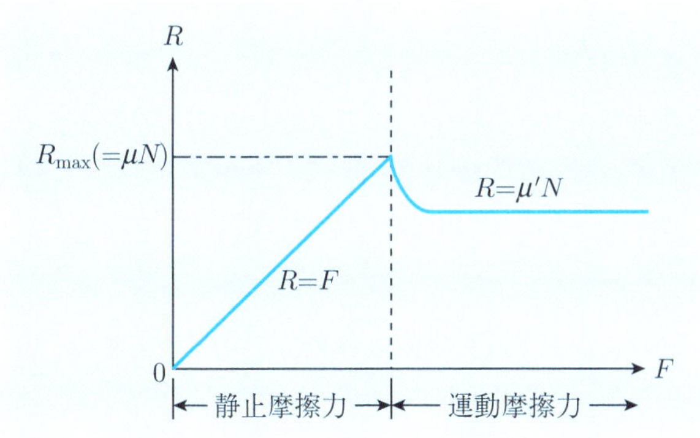

図 3.7　摩擦力の大きさ R と加えた力 F との関係

表 3.1 にいくつかの固体間の摩擦係数を示しておく．いずれも表面が磨いてある場合の値である．

表 3.1 摩擦係数

	静止摩擦係数（μ）	運動摩擦係数（μ'）
鋼鉄上の鋼鉄	0.74	0.57
鋼鉄上の銅	0.53	0.36
鋼鉄上のアルミニウム	0.61	0.47
ガラス上のガラス	0.99	0.4
テフロン上のテフロン	0.04	0.04
テフロン上の鋼鉄	0.04	0.04
氷上の氷	0.1	0.03

弾力

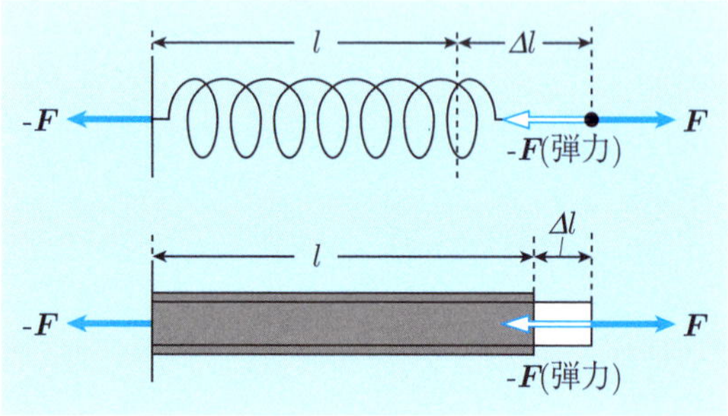

図 3.8 ばねや棒は伸ばすと弾力が生じる

固体に合力が0になるように外から力を加えると，固体は運動の状態を変えないが，変形はする．しかし，変形すると固体には元の状態（形）に戻そうとする**復元力**が現れる（図3.8）．この復元力のために，変形が小さければ，外からの力を取り去ると固体は元の形に戻る．固体のもつこの性質のことを**弾性**といい，元に戻そうとする復元力のことを固体の**弾力**という．

変形の大きさは，力が加わらない自然の状態から測られる．たとえば，ばねの場合変形の大きさとは，ばねの自然長からの伸びをいう．一般にこの変形が小さいときは，物体の復元力の大きさは変形の大きさに比例する．これを**フックの法則**という．すなわち

> **フックの法則：** 変形が小さければ，物体の復元力つまり弾力の大きさは変形の大きさに比例する．

これは，弾力を F，変形量を x とすると

$$F = -kx \tag{3.20}$$

と表せる．比例定数 k は**弾性定数**（ばねの場合は**ばね定数**）と呼ばれる．

第3章例題

例題 3.1 万有引力

(1) 太陽の周りを公転している惑星に働く向心力は太陽からおよぼされる万有引力である．この公転の軌道を円とすると，

「公転の周期 T の 2 乗と軌道の半径 r の 3 乗とが比例する（ケプラーの第 3 法則）」

ことを示せ．

(2) 地球の表面付近にある物体に作用する重力は地球がおよぼす万有引力である．地上における物体の重力加速度の大きさを $g = 9.81\,\mathrm{m/s^2}$ として，地球の質量 M_{E} を計算せよ．ただし，地球の半径 R_{E} は 6370 km とする．

(3) 太陽の質量と半径は，$M_{\mathrm{S}} = 1.989 \times 10^{30}\,\mathrm{kg}$ および $R_{\mathrm{S}} = 6.96 \times 10^{8}\,\mathrm{m}$ である．太陽の表面にある質量 1 kg の物体に働く万有引力の大きさを求めよ．

解答 (1) 周期 T で半径 r の円軌道を描いて運動する惑星の向心加速度の大きさ a は

$$a = r\omega^2 = r\left(\frac{2\pi}{T}\right)^2$$

$$\therefore \quad ma = mr\left(\frac{2\pi}{T}\right)^2 = \frac{GmM_{\mathrm{S}}}{r^2}$$

$$\therefore \quad \frac{r^3}{T^2} = \frac{GM_{\mathrm{S}}}{4\pi^2}$$

これはケプラーの第 3 法則である．

(2) 地上付近の物体に作用する重力は地球の作用する万有引力であるから

$$mg = G\frac{M_{\mathrm{E}}m}{R_{\mathrm{E}}^2}$$

$$\therefore \quad g = \frac{GM_{\mathrm{E}}}{R_{\mathrm{E}}^2}$$

$$\therefore \quad M_{\mathrm{E}} = \frac{gR_{\mathrm{E}}^2}{G} = \frac{9.81 \times (6.37 \times 10^6)^2}{6.67 \times 10^{-11}} = 5.97 \times 10^{24}\,\mathrm{kg}$$

(3) $$F = \frac{(6.67 \times 10^{-11}) \times (1.989 \times 10^{30}) \times 1}{(6.96 \times 10^8)^2} = 274\,\mathrm{N}$$

例題 3.2 **摩擦係数**

(1) 水平と角 θ をなす斜面の上に質量 m の物体が静止している.

(i) この物体に働くすべての力を図示せよ.

(ii) 物体が斜面を滑り降りないためには, 物体と斜面の間の静止摩擦係数 μ はどのような条件を満たす必要があるか.

(2) 水平と角 θ をなす斜面の上に質量 m の物体を静かに置いたところ, 物体は滑りはじめた. 物体と斜面の間の運動摩擦係数は μ' である.

(i) 滑り降りている物体に働くすべての力を図示せよ.

(ii) 滑りはじめてから時間 t が経過したときの, 物体の速さ v と滑り降りた距離 l を求めよ.

解答 (1) (i) 物体に働く重力を W, 垂直抗力を N, 摩擦力を R とすると, 図3.9 のようになる.

(ii) $R = mg\sin\theta < \mu N = \mu mg\cos\theta$

よって, μ が満たす条件は, $\mu > \tan\theta$

(2) (i) 図 3.10

(ii) 力の斜面方向の成分は, 斜面を下る方向を正にとると

$$mg\sin\theta - \mu' N = mg(\sin\theta - \mu'\cos\theta)$$

したがって, 物体は斜面を等加速度 $g(\sin\theta - \mu'\cos\theta)$ で滑りおりる.

$$v = g(\sin\theta - \mu'\cos\theta)t$$
$$l = \frac{g}{2}(\sin\theta - \mu'\cos\theta)t^2$$

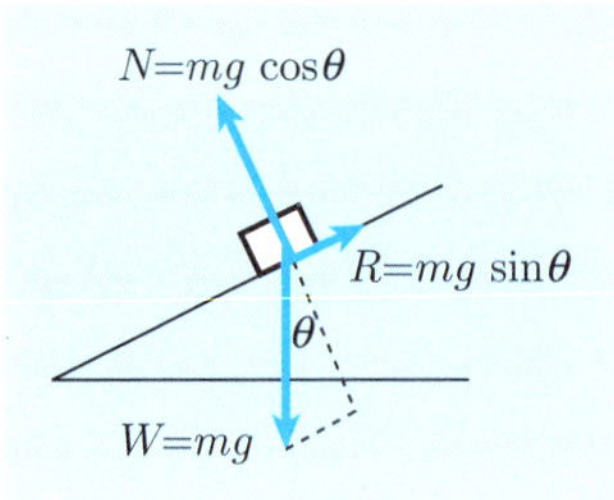

図 3.9

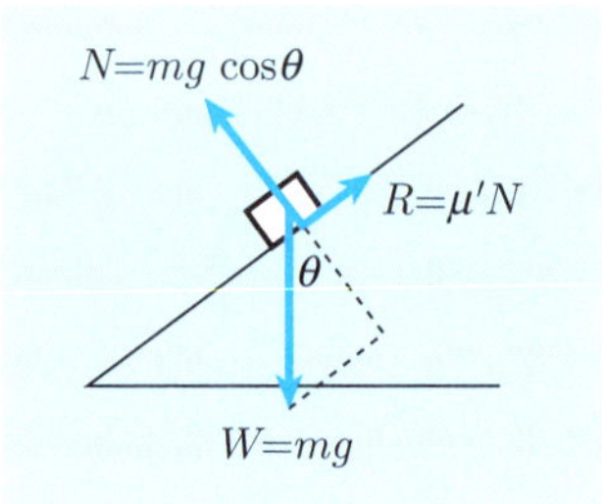

図 3.10

第3章演習問題

[1]　ある大きさの力を質量 m_1 の物体に加えたところ，3.0 m/s^2 の加速度が生じた．同じ力を質量 m_2 の別の物体に加えたところ，こんどは 1.0 m/s^2 の加速度が生じた．

(1) m_1/m_2 の値はいくらか．

(2) 質量 m_1 と m_2 の結合させ，それに同じ大きさの力を加えると，両物体の加速度はいくらか．

[2]　1 kg の物体に働く重力の大きさを 1 kgw（1 kg 重）といい，力の単位として用いられる．70 kgw は何 N か．

[3]　747 ジャンボ・ジェット機は 4 つのエンジンを搭載している．離陸時における各エンジンの推進力は 30,000 N，乗客を載せた機体の質量は 30,000 kg である．

(1) このジェット機の離陸時の加速度はいくらか．

(2) 離陸時に乗客が機体から受ける力は重力の何倍か．

[4]　静止していた 3 kg の物体が一定の力の作用を受けて運動をはじめ，4 秒後には 4 m の距離を進んだ．このとき加えられた力の大きさを求めよ．

[5]　手に 5.0 kg の鞄を提げた人がエレベータに乗っている．

(1) エレベータが上向きに 2.0 m/s^2 で加速されると，この人の腕にかかる鞄の重さはいくらか．

(2) エレベータが加速度 2.0 m/s^2 で降下するとき，この人の腕にかかる鞄の重さはいくらか．

[6]　月は地球から 3.8×10^5 km の距離にある．月の質量は 7.3×10^{22} kg，地球の質量は 6.0×10^{24} kg である．地球と月の中間にある物体に働く地球の万有引力と月の万有引力の大きさが等しくなるのは，物体が地球の中心からどれだけ離れたときか．

[7]　凍った広い池の氷上でホッケーパックを打ったところ，120 m の距離まで滑って止まった．パックに与えた初速は 20 m/s であったとして，パックと氷の間の運動摩擦係数 μ' を求めよ．

[8]　ある学生が，消しゴムとアクリル板をつかって，消しゴムと板との間の摩擦係数を測るために次の実験を行った．まず，水平にしたアクリル板の上に消しゴムを載せ，ゆっくり板を傾けていったところ，傾斜角がちょうど 36° になったところで消しゴムは滑り出した．次に板の傾斜角ゆっくり元に戻して，30° まで減少させると．こんどは，消しゴムは一定の速さで滑り降りた．これらの実験から，消しゴムと板との間の静止摩擦係数 μ および運動摩擦係数 μ' を決定せよ．

第4章

いろいろな運動（1）

運動の法則の応用

ニュートンの第2法則によれば，質量 m の物体に力 $\boldsymbol{F}$ が加ったときの物体に生じる加速度 $\boldsymbol{a}$ は運動方程式から求められる．この加速度を知れば，すなわち，力がわかれば，ある時刻の速度とをもとにして，任意の時刻の物体の速度や位置を計算から求められる．したがって，運動の特徴は，力の性質，つまり力が物体の位置や時間にどのように依存するかによって決まる．

この章では，いろいろな力について，具体的に，物体の運動がその力の性質によって様々に変化することをみる．

本章の内容

4.1 重力のもとでの運動1（放物運動）

運動方程式

地表付近にある質量 m の物体には鉛直下向きに

$$F = mg$$

の大きさの**重力**が働く．この重力は場所にも時間にも依らないので，重力のもとでの運動は等加速度運動である．いま，$t = 0$ に質量 m の小物体を初速 v_0 で水平と角 θ の方向に投げ上げたとき，その後の小物体の運動を，運動方程式を解いて調べてみよう．小物体は初速度 $\boldsymbol{v}_0$ と鉛直方向を含む平面内で運動する．そこで，投げ上げた点を原点 O にとり，O を通り鉛直上向きに y 軸を，この y 軸と $\boldsymbol{v}_0$ が張る平面内で水平方向に x 軸をそれぞれ選ぶ（図 4.1）．$t = 0$ での小物体の位置 $\boldsymbol{r}_0$ と速度 $\boldsymbol{v}_0$，つまり初期条件は，それぞれ

$$\boldsymbol{r}_0 = (x_0, y_0) = (0, 0) \tag{4.1}$$

$$\boldsymbol{v}_0 = (v_{0x}, v_{0y}) = (v_0 \cos\theta, v_0 \sin\theta) \tag{4.2}$$

である．

この小物体に作用する力 $\boldsymbol{F}$ は

$$\boldsymbol{F} = (F_x, F_y) = (0, -mg) \tag{4.3}$$

であるから，これを (3.4) に代入すると，運動方程式は

$$m\frac{d^2x}{dt^2} = 0 \qquad m\frac{d^2y}{dt^2} = -mg \tag{4.4}$$

となる．(4.4) の 2 つの微分方程式は，それぞれ x 座標または y 座標だけしか含まないから，連立方程式ではなく，互いに独立な微分方程式である．すなわち，x 方向の微分方程式は加速度が 0，つまり等速直線運動の運動方程式であり，y 方向の微分方程式は加速度が一定，つまり等加速度運動の運動方程式である．

(4.4) の 2 つの 2 階微分方程式の一般解は，すでに前章で求められており，(4.1)，(4.2) の初期条件のもとでの特解は，それぞれ

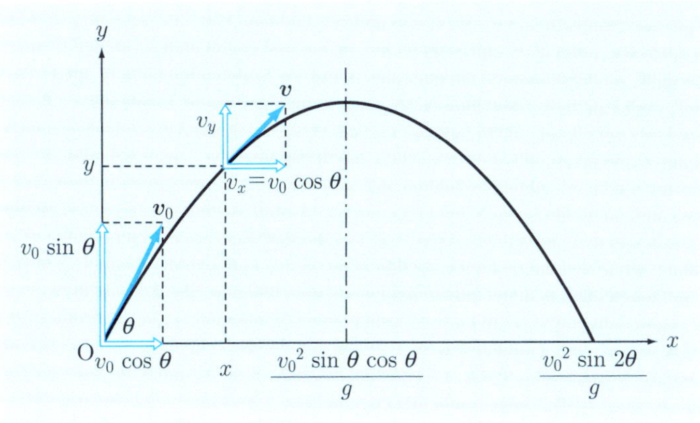

図 4.1　放物運動

$$v_x = v_0 \cos\theta, \quad x = v_0 t \cos\theta \tag{4.5}$$

および

$$v_y = -gt + v_0 \sin\theta, \quad y = -\frac{1}{2}gt^2 + v_0 t \sin\theta \tag{4.6}$$

となる．したがって，地表付近で投げ上げられた物体は，鉛直方向には等加速度運動をし，水平方向には等速度運動をする．

放物運動の軌道

(4.5) の第 2 式と (4.6) の第 2 式から t を消去すると，放物体の軌道，

$$y = -\frac{gx^2}{2v_0^2 \cos^2\theta} + x \tan\theta \tag{4.7}$$

が求められる．これは

$$x = \frac{v_0^2 \sin\theta \cos\theta}{g} \tag{4.8}$$

を中心軸とする上に凸の放物線を表す（図 4.1）．

上昇した物体が落下する場所は，(4.7) で $y = 0$ とおいた式の 2 つの解のうちの $x = 0$ でない方の解として求められる．その結果，落下地点までの距離 l は

$$l = \frac{2v_0^2 \sin\theta \cos\theta}{g} = \frac{v_0^2 \sin 2\theta}{g} \tag{4.9}$$

となる．したがって，同じ初速 v_0 で投げる場合，いちばん遠くまで届くのは $\sin 2\theta = 1$，つまり $\theta = 45^\circ$ のときであって，最大到達距離 $l_{\max}$ は

$$l_{\max} = \frac{v_0^2}{g} \tag{4.10}$$

である．

4.2 重力のもとでの運動2（空気抵抗の影響）

前節では，物体の運動に対する空気の影響は無視してきた．しかし，野球のピッチャーが投げるボールは，空気抵抗の影響のために放物軌道からはずれてしまう．むしろピッチャーはこの空気抵抗を利用して変化球を投げる．スカイダイビングでは，ダイバーは上空で飛行機からダイビングし，地上に近づいたところでパラシュートを開くまでの間を，約 200 km/h の高速で落下する．このときダイバーは，体勢をいろいろ変えることによって空気抵抗を調整し，落下の速度や方向を変化させて楽しむのである．

慣性抵抗

空気中を物体が高速で運動する場合，空気抵抗が物体にどのような影響をおよぼすかという問題はかなり複雑である．それは物体の後方に乱流（渦巻き）ができるためである（図 4.2）．乱流ができると物体の前方の圧力が大きくなり，前後で圧力差ができる．この圧力差のため物体は後ろ向きに押しやられようとする．つまり進行方向とは逆向きに抵抗力を受けることになる．このような抵抗は**慣性抵抗**と呼ばれる．

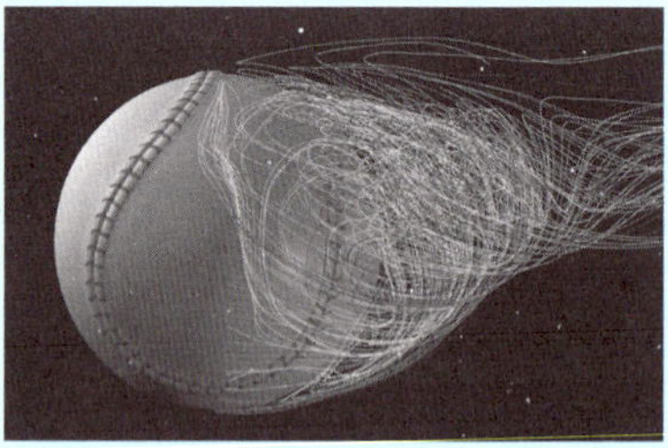

図 4.2 ボールの後方の渦（姫野龍太郎氏による数値シミュレーション結果「科学」**Vol. 69 No. 9** 岩波書店 **1999** より）

実験によれば，野球のボールのようにまるみをもった物体の場合，慣性抵抗力 $\boldsymbol{F}$ の大きさは，物体の速度（空気に対する相対速度）の 2 乗に比例する

ことが分かっている．すなわち

$$F = -bv^2 \tag{4.11}$$

となる．ここで，負号は抵抗力が運動を妨げる向きに働くことを示すためにつけられている．(4.11) の比例係数 b は物体の有効断面積（速度に垂直な断面積）A に比例し，空気の密度を ρ とすると

$$b = \frac{1}{2}C\rho A \tag{4.12}$$

と表される．ここで C は**慣性抵抗係数**で，実験によれば 0.4 から 1.0 の間の値をとることがわかっている．

粘性抵抗

こんどは，物体が空気中をゆっくり進む場合を考えてみよう．このときは物体の後方に渦が生じることはなく，物体から見れば，空気は物体に沿って静かに後方へ流れていく．このような流れを，渦を生じる**乱流**に対して**層流**と呼ぶ．層流の場合は，物体の表面とそこに接している空気の相対速度は 0 となる．つまり，物体の表面に接している空気は物体と同じ速度で運動する．したがって，空気中を物体が運動すると，物体は表面付近の空気を引きずることになり，空気の流れの中に速度勾配ができる．

一般に流体の中に速度勾配あるときは，速度が一様になるように，速さの異なる流れの接触面に**粘性力**が働く．空気中を比較的ゆっくり運動する物体には，この粘性力が物体の運動を妨げる抵抗力となる．したがって，このような抵抗力を**粘性抵抗**という．粘性抵抗は運動する物体の速さに比例し

$$F = -cv \tag{4.13}$$

と表される．負号を付した理由は (4.11) の場合と同じである．(4.13) は，半径 r の球がゆっくり運動している場合には

$$F = -6\pi\eta rv \tag{4.14}$$

となる．ここで，η は粘性力と速度勾配の比例係数で流体の**粘度**（または粘

性係数）という．(4.14) は**ストークスの法則**と呼ばれる．

雨滴の落下運動

重力のもとでの物体の運動に，粘性抵抗がどのような影響を与えるかをみるために，無風状態の大気中での雨滴の運動を調べてみよう．もし，雨滴に働く力が鉛直下向きの重力だけであったとしたら，はるか上空から自由落下する雨滴は，地上付近では毎秒百メートルを超える高速になり，地面に激突することになる．しかし，実際には，雨は地面に激突することはなく，静かに等速度で降下する．この降下速度は自由落下で得られるものとは桁違いに遅く，よく観察すると，それは雨粒の大きさに依存していて，雨粒が小さいほど遅いことがわかる．このような雨滴の落下運動は，運動方程式を解くことによって理解される．

雨滴（質量 m）に働く力は，鉛直下向きの重力 mg と，鉛直上向きの粘性抵抗 cv である．したがって，鉛直下向きを $+y$ 方向にとると，雨滴の運動方程式は

$$m\frac{dv}{dt} = mg - cv = mg - mkv \tag{4.15}$$

となる．ただし，$v = dy/dt$ である．したがって，(4.15) は速度 v の1階微分方程式である．

(4.15) は，左辺の微分記号を dv と dt の分数とみなして，分母の dt を右辺に移し，右辺全体を左辺の分母に移すと

$$\frac{dv}{g - kv} = dt$$

となる．これをさらに

$$\frac{dv}{(g/k) - v} = kdt \tag{4.16}$$

と変形し，両辺を積分すると

$$\int \frac{dv}{(g/k) - v} = k\int dt \tag{4.17}$$

となる．ここで，不定積分の公式

$$\int \frac{dv}{A - v} = -\log|A - v| + C \qquad (C \text{ は任意定数}) \tag{4.18}$$

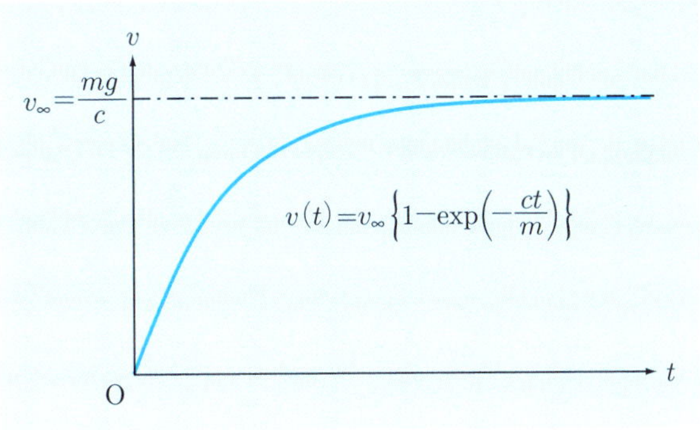

図 4.3 空気中を落下する雨滴の v–t 図

を用いて (4.17) 積分を実行すると

$$-\log\left|\frac{mg}{c} - v\right| = \frac{ct}{m} + C \tag{4.19}$$

が導かれる．本書では log は e を底とする自然対数を表す．積分定数 C は初期条件から決まり，時刻 $t = 0$ に落下し始めたとして，(4.19) で $t = 0$, $v = 0$ とおくと

$$C = -\log\frac{mg}{c} \tag{4.20}$$

と得られる．これを代入して，整理し，$mg > cv$ とすると，(4.19) は

$$\frac{ct}{m} = -\log\left|\frac{mg}{c} - v\right| + \log\frac{mg}{c} = \log\left(\frac{mg/c}{mg/c - v}\right) \tag{4.21}$$

となる．この式は，さらに対数と指数の関係を用いると

$$\frac{mg/c}{mg/c - v} = e^{ct/m} \tag{4.22}$$

と変形されるので，結局，雨滴の速度の時間変化 $v(t)$ は

$$v(t) = \frac{mg}{c}\left\{1 - \exp\left(\frac{-ct}{m}\right)\right\} \tag{4.23}$$

と表されることがわかる．(4.23) はグラフで図示すると図 4.3 となる．

終端速度

指数関数 $\exp(-x)$ は x が正の値で増大すると急激に減少し，$t \to \infty$ で 0

になる．したがって，(4.23) の $v(t)$ は $t \to \infty$ では一定値

$$v_\infty = \frac{g}{k} \tag{4.24}$$

に近づく．雨滴が地上付近では等速で降下するのはこのためであって，上空から降下してくる間に時間が経過して，(4.23) の右辺の第2項が無視できるほど小さくなってしまうためである．(4.24) で与えられる v_∞ を雨滴の**終端速度**という．

雨滴が終端速度で降下する状態は，加速度が0の状態である．したがって，このとき雨滴に働く合力は0でなければならない．すなわち，運動方程式 (4.15) の右辺は

$$g - kv_\infty = 0 \tag{4.25}$$

となり，(4.24) の終端速度は，運動方程式を解かなくても (4.25) より直接求められる．

一般に，速度とともに単調に増大する抵抗力 $f(v)$ を受けて空気中を落下する場合は，物体は初期条件の如何にかかわらず，十分に時間が経過していれば（すなわち十分長い距離を落下すると）終端速度で等速落下運動を行う．これは次のように説明される（図4.4）．落下しはじめは $f(v) \ll mg$ なので，抵抗力は無視でき，物体は重力加速度 g で自由落下する．しかし，加速されて物体の速さが増大するにつれて，上向きの抵抗力は0から次第に大きくなり，物体に働く下向きの合力の大きさは減少する．ニュートンの第2法則によれば物体の加速度 a は

$$a = \frac{mg - f(v)}{m} \tag{4.26}$$

で与えられるから，合力が減少すると，加速度も減少し，物体は次第に加速されなくなる．最終的に合力が0になったところで，加速度 a は0になり，物体の落下速度はそれ以上速くなることはない．つまり等速落下運動を行う．このときの一定の速度が終端速度 v_∞ である．したがって，v_∞ は

$$f(v_\infty) = mg \tag{4.27}$$

から求められる．

前にも述べたように，物体の落下速度が大きいときは，空気抵抗は慣性抵

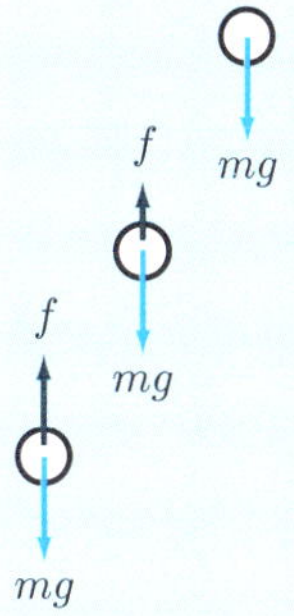

速度 v	抵抗力 f	合力 F	加速度 a
$v=0$	$f=0$	$F=mg$	$a=g$
$0<v<v_\infty$	$0<f<mg$	$F=mg-f$	$0<a<g$
$v=v_\infty$	$f=f(v_\infty)$ $=mg$	$F=0$	$a=0$

図 4.4　抵抗力を受けている落体の終端速度

抗が支配的になる．その場合，物体には重力 mg と慣性抵抗 $-bv^2$ の合力が働くが，落下速度が増して終端速度 v_∞ に達すると，この合力は 0 となる．すなわち

$$mg - bv_\infty^2 = 0 \tag{4.28}$$

となる．したがって，これより慣性抵抗が働く場合の終端測度 v_∞ は

$$v_\infty = \sqrt{\frac{mg}{b}} \tag{4.29}$$

となる．

4.3　束縛力の働く運動（束縛運動）

斜面を滑り降りる物体や単振り子のおもりは，予め定まった特定の曲線上に束縛されて運動する．このように，物体がある指定された軌道に沿って運動するとき，この物体の運動を**束縛運動**という．これに対して，物体が重力の作用を受けて行う放物運動のように，空間内を自由に動けるとき，その運動を**自由運動**という．

物体の運動が 1 つの曲線上に束縛されているためには，その曲線が運動方程式の解になるような合力が物体に働いていなければならない．しかし，重力のように，物体に運動を生じさせようとする強制力だけでは，物体を特定の曲線上に閉じ込めることはできない．束縛運動を行わせるためには，強制力の他に物体を軌道に束縛するための力，つまり**束縛力**が必要になる．以下に，斜面上を滑降する物体の運動と，単振り子のおもりの運動について，束縛力を求めてみよう．

斜面上の滑降運動と垂直抗力

図 4.5 のように，傾斜角が θ の斜面上を質量 m の物体が滑り降りる運動について考えてみよう．このとき物体には，すでに第 3 章で調べたように，鉛直下向きで大きさが mg の重力と，斜面からおよぼされる面に垂直な垂直抗力 $\boldsymbol{N}$ および面に沿う摩擦力 $\boldsymbol{R}$ の 3 つの力が働いている．

斜面がなければ，垂直抗力 $\boldsymbol{N}$ も摩擦力 $\boldsymbol{R}$ もなく，物体に働くのは重力 mg だけであるから，すでに学んだように，物体は放物運動という 2 次元運動を行う．しかし，実際には斜面があるため，斜面に垂直な方向の運動は起こらない．すなわち，斜面に垂直な方向の物体の加速度は 0 であるから，この方向の力の成分は常につり合っていなければならない．この斜面に垂直な方向の力のつり合いの条件は，図 4.5 から

$$N - mg\cos\theta = 0 \tag{4.30}$$

である．したがって，この斜面上の滑降運動において，物体を軌道（斜面）に閉じ込めている束縛力は斜面からの**垂直抗力** $\boldsymbol{N}$ であることがわかる．

この拘束力のため，斜面上を滑り降りる物体の運動は，斜面に沿った 1 次

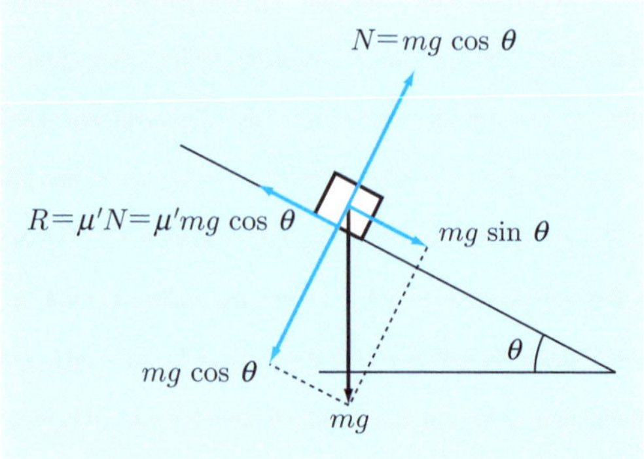

図 4.5　斜面上の滑降運動と束縛力

元運動になる．そこで，斜面に沿って x 軸をとり，下る方向を正にとると，物体に働く合力の x 方向の成分は，図 4.5 から

$$F_x = mg\sin\theta - R = mg\sin\theta - \mu' N = mg\sin\theta - \mu' mg\cos\theta \tag{4.31}$$

であることがわかる．したがって，運動方程式は

$$m\frac{d^2x}{dt^2} = mg(\sin\theta - \mu'\cos\theta) \tag{4.32}$$

となる．いま，この運動方程式を，右辺が正の場合と負の場合に分けて解いてみよう．

① $\tan\theta > \mu'$ のとき

例題 3.2 で調べたように，斜面上の物体は，傾斜角 θ が

$$\tan\theta_{\max} = \mu \tag{4.33}$$

で定義される摩擦角 $\theta_{\max}$ より大きければ，物体は斜面に止まっていることはできずに滑り降りる．したがって，$\theta > \theta_{\max}$ のときは，

$$\tan\theta > \tan\theta_{\max} = \mu > \mu' \tag{4.34}$$

となり，(4.32) の右辺は正になる．すなわち，この場合の物体の運動は，一定の加速度

$$a = g(\sin\theta - \mu'\cos\theta) \tag{4.35}$$

で加速される等加速度運動である．したがって，初期条件を $x(0) = 0$, $v(0) = v_0$ とすると，時間 t の間に滑り降りる距離 $x(t)$ は

$$x(t) = v_0 t + \frac{1}{2}gt^2(\sin\theta - \mu'\cos\theta) \tag{4.36}$$

となる．

② $\tan\theta < \mu'$ のとき

この場合は加速度が負になり，運動は等加速度で減速されるので，物体の速度 $v(t)$ は

$$v(t) = v(0) + gt(\sin\theta - \mu'\cos\theta) \tag{4.37}$$

となる．したがって，$v(0) = v_0$ とすると

$$t = \frac{v_0}{g(\mu'\cos\theta - \sin\theta)} \tag{4.38}$$

で $v(t) = 0$ となり，物体は静止する．$\tan\theta < \mu'$ の場合は

$$\tan\theta < \mu' < \mu = \tan\theta_{\max} \qquad \therefore \quad \theta < \theta_{\max} \tag{4.39}$$

である．したがって，いったん静止すると静止摩擦力が支配するため，物体はいつまでも静止し続けることになる．

単振り子と張力

天井の点Oから長さ l の糸を吊るし，糸の先に質量 m のおもりを付け，鉛直平面内で振らせてみよう（図4.6）．おもりは半径 l の円周上を最下点（Oの真下の点）を中心に往復運動をする．この振り子を**単振り子**という．ただし，糸の伸び縮みはなく，糸はいつもピンと張られているものとする．

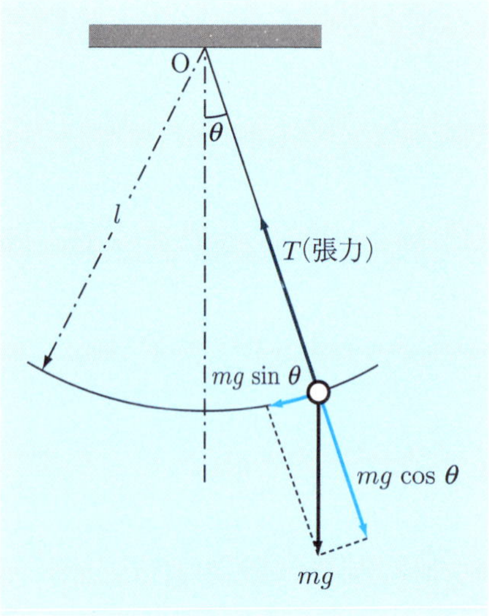

図4.6　単振り子と張力

この場合も，糸がなければおもりは放物を描いて運動をするはずである．しかし，ピンと張られた糸によって，おもりはつねに点Oに向けた**張力** T を受けている．そのため，おもりの運動は半径 l の円軌道上に束縛される．したがって，単振り子の運動も束縛運動の例であって，このとき軌道に垂直に働く糸の張力 T が束縛力である．

おもりは点Oを中心とする半径 l の円運動をする．そこで，図4.6のように θ を選ぶと，加速度の接線成分 a_t と法線成分 a_n は，それぞれ

$$a_t = \frac{dv}{dt} = l\frac{d^2\theta}{dt^2}, \quad a_n = \frac{v^2}{l} = l\left(\frac{d\theta}{dt}\right)^2 \tag{4.40}$$

と計算される．これらの加速度は，おもりに働く合力の接線成分と法線成分によって与えられ

$$ma_t = ml\frac{d^2\theta}{dt^2} = -mg\sin\theta \tag{4.41}$$

$$ma_n = ml\left(\frac{d\theta}{dt}\right)^2 = T - mg\cos\theta \tag{4.42}$$

となる．

(4.42) から，張力 T はあらかじめ与えられるものではなく，おもりが円運動するために必要な加速度を与えるように決まっていることがわかる．このことは束縛力について一般に言える重要な特徴である．

(4.41) は，おもりの円運動の運動方程式である．したがって，おもりの円弧上の運動はこの微分方程式を解いて求められる．

微小振動

θ についての 2 階微分方程式 (4.41) を解くことは簡単ではない．しかし，振り子の振幅が小さく θ の絶対値が 1 より十分に小さければ

$$\sin\theta \approx \theta \tag{4.43}$$

という近似を使うことができる（θ は rad で測るものとする）．したがって，この近似を用いると，運動方程式 (4.41) は

$$\frac{d^2\theta}{dt^2} = -\frac{g}{l}\theta \tag{4.44}$$

となる．この形の運動方程式は，本書でも以後しばしば出てくるが，単振動の運動方程式と呼ばれ，その一般解は

$$\theta = \theta_0\cos(\omega t + \delta) \qquad (\theta_0,\ \delta \text{ は任意定数}) \tag{4.45}$$

と表される．ここで，ω は角振動数と呼ばれ

$$\omega = \sqrt{\frac{g}{l}} \tag{4.46}$$

で与えられる．また，これより振動の周期 T は

$$T = \frac{2\pi}{\omega} = 2\pi\sqrt{\frac{l}{g}} \tag{4.47}$$

と得られる．(4.47) は単振り子の振幅が小さいときは，周期は振幅 θ_0 に依らないという，いわゆる**振り子の等時性**を表している．

4.4 往復運動（単振動）

運動のなかには，前節でみた単振り子のおもりのように，物体が1つの軌道上である点を中心に往復運動を繰り返すものがある．このような運動を振動という．

振動のなかで最も簡単なものは単振動である．平衡状態にある物体を平衡位置からずらすと，物体を元の位置へ戻そうとする復元力が働く．この復元力は，一般にずれが大きくなければずれの大きさに比例する．このようにずれの大きさに比例する復元力が働くとき，物体は単振動をする．ここでは復元力がばねの**弾力**の場合を採り上げる．

ばねの弾力による単振動

図 4.7 のように，一端を壁に固定されたばねの先に質量 m の物体を取り付け，摩擦の無い滑らかで水平な床の上に置いて運動させる．このときの物体の運動を考えよう．

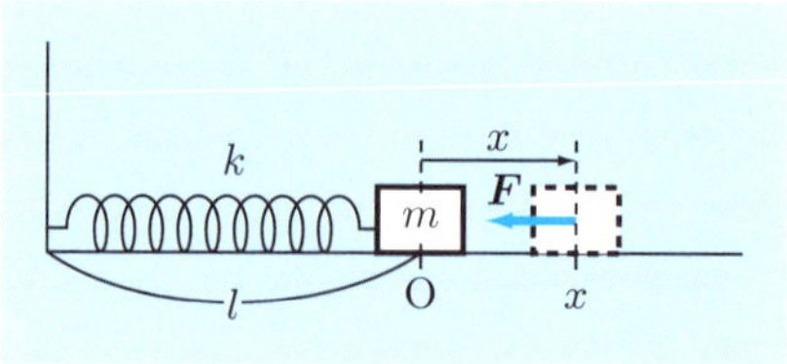

図 4.7　ばねの弾力による単振動

ばねが伸び縮みのない状態にあるとき，その長さをばねの**自然長**という．ばねが自然長の状態にあれば復元力は生じないため，物体は床の上に静止させておくことができる．つまり，物体は平衡状態にある．そこで，図 4.7 の

ように，この平衡位置を原点にとり，そこからの物体の変位を x で表すことにしよう．物体を原点から x だけ変位させると，ばねは自然長に戻ろうとして物体に復元力をおよぼす．この復元力は，第 3 章で学んだように**フックの法則**に従い

$$F = -kx \tag{4.48}$$

で与えられる．ここで，負符号は物体に働く力が変位の向きと逆であることを表している．k はばね定数である．

物体を質点とみなし，ばねの質量を無視すると，物体の運動方程式は

$$m\frac{d^2x}{dt^2} = -kx \tag{4.49}$$

となる．これは

$$\omega = \sqrt{\frac{k}{m}} \tag{4.50}$$

とおくと

$$\frac{d^2x}{dt^2} = -\omega^2 x \tag{4.51}$$

となり，(4.44) と同形である．したがって，(4.51) の一般解は

$$x = A\cos(\omega t + \alpha) \qquad (A,\ \alpha \text{ は任意定数}) \tag{4.52}$$

である．これが運動方程式の解であることは，(4.52) を (4.49) に代入してみれば容易に確かめられる．さらに (4.52) は 2 つの任意定数（積分定数）を含んでいるため，2 階微分方程式の一般解である．ここで，A を**振幅**といい，$\omega t + \alpha$ を**位相**，α を**初期位相**，ω を**角振動数**と呼ぶ．2 つの積分定数 A，α は運動の初期条件から決められる．また，(4.52) は

$$x(t + \frac{2\pi}{\omega}) = A\cos\left\{\omega\left(t + \frac{2\pi}{\omega}\right) + \alpha\right\} = A\cos\{(\omega t + \alpha) + 2\pi\} = x(t)$$

という性質をもっており

$$T = \frac{2\pi}{\omega} \tag{4.53}$$

の周期でもって，同じ運動が繰り返す．この運動を**単振動**という．

第 4 章例題

例題 4.1　　**射撃は 100 発 100 中**

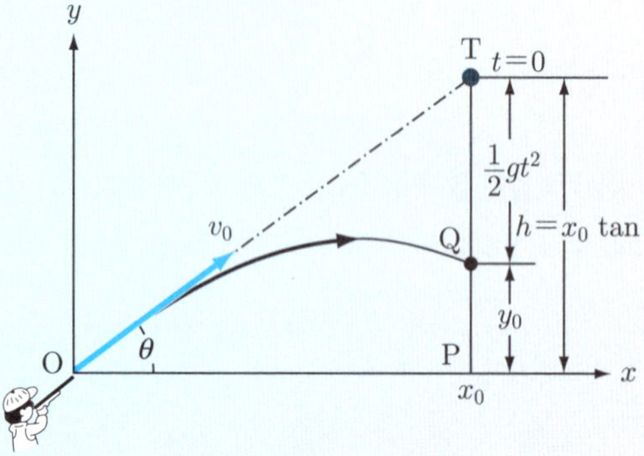

図 4.8

ハンターが前方の高さ h のところに止めておいた標的 T に向けて鉄砲を撃つ場合を考える．図 4.8 に示すように，ハンター位置を原点 O にとり，弾の初速度を v_0 とし，O から標的の真下 P までの距離を x_0，標的に照準を合わせたときの鉄砲の仰角を θ とする．いま，標的が静止の状態から落下すると同時にハンターが鉄砲を撃つ．この場合弾は必ず標的に命中することを示せ．ただし，次の条件は満たされているものとする．

$$x_0 < \frac{v_0^2 \sin 2\theta}{g} \tag{4.54}$$

解答　条件 (4.54) が満たされているため，弾は必ず P を越えて着弾する．標的 T は P を通る鉛直線上を加速度 $-g$ で落下するから，時間 t における標的の高さ y は

$$y = h - \frac{1}{2}gt^2 = x_0 \tan\theta - \frac{1}{2}gt^2$$

である．一方，時間 $t_0 = x_0/v_0\cos\theta$ に弾は P を通る鉛直線上を通過するが，このときの弾の高さ y は

$$y = v_0 t_0 \sin\theta - \frac{1}{2}gt_0^2 = x_0 \tan\theta - \frac{1}{2}gt_0^2$$

である．これらの 2 つの式を比較すると，時間 t_0 において，標的と弾は P を通る鉛直線上で必ず衝突することがわかる．

例題 4.2

図 4.9 のように，長さ l の糸の一端を天井に固定し，他端に質量 m のおもりを付けて吊るし，糸が鉛直線と角 θ をなすように水平面内で円運動をさせる．このような装置を**円錐振り子**という．円錐振り子について，以下の問いに答えよ．

(1)　おもりの速さを求めよ．

(2)　円運動の周期を求めよ．

(3)　$2mg$ の力が加わると切れる糸を用いた場合，円錐振り子の回転の角速度を大きくしていくとき，糸が切れる瞬間の角度 θ を求めよ．

円錐振り子

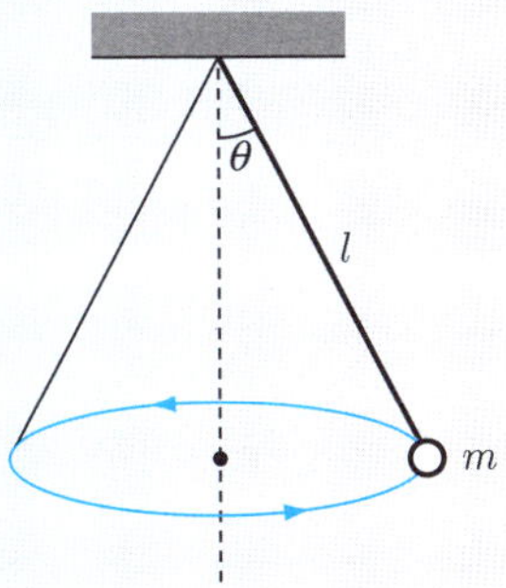

図 4.9　円錐振り子

解答　糸の張力を T，おもりの円運動の角振動数を ω とする．張力の鉛直成分と水平成分の大きさは，それぞれ $T\cos\theta$ および $T\sin\theta$ である．これらの張力の成分が，それぞれ，おもりに働く鉛直方向の重力 mg，およびおもりの向心力（質量と円運動の加速度との積）と釣り合う．したがって

$$T\cos\theta - mg = 0$$
$$-m(l\sin\theta)\omega^2 = -T\sin\theta$$

が成り立つ．これより，糸の張力 T およびおもりの角振動数 ω は

$$T = mg/\cos\theta$$
$$\omega = \sqrt{g/l\cos\theta}$$

これより

(1)　$\text{速さ} = (l\sin\theta)\omega = \sin\theta\sqrt{\dfrac{gl}{\cos\theta}}$

(2)　$\text{周期} = \dfrac{2\pi}{\omega} = 2\pi\sqrt{\dfrac{l\cos\theta}{g}}$

(3)　$\cos\theta = mg/(2mg) = 1/2 \qquad \therefore \quad \theta = 60^\circ$

例題 4.3　　**微小振動**

距離 l だけ離れた同じ高さにある水平な釘 A と B に軽い糸をかけ，両端に質量 M のおもりを吊るす．この水平に張られた糸の中央に質量 m の小球をとり付け，鉛直方向に微小振動させるときの振動数を求めよ．

解答

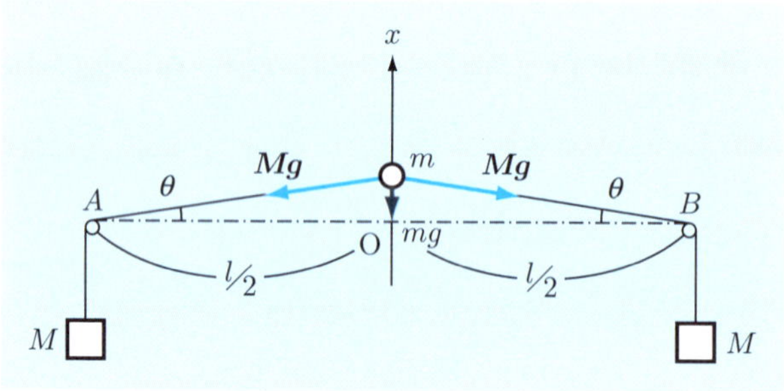

図 4.10

図 4.10 のように，A と B の中点を原点とし，鉛直上向きに x 軸をとり，糸と AB とのなす角を θ とする．小球に働く鉛直方向の力 F は

$$F = -2Mg\sin\theta - mg$$

である．したがって，小球の運動方程式は

$$m\frac{d^2x}{dt^2} = -2Mg\sin\theta - mg$$

となる．θ が小さいとして，近似 $\sin\theta \approx \tan\theta = 2x/l$ を用いると，これは

$$m\frac{d^2x}{dt^2} = -\frac{4Mg}{l}\left(x + \frac{lm}{4M}\right)$$

となる．これは，x の代わりに $y = x + lm/(4M)$ を用いると，さらに

$$m\frac{d^2y}{dt^2} = -\frac{4Mg}{l}y$$

と書け，単振動の方程式になる．したがって，振動数は

$$f = \frac{1}{2\pi}\sqrt{\frac{4Mg}{lm}}$$

第 4 章演習問題

[1] ある走り幅跳びの選手が，水平面と角度 20° の方向に速さ 11 m/s で地面を蹴って跳び出した（選手の運動は発射体の運動と同じであると仮定する）．

(1) この選手どれだけ遠くまで飛ぶか．

(2) 最高どれだけの高さまで跳び上がったか．

[2] ボートで事故に会った海中の遭難者を救助するために，飛行機が遭難者を目指して，一定の高度 500 m を時速 198 km/h で真っ直ぐに飛んでいる．パイロットは遭難者をどの角度に見えたときに，機体に取り付けてある救助カプセルを切り離せばよいか．ただし，空気の抵抗は無視してよいものとする．

[3] 高さ 45 m のビルの屋上の端に立って，水平面から上向きに 30° の方向に，初速 $v_0 = 20\,\mathrm{m/s}$ で石を投げる．

(1) 石の滞空時間をもとめよ．

(2) 石が地面に当たる直前の速さを求めよ．

(3) 石は地面のどこに落ちるか．

[4] 雨滴の終端速度 v_∞ は雨滴の半径 r の 2 乗に比例することを示せ．ただし，雨滴は十分小さく，雨滴に働く空気は粘性抵抗とする．

[5] スカイダイバーの落下運動における空気抵抗は慣性抵抗である．いま $t = 0$ で落下をはじめたスカイダイバーのその後の落下速度 v の時間変化をもとめよ．ただし，ダイバーの質量は m とする．また，ダイバーが受ける慣性抵抗を $-bv^2$ とする．

[6] 長さ l の軽い糸の一端を固定し，他端に質量 m のおもりをとり付けて静かに吊り下げる．この状態でおもりに水平方向に初速 v_0 を与える（図 4.11）．

(1) 糸がたるんでいない状態では，糸が鉛直下方となす角 ϕ と糸の張力 T との間にはどのような関係があるか．

(2) おもりが最高点 P に達しても糸がたるまず，円運動を続けるためには，最初におもりに与える初速 v_0 をどれだけ以上にしなければならないか．

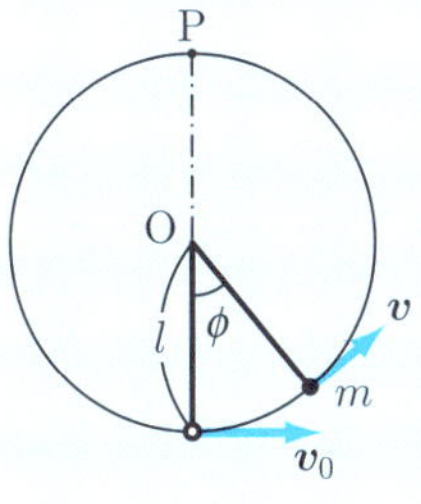

図 4.11

[7]　図 4.12 のように，固定された半径 a の滑らかな球の頂上に質量 m の小物体を置いたところ，小物体は静かに球面上を滑りはじめた．

(1) 天頂角 θ まで滑り降りてきたときに小物体に働く垂直抗力はいくらか．

(2) 小物体が球面を離れる瞬間の天頂角 θ をもとめよ．

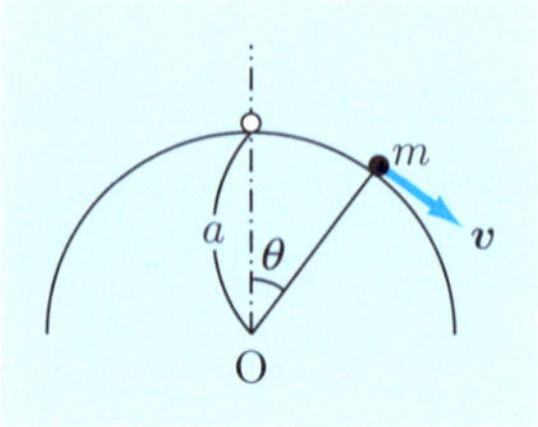

図 4.12

[8]　滑らかな直線上に束縛された物体が，直線外の定点 C から距離 r に比例した引力 $F = -kr$ を受けて運動する．

(1) この物体はどのような運動をするか

(2) 物体が直線から受ける抗力を求めよ（ただし，定点 C と直線 l との距離は d とする）

[9]　同じばね定数 k のばね 3 本によって，物体が，図 4.13 のように床と天井の間に等間隔 l で支えられている．この物体を上下に振動させたときの周期を求めよ．ただし，3 本のばねの自然長は等しく l_0 であるとする．

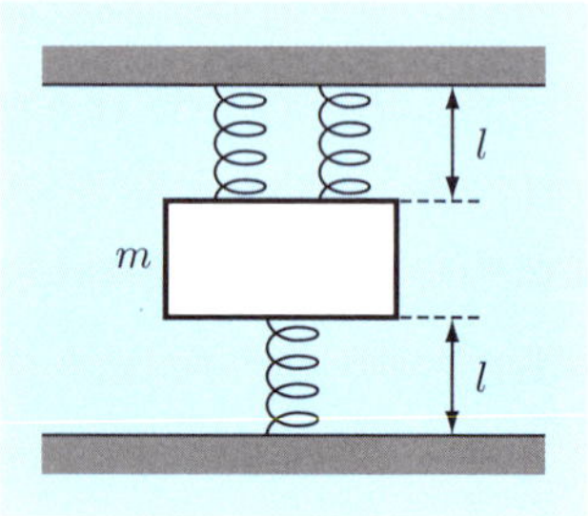

図 4.13

[10]　(1) 長さ l の振り子の振動数が f であるとき，振動数を Δf（$\ll f$）だけ変化させるには，長さをどれだけ変えればよいか。

(2) 長さ 50 cm の振り子時計が，1 日に 40 秒進む．これを調整するには，長さをどれだけ変えればよいか．

第5章

いろいろな運動（2）

やや複雑な運動

前章では，物体に働く力の性質が与えられると，運動方程式が決まり，その運動方程式を解くことによって，物体の運動が解き明かされることをみてきた．すなわち，物体がどのように振舞うかをほぼ正確に予想することができた．しかし，運動方程式を解くには数学的な計算力が必要である．前章では，比較的簡単な計算で解けて，しかも力学として重要な運動を幾つか選んで採り上げた．この章では，やや面倒な計算を要するが，やはり力学としては重要な幾つかの例を採り上げ，実際に運動方程式を解いてみる．したがって，数学の苦手な読者は，むしろこの章は省いて，先に進むことを薦める．

本章の内容

5.1 空気抵抗のもとでの放物体の運動

前章で学んだように，大気中を運動する物体は，速度が小さければ速度に比例する粘性抵抗力 $F = -cv$ を受ける．これは速度ベクトル $\boldsymbol{v}$ で表すと

$$\boldsymbol{F} = -c\boldsymbol{v} = -mk\boldsymbol{v} \tag{5.1}$$

と書ける．ここで，比例係数は勿論正である．この節では，大気中をこのような粘性抵抗を受けて運動する放物体の運動を調べてみよう．物体が運動する平面内で，水平方向に x 軸，鉛直上向きに y 軸をとり，原点から初速 v_0 で x 軸と角 θ の方向に投げ出された場合を考える（図 5.1）．

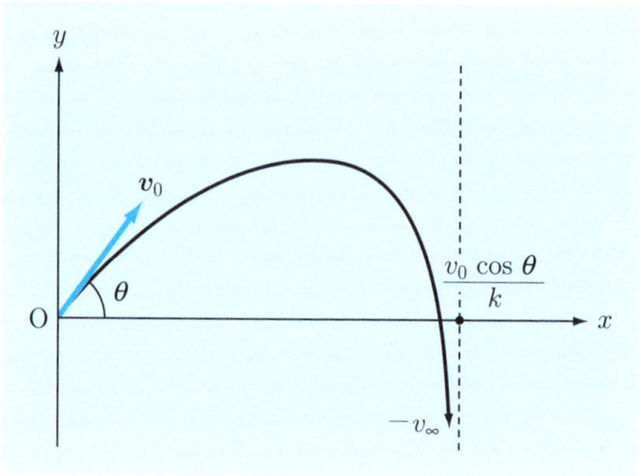

図 5.1　空気の粘性抵抗を受ける放物体の運動

放物体の速度

運動方程式は

$$m\frac{d\boldsymbol{v}}{dt} = -mg\boldsymbol{j} - mk\boldsymbol{v} \tag{5.2}$$

となる．これは両辺を m で割り，成分で表すと

$$\frac{dv_x}{dt} = -kv_x \tag{5.3}$$

$$\frac{dv_y}{dt} = -g - kv_y \tag{5.4}$$

となる．ここで，前章でも行ったように，左辺の微分を分数のようにみなし，変数を両辺に振り分ける（このような方法を**変数分離法**という）と，両式は

$$\frac{dv_x}{v_x} = -k\,dt \tag{5.5}$$

$$\frac{dv_y}{v_y + g/k} = -k\,dt \tag{5.6}$$

と書ける．これらの式の両辺を積分すると

$$\log|v_x| = -kt + C_1^* \tag{5.7}$$

$$\log\left|v_y + \frac{g}{k}\right| = -kt + C_2^* \tag{5.8}$$

が導かれる．ここで，右辺の C_1^*，C_2^* は積分定数である．各式を，それぞれ v_x，v_y について解くと，(5.5) および (5.6) の一般解が

$$v_x = C_1 \exp(-kt) \tag{5.9}$$

$$v_y = -\frac{g}{k} + C_2 \exp(-kt) \tag{5.10}$$

と得られる．ここで

$$C_1 = \exp C_1^*, \quad C_2 = \exp C_2^*$$

によって新たに定義された任意定数 C_1, C_2 は初期条件から決まり，$t = 0$ で $v_x = v_0 \cos\theta$，$v_y = v_0 \sin\theta$ とおくと

$$C_1 = v_0 \cos\theta, \quad C_2 = v_0 \sin\theta + \frac{g}{k} \tag{5.11}$$

と求まる．したがって，時刻 t における放物体の速度の成分は，結局

$$v_x = \frac{dx}{dt} = v_0 \cos\theta \exp(-kt) \tag{5.12}$$

$$v_y = \frac{dy}{dt} = -\frac{g}{k} + \left(v_0 \sin\theta + \frac{g}{k}\right) \exp(-kt) \tag{5.13}$$

と得られる．また，これより $t \to \infty$ の極限をとると

$$v_x = 0, \quad v_y = -\frac{g}{k} = -v_\infty \tag{5.14}$$

となり，もし，発射点（原点）を十分に高い位置にとれば，物体は，やがて

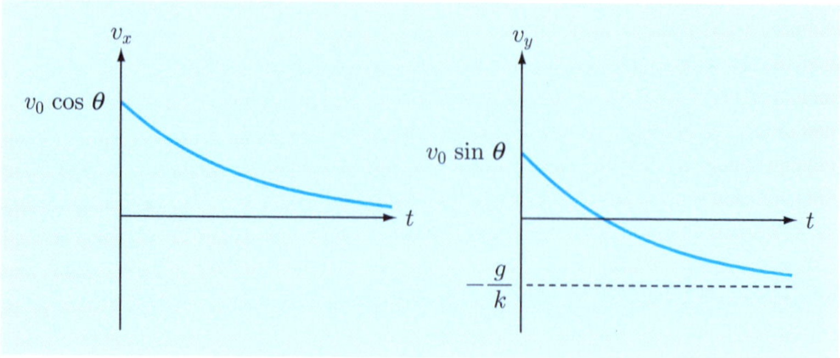

図 5.2　速度の水平および鉛直成分

鉛直下方に終端速度 v_∞ で等速落下運動することがわかる．

放物体の軌道

放物体の位置座標は，(5.12)，(5.13) をそれぞれ t で積分してまず一般解を求め

$$x = -\frac{1}{k} v_0 \cos\theta \exp(-kt) + C_3 \tag{5.15}$$

$$y = -\frac{g}{k} t - \frac{1}{k}\left(v_0 \sin\theta + \frac{g}{k}\right) \exp(-kt) + C_4 \tag{5.16}$$

ここに現れる積分定数 C_3，C_2 を，初期条件 $t = 0$ で $x = y = 0$ を用いて決めると

$$C_3 = \frac{1}{k} v_0 \cos\theta, \quad C_4 = \frac{1}{k}\left(v_0 \sin\theta + \frac{g}{k}\right) \tag{5.17}$$

となる．したがって，時刻 t における物体の位置座標は

$$x = \frac{1}{k} v_0 \cos\theta \{1 - \exp(-kt)\} \tag{5.18}$$

$$y = -\frac{g}{k} t + \frac{1}{k}\left(v_0 \sin\theta + \frac{g}{k}\right) \{1 - \exp(-kt)\} \tag{5.19}$$

と得られる．

放物体の軌道は (5.18) と (5.19) から t を消去して求められる．しかし，その前に $t \to \infty$ の極限をとってみると，(5.18) は $x \to (v_0 \cos\theta)/k$ となることから，軌道は漸近線

$$x = \frac{v_0 \cos\theta}{k} \tag{5.20}$$

をもつことが判る．

さて，(5.18) を変形して

$$\exp(-kt) = 1 - \frac{kx}{v_0 \cos\theta}$$

とし，さらにこれを t について解くと

$$\begin{aligned} t &= -\frac{1}{k}\log\left(1 - \frac{kx}{v_0\cos\theta}\right) \\ &= -\frac{1}{k}\left\{-\frac{kx}{v_0\cos\theta} - \frac{1}{2}\left(\frac{kx}{v_0\cos\theta}\right)^2 - \frac{1}{3}\left(\frac{kx}{v_0\cos\theta}\right)^3 + \cdots\right\} \end{aligned} \tag{5.21}$$

となる．ここでは対数の級数展開

$$\log(1+\xi) = \xi - \frac{1}{2}\xi^2 + \frac{1}{3}\xi^3 + \cdots \tag{5.22}$$

を用いた．(5.21) を (5.19) に代入すると，放物体の軌道の方程式が

$$y = (\tan\theta)x - \frac{g}{2v_0^2\cos^2\theta}x^2 - \frac{gk}{3v_0^3\cos^3\theta}x^3 + \cdots \tag{5.23}$$

と得られる．これからわかるように，第 2 項までとると空気抵抗を考慮しない場合の放物線の軌道が得られる（図 5.3）．

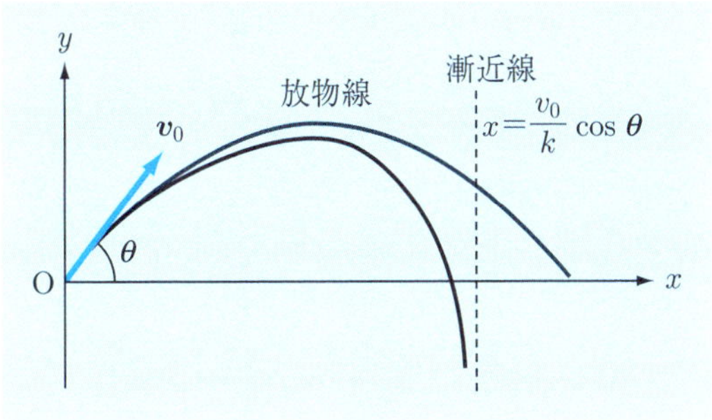

図 5.3　放物体の軌道の放物線からのずれ

5.2 減衰振動

第 4 章でのべた単振動は，変位に比例した復元力を受けて一定の振幅でいつまでも続く振動であった．しかし，現実には，必ず摩擦力のような減衰力が存在するため，振幅は減少していく．この節では，そのような減衰力のなかで，これまでにもしばしば登場した，速度に比例し運動と反対方向に働く抵抗力を考え，単振動がそのような抵抗力によってどのような影響を受けるかを調べてみる．

単振動の方程式の解き方

前章では，単振動の方程式 (4.52) を，数学的に解くことをしないで，先に一般解を与え，それがもとの微分方程式を満たすことを確認するにとどめた．しかし，一般に振動の方程式を解く場合には，単振動の方程式の解き方が基本になる．そこで，減衰振動に入る前に，単振動の方程式

$$\frac{d^2x}{dt^2} = -\omega^2 x \tag{5.24}$$

の解き方を述べておこう．

(5.24) の解を

$$x(t) = \exp(\lambda t) \qquad (\lambda：定数) \tag{5.25}$$

という形に想定し，(5.24) に代入してみる．指数関数の性質

$$\frac{dx}{dt} = \lambda \exp(\lambda t), \quad \frac{d^2x}{dt^2} = \lambda^2 \exp(\lambda t)$$

から

$$\lambda^2 \exp(\lambda t) = -\omega^2 \exp(\lambda t) \tag{5.26}$$

が得られるが，この関係が任意の時刻 t について成り立つためには

$$\lambda^2 = -\omega^2 \qquad \therefore \quad \lambda = \pm i\omega \tag{5.27}$$

でなければならない．こうして λ の値がきまる．すなわち，これで 2 階微分方程式 (5.24) の 2 つの独立な基本解が得られたことになる．2 つの独立な基本解が求まれば，一般解はそれらの重ね合わせで与えられる．したがって

$$
\begin{aligned}
x(t) &= C_1 \exp(i\omega t) + C_2 \exp(-i\omega t) \\
&= (C_1 + C_2)\cos\omega t + i(C_1 - C_2)\sin\omega t \\
&= A\cos\omega t + B\sin\omega t
\end{aligned}
\tag{5.28}
$$

となる．ここで，A，B は実数の，また C_1，C_2 は複素数の任意定数であって，互いに

$$
C_1 = \frac{A - iB}{2}, \quad C_2 = \frac{A + iB}{2} \tag{5.29}
$$

の関係にある．(5.28) は，三角関数の加法定理を用いてさらに

$$
\sqrt{A^2 + B^2}\cos(\omega t + \alpha), \quad \tan\alpha = -\frac{B}{A} \tag{5.30}
$$

と変形し，$\sqrt{A^2 + B^2}$ を改めて A と置けば (4.52) と一致する．

粘性抵抗を受けるばね振り子

図 5.4 のように，ばね定数 k のばねの一端に質量 m のおもりを吊るして水中に入れる．このおもりを釣り合い位置から少しずらして放すとおもりは水中で上下運動を繰り返す．このばね振り子の振動を調べてみよう．

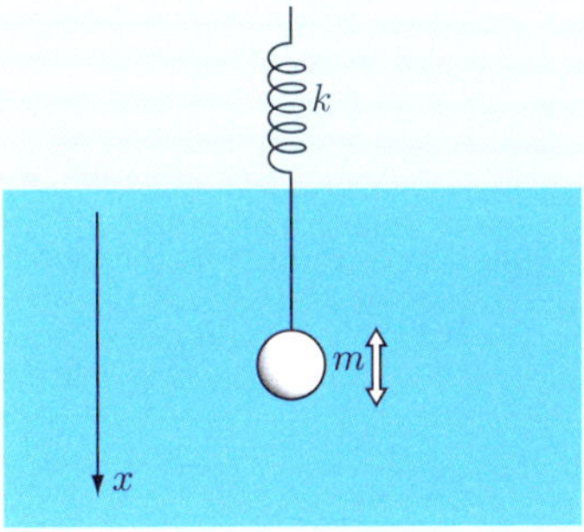

図 5.4　粘性抵抗を受けるばね振り子

水中でのおもりの速度は小さいと考えてよい．したがって，第 4 章で学んだように，この場合おもりが水中で受ける抵抗は速度に比例する粘性抵抗である．すなわち，おもりに働く抵抗力は

$$
F = -\alpha\frac{dx}{dt} \qquad (\alpha > 0) \tag{5.31}
$$

と書くことができる．ただし，鉛直下方を x 方向とし，釣り合いの位置を原点にとるものとしよう．したがって，この抵抗力を含むおもりの運動方程式は

$$
m\frac{d^2x}{dt^2} = -kx - \alpha\frac{dx}{dt} \tag{5.32}
$$

となる．ここで

$$\omega_0 = \sqrt{\frac{k}{m}}, \quad \beta = \frac{\alpha}{2m} \tag{5.33}$$

とすると，(5.32) は

$$\frac{d^2x}{dt^2} + 2\beta\frac{dx}{dt} + \omega_0^2 x = 0 \tag{5.34}$$

と書き換えられる．(5.34) は第2項の抵抗力がなければ角振動数が ω_0 の単振動を与える．しかし，この抵抗力が常におもりの単振動を妨げる向きに働くため振動の振幅は時間とともに減少していくことになる．

(5.34) のように未知数 x の1次の項のみからできている微分方程式は，**線形同次の微分方程式**と呼ばれる．線形とは1次という意味である．線形同次微分方程式の解き方は，上で学んだ抵抗力を含まない単振動の方程式の解き方が基本になる．したがって，ここでも

$$x(t) = \exp(\lambda t) \tag{5.35}$$

とおいて基本解を求めてみる．(5.35) を (5.34) に代入し，各項に共通に現れる $\exp(\lambda t)$ を落とすと

$$\lambda^2 + 2\beta\lambda + \omega_0^2 = 0 \tag{5.36}$$

となる．この λ についての2次方程式の解は

$$\lambda_\pm = -\beta \pm \sqrt{\beta^2 - \omega_0^2} \tag{5.37}$$

と2つあり，2つの独立な基本解

$$\exp(\lambda_+ t) = \exp(-\beta t)\exp\left(+t\sqrt{\beta^2 - \omega_0^2}\right)$$
$$\exp(\lambda_- t) = \exp(-\beta t)\exp\left(-t\sqrt{\beta^2 - \omega_0^2}\right)$$

が存在する．2つの解はいずれも時刻 t とともに減少する因子 $\exp(-\beta t)$ を含んでおり，ばね振り子の運動が抵抗力のために次第に衰えていくことがわかる．

(5.34) の一般解はこれらの2つの基本解の重ね合わせで与えられる．

$$x(t) = \exp(-\beta t)\left\{A\exp t\left(\sqrt{\beta^2-\omega_0^2}\right) + B\exp t\left(-\sqrt{\beta^2-\omega_0^2}\right)\right\} \tag{5.38}$$

(5.38) で表される運動は，β と ω_0 の大小関係によって以下のように 3 つの場合に分類される．

① 抵抗が弱い場合（$\omega_0 > \beta$）― 減衰振動

$\omega_0 > \beta$ の場合は

$$\omega = \sqrt{\omega_0^2 - \beta^2} \tag{5.39}$$

によって定義される ω を導入すると，一般解 (5.38) は

$$x(t) = \exp(-\beta t)\{A\exp(i\omega t) + B\exp(-i\omega t)\} \tag{5.40}$$

と書ける．右辺の中括弧の中は，単振動の際に出てきた (5.28) と全く同じ形をしている．したがって，指数関数をオイラーの公式を用いて三角関数に変換し，新たな定数 a と δ を導入すると，(5.40) は結局

$$x(t) = a\exp(-\beta t)\cos(\omega t + \delta) \tag{5.41}$$

となる．これは図 5.5 に示すように，振幅が指数関数的に時間とともに減衰する振動に対応しており，**減衰振動**と呼ばれる．

② 抵抗が強い場合（$\omega_0 < \beta$）― 過減衰

復元力に比べて抵抗力が強く，$\omega_0 < \beta$ となる場合は (5.37) の右辺平方根は実数となる．この場合，$\lambda_\pm$ はともに負の値をもち，その大小関係は

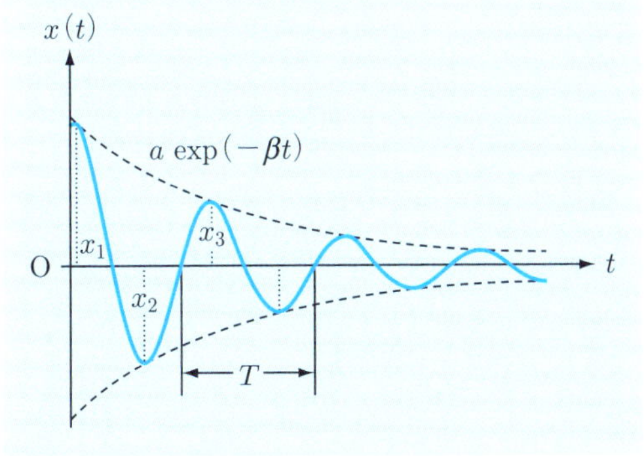

図 5.5 減衰運動

$$\lambda_- < \lambda_+ < 0 \tag{5.42}$$

である．したがって，(5.34) の一般解は

$$x(t) = A\exp(-|\lambda_+|t) + B\exp(-|\lambda_-|t) \tag{5.43}$$

となる．2つの項はいずれも時間 t とともに指数関数的に減衰するため，この解は，振動しないで減衰する**過減衰**と呼ばれる非周期的な運動を表す．また，(5.42) の関係を考慮すると，(5.43) の第2項は第1項に比べて速く減衰することがわかる．

③ $\omega_0 = \beta$ の場合 — 臨界制動（臨界減衰）

$\omega_0 = \beta$ が成り立つ場合は，(5.37) は重根なので

$$\lambda_\pm = -\beta$$

となり，基本解は1つしかない．したがって，このままでは一般解は作れないことになる．しかし，一般に2階の微分方程式は2つの互いに独立な基本解をもつことが知られている．そこで，もう1つの基本解を

$$x(t) = f(t)\exp(-\beta t) \tag{5.44}$$

の形に置けると想定して，(5.34) に代入してみると，$f(t)$ は

$$\frac{d^2 f(t)}{dt^2} = 0 \qquad \therefore \quad f(t) = a + bt \tag{5.45}$$

と求められる．したがって，(5.37) が重根の場合は，微分方程式 (5.34) は2つの独立な基本解

$$\exp(-\beta t), \quad (at+b)\exp(-\beta t)$$

をもち，その一般解は

$$\begin{aligned} x(t) &= A'\exp(-\beta t) + B'(at+b)\exp(-\beta t) \\ &= (At+B)\exp(-\beta t) \end{aligned} \tag{5.46}$$

となる．ただし

$$A = B'a, \quad B = A' + B'b$$

である．(5.46) で表される運動は，過減衰と減衰振動の境でおこるので，**臨界振動**または**臨界制動**と呼ばれる．

図 5.6 に減衰振動，過減衰，臨界制動の典型的な振る舞い示しておく．

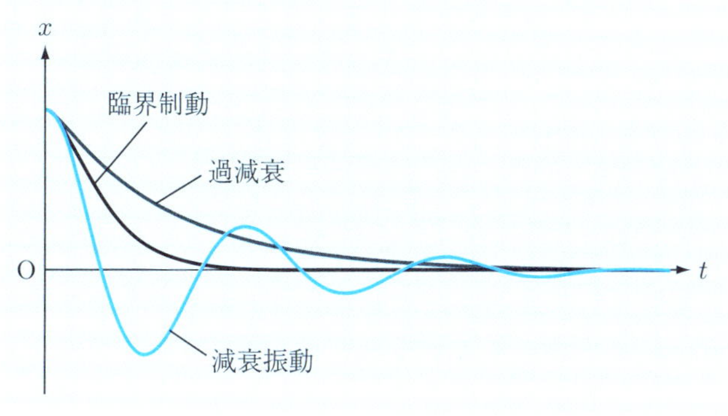

図 5.6　減衰運動，過減衰，臨界制動

5.3 強制振動

前節でみたように，現実の振動は必ず抵抗力を受けるために，振幅は時間とともに減衰していく．したがって，振動を続けさせるためには外から一定の周期で変動する力を作用させ，エネルギーを補給してやらなければならない．この節では，振動している物体にそのような一定の周期で変動する外力が作用するとき，物体がどのような運動を行うかを調べてみる．

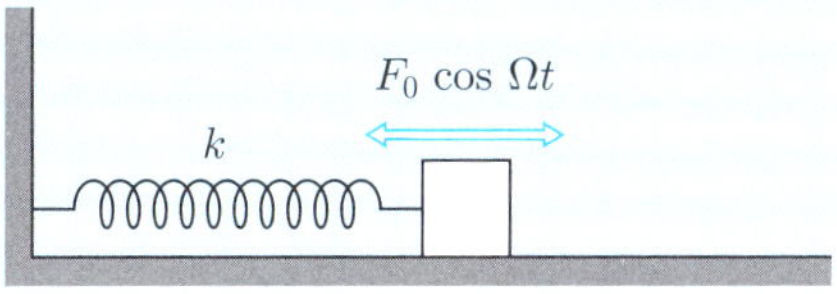

図 5.7　強制振動

第 4 章では単振動を，また前節では減衰振動を理解するために，ばねにつながれた物体の運動を調べた．この節でもこの簡単な系をとりあげよう（図 5.7）．ただし，こんどは物体に働く力として，ばねによる復元力と速度に比例する抵抗力に加えて，周期的な外力

$$F(t) = F_0 \cos \Omega t \equiv m f_0 \cos \Omega t \tag{5.47}$$

が作用するものとする．したがって，運動の方向に x 軸をとり，平衡の位置を原点にとると，物体の運動方程式は

$$m\frac{d^2x}{dt^2} = -kx - 2m\beta\frac{dx}{dt} + mf_0 \cos \Omega t \tag{5.48}$$

と書ける．これは両辺を m で約すと

$$\frac{d^2x}{dt^2} + 2\beta\frac{dx}{dt} + \omega_0^2 x = f_0 \cos \Omega t \tag{5.49}$$

となる．これは線形2階常微分方程式である．一般に，このような線形2階常微分方程式の一般解は，右辺を0とおいた同次方程式の一般解 $x_1(t)$ と，非同次方程式 (5.49) の1つの特殊解 $x_2(t)$ との和，すなわち

$$x(t) = x_1(t) + x_2(t) \tag{5.50}$$

で与えられることが知られている．実際にこの $x(t)$ を (5.49) の左辺に代入すると右辺と等しくなることを示すことができる．

さて，(5.49) の右辺を0とおいた同次方程式は，前節の (5.34) に他ならない．すなわち，$x_1(t)$ はすでに求められており，そこでも学んだように，ω_0 と β の大小によらず時間とともに減衰してしまう関数である．したがって，十分に時間が経過した後の物体の運動を知るには，(5.49) の特殊解を求めればよいことがわかる．

いま，(5.49) の特殊解を

$$x_2(t) = a\cos(\Omega t - \alpha) \tag{5.51}$$

とおいて，求めてみる．(5.51) を (5.49) に代入し，$\cos \Omega t$ と $\sin \Omega t$ をそれぞれ共通因子として含む項をまとめると

$$\begin{aligned} &a\{-\Omega^2 \cos\alpha + 2\beta\Omega \sin\alpha + \omega_0^2 \cos\alpha\} \cos \Omega t \\ &\quad + a\{-\Omega^2 \sin\alpha - 2\beta\Omega \cos\alpha + \omega_0^2 \sin\alpha\} \sin \Omega t = f_0 \cos \Omega t \end{aligned} \tag{5.52}$$

となる．この式が任意の t についていつでも成り立つためには，両辺の $\cos \Omega t$ と $\sin \Omega t$ のそれぞれの係数が等しくなければならない．すなわち

$$a\{-\Omega^2 \cos\alpha + 2\beta\Omega \sin\alpha + \omega_0^2 \cos\alpha\} = f_0 \tag{5.53}$$

および

$$\{-\Omega^2 \sin\alpha - 2\beta\Omega\cos\alpha + \omega_0^2 \sin\alpha\} = 0 \tag{5.54}$$

となる．そこで，これらの 2 つの式を連立させて解くと，振幅 a と初期位相 α が

$$\tan\alpha = \frac{2\beta\Omega}{\omega_0^2 - \Omega^2} \tag{5.55}$$

$$a^2 = \frac{f_0^2}{(\omega_0^2 - \Omega^2)^2 + (2\beta\Omega)^2} \tag{5.56}$$

と求められる．これからわかるように，これらの量は任意の値をもつ積分定数ではない．

運動方程式 (5.49) の一般解は，同次方程式の一般解 $x_1(t)$ と非同次方程式の特殊解 $x_2(t)$ の和で与えられるから，抵抗力が弱く $\omega_0 > \beta$ のときは

$$\begin{aligned} x(t) &= A\exp(-\beta t)\cos(\omega t + \delta) \\ &\quad + \frac{f_0}{\sqrt{(\omega_0^2 - \Omega^2)^2 + (2\beta\Omega)^2}}\cos(\Omega t - \alpha) \end{aligned} \tag{5.57}$$

となる．右辺の第 1 項は減衰振動を表し，十分に時間が経過した後ではなくなる．すなわち，$t \to$ 大 のときは，第 2 項（特殊解）だけが残り

$$x(t) \to \frac{f_0}{\sqrt{(\omega_0^2 - \Omega^2)^2 + (2\beta\Omega)^2}}\cos(\Omega t - \alpha) \tag{5.58}$$

となって，物体は外力と同じ振動数で振動する．このような振動を**強制振動**という．それに対し，ばね定数と物体の質量だけで決まる角振動数 ω_0 の振動をばね振り子の**固有振動**といい，ω_0 を**固有振動数**という．

(5.58) からわかるように，強制振動の振幅は外力の大きさに比例し，外力の角振動数 Ω が固有振動数 ω_0 に近づくと増大して

$$\Omega = \omega_R = \sqrt{\omega_0^2 - 2\beta^2} \tag{5.59}$$

のときに最大になる．このように，Ω が ω_0 の付近で強制振動の振幅が著しく大きくなる現象を**共振**または**共鳴**という．また，$Q = \omega_0/2\beta$ の値をパラメータとし，Ω に対する振幅 a を図示したものを**共振曲線**という．Q が大きくなるほど，つまり抵抗（β）が小さいほど共振は鋭くなる（図 5.8）．

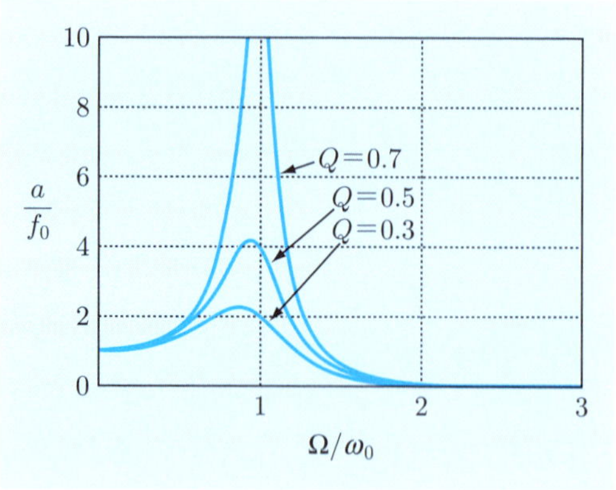

図 5.8　共振曲線

<補足>

抵抗が 0，つまり $\beta = 0$ のときは，運動方程式 (5.49) は減衰項なくなり

$$\frac{d^2x}{dt^2} + \omega_0^2 x = f_0 \cos \Omega t \tag{5.60}$$

となる．$\Omega \neq \omega_0$ の場合，この 2 階常微分方程式の一般解は，(5.57) で $\beta = 0$，$\alpha = 0$ と置けばよく

$$x(t) = A\cos(\omega_0 t + \delta) + \frac{f_0}{\omega_0^2 - \Omega^2} \cos \Omega t \tag{5.61}$$

である．これは $\Omega \to \omega_0$ で，強制振動の振幅が発散する．したがって，$\Omega = \omega_0$ のときは (5.61) は正しくない．この場合は，(5.60) の非同次方程式の特殊解を

$$x_2(t) = bt \sin \omega_0 t \tag{5.62}$$

とおき，(5.60) に代入して，b を決めると，$b = f_0/2\omega_0$ が得られる．したがって，運動方程式の一般解は

$$x(t) = A\cos(\omega_0 t + \delta) + \frac{f_0}{2\omega_0} t \sin \omega_0 t \tag{5.63}$$

となる．

第5章例題

例題 5.1 速度に依存した抵抗を受ける運動

速さ v に依存した抵抗力

$$F = -av - bv^2 \qquad (a > 0, \quad b > 0)$$

を受けながら等速度 v_0 で直進している船がある．船の質量を M として，次の問いに答えよ．

(1) 等速度 v_0 で進むために必要な推進力を求めよ．

(2) エンジンを止めた後，船は静止するまでに，どれだけの距離を進むか．

解答 (1) 速度 v_0 で進むときに受ける抵抗力は

$$-av_0 - bv_0^2$$

である．等速度で進むためには，推進力と抵抗力が釣り合っていなければならない．よって求める推進力は

$$av_0 + bv_0^2$$

(2) 運動方程式は

$$M\frac{dv}{dt} = -av - bv^2$$

これを変形して

$$\left\{\frac{1}{v} - \frac{1}{v + (a/b)}\right\} dv = -\frac{a}{M} dt$$

この両辺を積分し，初期条件（$t = 0$ で $v = v_0$）を適用すると．

$$\frac{v}{v + (a/b)} = \frac{v_0}{v_0 + (a/b)} \exp\left(-\frac{a}{M}t\right)$$

$$\therefore \quad v = \frac{a/b}{\{1 + (a/bv_0)\}\exp(at/M) - 1}$$

進む距離はこの v を $t = 0$ から ∞ まで積分して求める．$\exp(-at/M) = T$ と置いて置換積分すると，求める距離 x は

$$x = \frac{M}{b}\log\left(1 + \frac{b}{a}v_0\right)$$

例題 5.2 **単振動の合成（垂直方向）**

滑らかで水平な平面で，質量 m の小物体 P が平面上の点 O から位置ベクトル $\boldsymbol{r}$ に比例した力 $\boldsymbol{F} = -k\boldsymbol{r}$ を受けて運動するとき，小物体はどのような軌道を描いて運動するか．

解答 O を原点とし，直交する x 軸と y 軸をとる．P の位置を x，y で表すと，運動方程式の x，y 成分は，それぞれ

$$m\frac{d^2x}{dt^2} = -kx$$
$$m\frac{d^2y}{dt^2} = -ky \tag{5.64}$$

である．これはいずれも単振動の運動方程式であるから，解は

$$x = a\sin(\omega t + \alpha), \quad y = b\sin(\omega t + \beta) \tag{5.65}$$

となる．ただし，ただし，角振動数 ω は

$$\omega = \sqrt{k/m}$$

であり，a，b，α，β は初期条件で決まる．P の軌道を求めるには (5.65) の 2 式から t を消去すればよい．そこで (5.65) を

$$x = a(\sin\omega t\cos\alpha + \cos\omega t\sin\alpha)$$
$$y = b(\sin\omega t\cos\beta + \cos\omega t\sin\beta)$$

と書き直す．次にこれらを $\sin\omega t$，$\cos\omega t$ について解くと

$$\sin\omega t = \left(\frac{x}{a}\sin\beta - \frac{y}{b}\sin\alpha\right)/\sin(\beta - \alpha)$$
$$\cos\omega t = -\left(\frac{x}{a}\cos\beta - \frac{y}{b}\cos\alpha\right)/\sin(\beta - \alpha)$$

となる．これらの 2 式を 2 乗して加え，t を消去すると

$$\frac{x^2}{a^2} + \frac{y^2}{b^2} - 2\frac{xy}{ab}\cos(\beta - \alpha) = \sin^2(\beta - \alpha) \tag{5.66}$$

を得る．この軌道は $\alpha = \beta$ とすると，直線 $y = (b/a)x$ を表し，また $\beta = \alpha + \pi/2$ なら，楕円（または円）を表す．

$$\frac{x^2}{a^2} + \frac{y^2}{b^2} = 1$$

第5章演習問題

[1] 水平面と角度 α をなす滑らかな平面上に，水平面に平行に x 軸をとり，それに垂直に y 軸をとる．図 5.9 のように，いま原点から，x 軸に対して θ の角度の方向に初速 v_0 で小物体を面上にはじきだした．摩擦は無いものとしてはじきだされた小物体が描く軌道を求めよ．

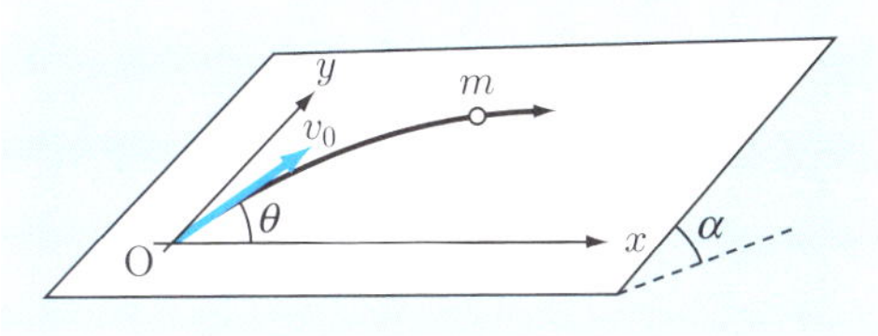

図 5.9

[2] 質量 m の物体が，速度 $\boldsymbol{v}$ に比例する抵抗力 $-m\gamma\boldsymbol{v}$ を受けながら，傾斜角 θ の滑らかな斜面を滑りはじめた．ただし，斜面は十分な長さをもつものとする．

(1) 滑りはじめて時間 t を経過したときの物体の速度を求めよ．

(2) 物体の終端速度を求めよ．

[3] 一定の初速で小石を斜め方向に投げたとき，小石が通過できる空間領域は限られていることを，われわれは経験で知っている．いま，1 つの鉛直面で，原点から様々な方向に同じ速さ v_0 で小球を打ち出すとき，小球が到達できる鉛直面内の領域を求めよ．

[4] **（連成振動）** 図 5.10 のようにばね定数が k_1 のばねの両端に質量 m の 2 つのおもり P_1，P_2 を付け，それぞれにばね定数 k_2 のばねを付けて，滑らかな水平面上に x 軸に沿って並べ両端を固定する．このとき，3 つのばねは自然の長さにあり，また，おもりは x 軸方向にのみ運動できるものとする．いま，2 つのおもりを x 軸に沿って微小振動させると，おもりは互いに力を及ぼしあって振動する．このように 2 つ以上のばね振り子が互いに力を及ぼし合いながら行う振動を連成振動という．2 つのおもりの振動を調べよ．

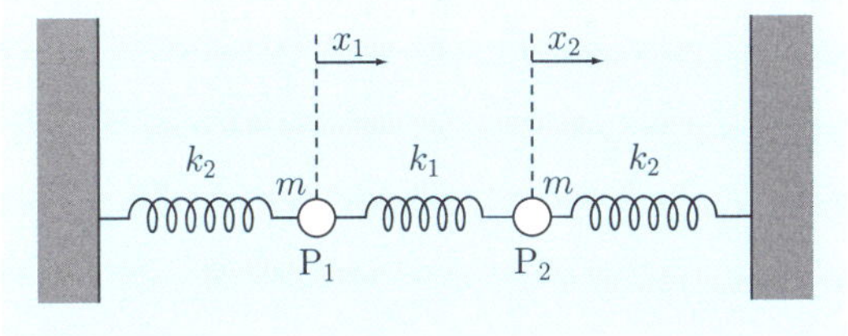

図 5.10

第6章

エネルギーとその保存則

運動の法則の積分形

これまで，ニュートンの運動方程式を用いることによって，いろいろな運動を解析することができることを見てきた．しかし，この第2法則を直接用いて解析できる場合は，むしろ比較的簡単な運動に限られている．たとえば，傾斜が場所によって変化している雪山の斜面をスキーヤーが滑降する場合，終点にゴールしたときの速度を第2法則から直接求めるには，全経路にわたっての斜面の傾きがわかっていなければならないし，もしそれがわかったとしても，計算は非常に複雑なものになるはずである．そこで力学では，別の強力な手法として力学的エネルギーの保存則を用いて問題を解くことが多い．

運動方程式は時間についての2階微分を含む微分方程式であるが，力学的エネルギー保存則はそれを時間で1回積分して導かれる．したがって，これはニュートンの運動の法則を積分表現したものといえる．運動の法則の積分形については，すでに第3章で運動量の保存則を学んだ．

本章の内容

6.1 仕　事

物体（質量 m）の運動の状態を表す場合，速度の1次で表す運動量 $\boldsymbol{p}=m\boldsymbol{v}$ と速度の2次で表す運動エネルギー $(1/2)mv^2$ が用いられる．運動エネルギーはエネルギーの形態の一つであって，物体に力を加えて加速すれば，物体の運動エネルギーは増大する．本章では仕事という概念と結びつけてこの運動エネルギーを議論する．

一定の力がする仕事

物理学では，一定の力 $\boldsymbol{F}$ が物体に働いて，図6.1のように，物体が力 $\boldsymbol{F}$ と同じ方向に距離 s だけ移動したとき，力 $\boldsymbol{F}$ は，「力の大きさ F」と「移動距離 s」の積，すなわち

$$W=Fs \tag{6.1}$$

に等しい仕事を物体にしたという．また，図6.2のように，移動距離の方向と力 $\boldsymbol{F}$ の方向とが一致しない場合には，「力 $\boldsymbol{F}$ の移動方向の成分 $F\cos\theta$」と「移動距離 s」との積，つまり

$$W=Fs\cos\theta \tag{6.2}$$

でもって力 $\boldsymbol{F}$ が物体にした仕事と定義する．ここで，θ は力の方向と移動（変位 $\boldsymbol{s}$）の方向のなす角である．

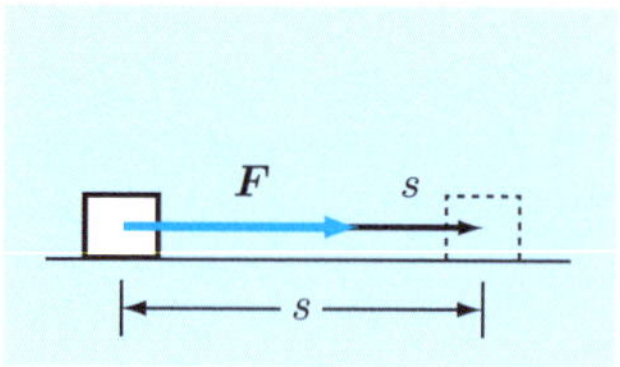

図6.1　$W=Fs$

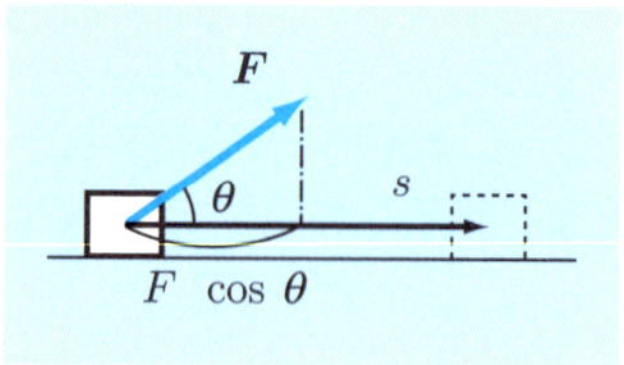

図6.2　$W=Fs\cos\theta$

この定義からわかるように，$\boldsymbol{F}$ が物体に仕事をするためには，(1) 物体が変位をすること，(2) $\boldsymbol{F}$ が変位 $\boldsymbol{s}$ の方向に0でない成分をもつこと，の2つの条件が満たされなければならない．したがって，力が働いていても物体が移動しなければ，物体は全く仕事をされないことになる．この点において，物理学でいう仕事と日常の仕事とでは意味が異なっている．

仕事の単位は力の単位（$\mathrm{N} = \mathrm{kg \cdot m/s^2}$）と長さの単位（m）の積 Nm であるが，これをジュール（J）と呼ぶ．

$$1\,\mathrm{J} = 1\,\mathrm{Nm} = 1\,\mathrm{kg \cdot m^2/s^2} \tag{6.3}$$

ベクトルのスカラー積

仕事は力 $\boldsymbol{F}$ と変位 $\boldsymbol{s}$ という 2 つのベクトル量の積にあたる量である．このことは，一方を a 倍し，他方を b 倍すると仕事は ab 倍になることから理解される．しかし，ベクトル量の積の定義には，それがスカラー量になる場合とベクトル量になる場合の 2 通りあって，仕事の場合のようにその積が座標系の回転で不変なものを**スカラー積**という．これに対して積がベクトル量になる場合はベクトル積と呼ばれる．ここでは，ベクトルのスカラー積について，その定義と性質について簡単に解説しておく．

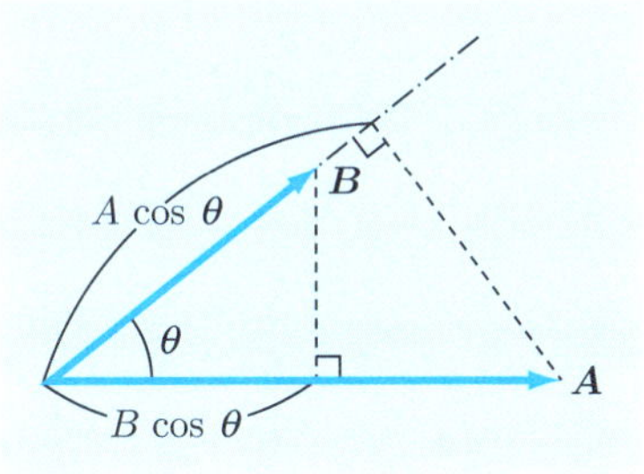

図 6.3　$\boldsymbol{A}\cdot\boldsymbol{B} = AB\cos\theta$

2 つのベクトル $\boldsymbol{A}$，$\boldsymbol{B}$ の大きさをそれぞれ A，B とし，それらがなす角度を θ（$<\pi$）とするとき，$AB\cos\theta$ というスカラーを $\boldsymbol{A}$，$\boldsymbol{B}$ のスカラー積（または内積）と呼び，$\boldsymbol{A}\cdot\boldsymbol{B}$ で表す．すなわち

$$\boldsymbol{A}\cdot\boldsymbol{B} = AB\cos\theta \tag{6.4}$$

である．スカラー積については，通常の積の場合と同様に交換則と分配則が成り立つ．

$$\boldsymbol{A}\cdot\boldsymbol{B} = \boldsymbol{B}\cdot\boldsymbol{A} \qquad \text{（交換則）} \tag{6.5}$$

$$\boldsymbol{A}\cdot(\boldsymbol{B}+\boldsymbol{C}) = \boldsymbol{A}\cdot\boldsymbol{B} + \boldsymbol{A}\cdot\boldsymbol{C} \qquad \text{（分配則）} \tag{6.6}$$

交換則は (6.4) の定義から明らかである．すなわち，図 6.3 に示すように，$\boldsymbol{A}\cdot\boldsymbol{B}$ は $\boldsymbol{A}$ の長さ A と $\boldsymbol{B}$ の $\boldsymbol{A}$ への射影 $B\cos\theta$ との積とみることもでき，また $\boldsymbol{B}$ の長さ B と $\boldsymbol{A}$ の $\boldsymbol{B}$ への射影 $A\cos\theta$ との積とみることもできる．分配則も，たとえば 3 つのベクトル $\boldsymbol{A}$，$\boldsymbol{B}$，$\boldsymbol{C}$ が 1 つの平面内にある場合には，図 6.4 のようにして確かめられる．また，同一平面内にない場合も，同様にして図を描いて容易に示すことができる．

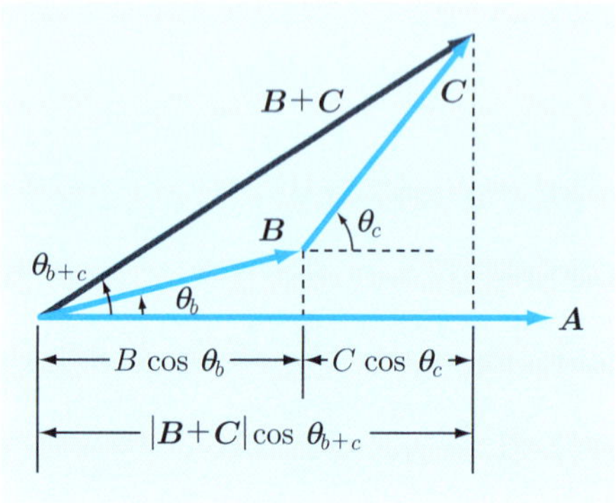

図 6.4　$\boldsymbol{A}\cdot(\boldsymbol{B}+\boldsymbol{C})=\boldsymbol{A}\cdot\boldsymbol{B}+\boldsymbol{A}\cdot\boldsymbol{B}$

(6.4) から，$\boldsymbol{A}$ と $\boldsymbol{B}$ が直交しているときは，$\cos\theta=0$ であるから $\boldsymbol{A}\cdot\boldsymbol{B}=0$，また $\boldsymbol{B}$ が $\boldsymbol{A}$ と等しいときは $\boldsymbol{A}\cdot\boldsymbol{A}=A^2$ であることがわかる．したがって，基本ベクトル相互のスカラー積に関しては

$$\begin{aligned}\boldsymbol{i}\cdot\boldsymbol{i}=\boldsymbol{j}\cdot\boldsymbol{j}=\boldsymbol{k}\cdot\boldsymbol{k}=1\\ \boldsymbol{i}\cdot\boldsymbol{j}=\boldsymbol{j}\cdot\boldsymbol{k}=\boldsymbol{k}\cdot\boldsymbol{i}=0\end{aligned}\tag{6.7}$$

という関係が得られる．ベクトル $\boldsymbol{A}$，$\boldsymbol{B}$ を

$$\begin{aligned}\boldsymbol{A}=A_x\boldsymbol{i}+A_y\boldsymbol{j}+A_z\boldsymbol{k}\\ \boldsymbol{B}=B_x\boldsymbol{i}+B_y\boldsymbol{j}+B_z\boldsymbol{k}\end{aligned}\tag{6.8}$$

のように成分で表し，(6.7) の関係を用いると，スカラー積 $\boldsymbol{A}\cdot\boldsymbol{B}$ は

$$\boldsymbol{A}\cdot\boldsymbol{B}=A_xB_x+A_yB_y+A_zB_z\tag{6.9}$$

と表せる．

スカラー積を用いた仕事の表し方

(6.2) と (6.4) を比べると明らかなように，一定の力 $\boldsymbol{F}$ が働いて物体が点 P から Q へ移動したとき，P を始点とし Q を終点とする変位ベクトルを $\boldsymbol{s}$ とすると，力 $\boldsymbol{F}$ が物体になした仕事 W は，ベクトルのスカラー積を用いて

$$W = \boldsymbol{F} \cdot \boldsymbol{s} = Fs\cos\theta \tag{6.10}$$

と表せる．$\boldsymbol{F}$ と $\boldsymbol{s}$ のなす角度 θ が鋭角（$0 \leq \theta < 90°$）ならば，$\cos\theta > 0$ であるから力は物体に正の仕事をする．また，θ が鈍角（$90° < \theta \leq 180°$）ならば，$\cos\theta < 0$ であり，力 $\boldsymbol{F}$ が物体になした仕事は負になる．$\boldsymbol{F}$ と $\boldsymbol{s}$ が垂直な場合（$\theta = 90°$）は $\cos\theta = 0$ なので，力 $\boldsymbol{F}$ は物体に仕事をしない．

変化する力による仕事―ばねを引き伸ばすための仕事

図 6.5 のように，一端を固定したつる巻きばねの他端に付けられた物体に力を加えて，釣り合いの位置にあった物体を距離 x だけ移動させた，つまりばねの長さを x だけ伸ばしたときに，手が物体にする仕事を計算してみよう．この場合，力は一定ではなく，物体の位置によって変化する．ばねが x_1 だけ伸びたときのばねの復元力の大きさ $F(x_1)$ はフックの法則から $F(x_1) = kx_1$

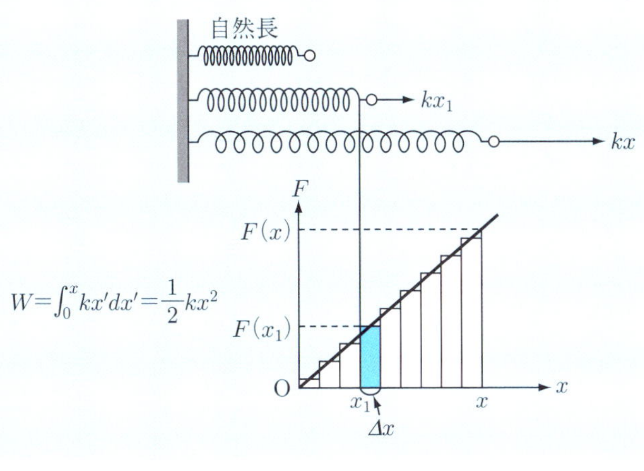

図 6.5　ばねを引き伸ばすための仕事

である．したがって，ばねをさらに引き伸ばすには物体に力 $F(x_1) = kx_1$ を加えなければならない（実際には kx_1 よりわずかに大きい力を加えなければならないが，それは無視する）．いま，Δx だけ伸ばすとき，Δx が小さければ加える力はほぼ一定とみなしてよいので，このとき物体に力がする仕事は $F(x_1)\Delta x$ となる．これは図の青色をつけた長方形の面積に等しい．したがって，ばねを自然長から x だけ伸ばすのに必要な仕事を求めるには，図 6.5 のように x を細かく分割して，それぞれの区間での仕事の和を求めればよい．これは Δx を小さくしていくと，底辺が x で，高さが kx の三角形の面積に等しくなる．この面積は数学的には積分を用いて

$$W = \int_0^x kx'\,dx' = \frac{1}{2}kx^2 \tag{6.11}$$

となる．

ばねを長さ x だけ引き伸ばしたり押し縮めたりするとき，ばねには (6.11) で表される仕事 W がなされる．このときなされた仕事 W は，ばねの弾力による位置エネルギーに変わる．すなわち W だけばねの位置エネルギーが増加する．

6.2　仕事の一般的定義

前節で述べたように，“仕事”は，一定の力が加わって物体が直線的に移動する場合について定義されている．しかし，一般には，力は場所によって変わることもあれば，物体の移動も直線的であるとは限らない．そのような場合でも，物体の移動する経路を多数の微小線分（変位）に分割すると，それぞれの微小変位の間に物体に加わる力は一定とみなしてよいから，この間に力がする仕事は (6.2) あるいは (6.10) によって与えることができる．したがって，経路に沿ってなされた全仕事は，それらの各微小変位での仕事の和として求められる．

物体の移動が 1 つの直線上に限られている場合は，すでに前節でばねを伸ばすときの仕事の例でみたように，その直線に沿って x 軸をとり，物体の位置を x 座標で表せば，物体が点 $x = a$ から $x = b$ まで移動する間に力がする仕事 W は

$$W = \int_a^b F_x(x)\,dx \tag{6.12}$$

で与えられる．ここで，$F_x(x)$ は座標 x の位置における力の x 成分であって，ばねの場合，自然長の位置を原点にとれば，$F_x(x) = kx$ である．

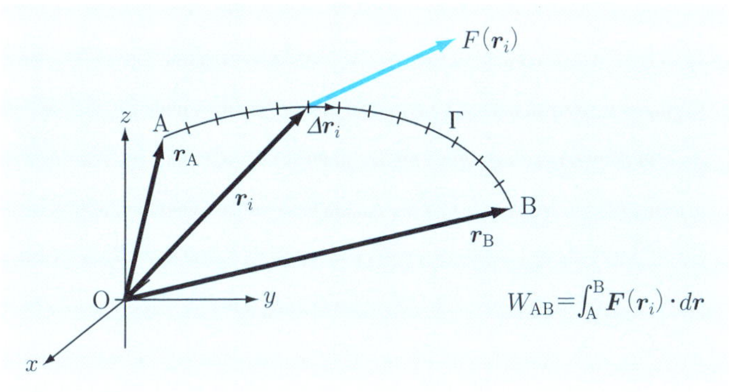

図 6.6　経路 Γ に沿って $\boldsymbol{F}(\boldsymbol{r})$ がする仕事 W_{AB}

さらに一般に，図 6.6 のように，物体が，その位置 $\boldsymbol{r}$ によって変わる力 $\boldsymbol{F}(\boldsymbol{r})$ を受けながら，任意の経路 Γ に沿って A から B まで移動するとき，力が物体にする仕事を求めてみよう．まず，図のように経路 Γ を N 個に分割し，各区分点の位置を $\boldsymbol{r}_i$（$i = 1, 2, 3, \cdots, N$）として，A から B までの変位を微小変位 $\Delta\boldsymbol{r}_i = \boldsymbol{r}_{i+1} - \boldsymbol{r}_i$ の和で近似する．各微小変位の間に加わる力を一定とみなすと，その間に力がする仕事 ΔW_i は，(6.10) から

$$\Delta W_i = \boldsymbol{F}(\boldsymbol{r}_i)\cdot\Delta\boldsymbol{r}_i \tag{6.13}$$

となる．したがって，物体が A から B まで経路 Γ に沿って移動する間に力がする仕事 W_{AB} は，近似的に各微小変位における仕事 ΔW_i の和で与えられて

$$W_{\mathrm{AB}} \approx \sum_{i=0}^{N-1} \Delta W_i = \sum_{i=0}^{N-1} \boldsymbol{F}(\boldsymbol{r}_i)\cdot\Delta\boldsymbol{r}_i, \quad \boldsymbol{r}_0 = \boldsymbol{r}_{\mathrm{A}}, \boldsymbol{r}_N = \boldsymbol{r}_{\mathrm{B}} \tag{6.14}$$

と書ける．分割の個数 N を大きくとれば各微小変位の長さは短くなり，この近似の精度は高くなる．したがって，求める仕事 W_{AB} は (6.14) の $N \to \infty$ の極限をとって

$$W_{\mathrm{AB}} = \lim_{N\to\infty} \sum_{i=0}^{N-1} \boldsymbol{F}(\boldsymbol{r}_i)\cdot\Delta\boldsymbol{r}_i \tag{6.15}$$

となる．この式の右辺は積分記号を用いて

$$W_{\mathrm{AB}} = \int_{\mathrm{A}(\Gamma)}^{\mathrm{B}} \boldsymbol{F}(\boldsymbol{r})\cdot d\boldsymbol{r} \tag{6.16}$$

と表される．ここで積分記号の添字 (Γ) は経路を指定し，下限と上限は変位の始点と終点を表す．このような経路に沿って行う積分を力 $\boldsymbol{F}(\boldsymbol{r})$ の線積分という．線積分は始点 A と終点 B だけでなく一般には積分の経路 Γ に依存する．後で見るように，この線積分の値が経路に依存するか否かは，積分されるベクトル関数 $\boldsymbol{F}(\boldsymbol{r})$ の性質と深く関わっている．

線積分は，ベクトルのスカラー積の成分表示 (6.9) を用いると，3 つのスカラー関数の積分の和で表すことができる．

$$\begin{aligned} W_{\mathrm{AB}} &= \int_{\mathrm{A}(\Gamma)}^{\mathrm{B}} \boldsymbol{F}(\boldsymbol{r})\cdot d\boldsymbol{r} \\ &= \int_{x_{\mathrm{A}}}^{x_{\mathrm{B}}} F_x(x,y,z)\,dx + \int_{y_{\mathrm{A}}}^{y_{\mathrm{B}}} F_y(x,y,z)\,dy + \int_{z_{\mathrm{A}}}^{z_{\mathrm{B}}} F_z(x,y,z)\,dz \end{aligned} \tag{6.17}$$

重力がする仕事

この章の始めに述べたように，傾斜が場所によって変化している雪の斜面を滑降するスキーヤーの運動を，ニュートンの第 2 法則から直接求めことは非常に複雑な計算を必要とし，実際には極めて難しい．しかし，そのような

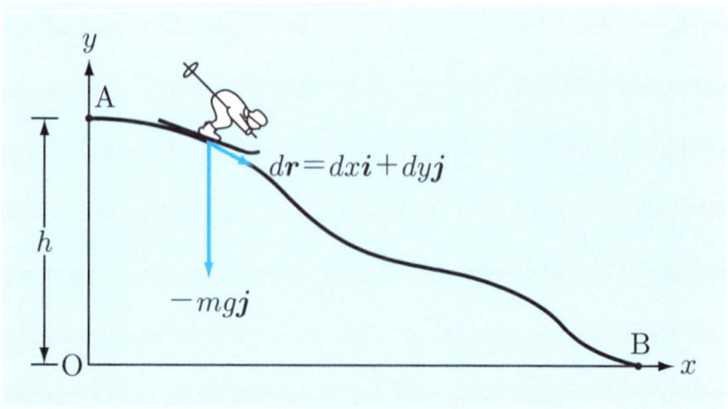

図 6.7　重力がする仕事

場合でも，滑降する間に重力がスキーヤーにする仕事を求めることは，(6.17) を用いれば容易である．

図 6.7 のように，鉛直上向きに y 軸を選び，水平方向に x 軸をとる．スキーヤーは高さ h の点 A から高さ 0 の点 B まで xy 面内を滑降するとしよう．この場合，質量 m のスキーヤーに働く重力 $\boldsymbol{F}(\boldsymbol{r})$ は

$$\boldsymbol{F}(\boldsymbol{r}) = -mg\boldsymbol{j}$$

であるから，スキーヤーが

$$d\boldsymbol{r} = dx\,\boldsymbol{i} + dy\,\boldsymbol{j}$$

だけ滑る間に重力がスキーヤーにする仕事 dW は

$$dW = \boldsymbol{F}(\boldsymbol{r}) \cdot d\boldsymbol{r} = -mg\,dy \tag{6.18}$$

である．したがって，スキーヤーが点 A から点 B まで滑降する間に，重力がスキーヤーにする仕事 W_{AB} は

$$W_{\mathrm{AB}} = \int_{\mathrm{A}(\Gamma)}^{\mathrm{B}} \boldsymbol{F}(\boldsymbol{r}) \cdot d\boldsymbol{r} = \int_{h}^{0} (-mg)\,dy = mgh \tag{6.19}$$

と求められる．これからわかるように，重力がする仕事は始点と終点の高さの差のみに依存し，物体が移動する経路にはよらない．

6.3 仕 事 率

現実的な問題としては，物体になされる仕事の大きさだけでなく，それがどれだけの速さで行われるかが重要になることが多い．力学では，物体に働く力が単位時間にする仕事を**仕事率**と呼ぶ．ここで，力学ではと断わったのは，同じ仕事の時間的割合のことを，電磁気学の分野では**電力**と呼ぶからである．後でみるように，物体にされた仕事は物体のエネルギーの増加に寄与する．したがって，仕事率はエネルギー伝達の時間的割合である．

第 2 章で速度について，平均の速度とある時刻における瞬間の速度を考えたように，仕事率についても平均の仕事率と瞬間の仕事率を定義する．物体に力が働いて，時刻 t から $t + \Delta t$ の間に ΔW の仕事をした場合，この間の平均の仕事率 P_{AV} は，ΔW と Δt の比で表して

$$P_{AV} = \frac{\Delta W}{\Delta t} \tag{6.20}$$

で定義される．また，時刻 t における瞬間の仕事率 $P(t)$ は，(6.20) で $\Delta t \to 0$ の極限をとって

$$P(t) = \lim_{\Delta t \to 0} \frac{\Delta W}{\Delta t} \tag{6.21}$$

と定義される．

仕事率の単位

仕事率の単位は，[仕事率] = [仕事]/[時間] なので，SI 単位系では $\mathrm{Js^{-1}}$ であるが，これをワット（記号 W）という．すなわち

$$1\,\mathrm{W} = 1\,\mathrm{J/s} \tag{6.22}$$

である．また，仕事は仕事率と時間の積でもあるため，仕事の単位としてキロワット時が用いられることがある．すなわち

$$1\ \text{キロワット時} = 1\,\mathrm{kW{\cdot}h} = 3.60 \times 10^6\,\mathrm{J}$$

であるが，これは電力料金の請求書などによくみかけられる単位である．

6.4 保存力と位置エネルギー

保存力と非保存力

質量 m の物体が，一般に場所 $\boldsymbol{r}$ に依存する力 $\boldsymbol{F}(\boldsymbol{r})$ を受けて点 $\mathrm{P_1}$ から $\mathrm{P_2}$ まである経路 Γ に沿って移動した場合に，力 $\boldsymbol{F}(\boldsymbol{r})$ が物体にする仕事は，(6.17) を導いたように

$$W = \int_{\mathrm{P_1}(\Gamma)}^{\mathrm{P_2}} \boldsymbol{F}(\boldsymbol{r}) \cdot d\boldsymbol{r} = \int_{\mathrm{P_1}(\Gamma)}^{\mathrm{P_2}} (F_x\,dx + F_y\,dy + F_z\,dz) \tag{6.23}$$

で与えられる．一般にこの右辺の線積分は，移動の始点 $\mathrm{P_1}$ と終点 $\mathrm{P_2}$ だけで決まるのではなく，途中の経路 Γ にも依存する．ところで，この線積分が始点 $\mathrm{P_1}$ と終点 $\mathrm{P_2}$ だけで決まるか，否かはベクトル関数 $\boldsymbol{F}(\boldsymbol{r})$ のもつ性質に関係している．このことは，(6.23) の線積分が途中の経路に依存するか，否かによって，力 $\boldsymbol{F}(\boldsymbol{r})$ を 2 通りに分類できることを意味している．そこで，積分の経路に依らない力を**保存力**といい，経路に依る力を**非保存力**という．これまでに出てきたいろいろな力のなかで，重力やばねの弾力は保存力であり，摩擦力や抵抗力は非保存力である．

保存力の位置エネルギー

力 $\boldsymbol{F}(\boldsymbol{r})$ が保存力の場合，(6.23) の線積分は始点 P_1 と終点 P_2 だけで決まる．したがって，W は P_1 と P_2 の 2 点の位置の関数である．すなわち

$$W = W(\mathrm{P}_1, \mathrm{P}_2) \tag{6.24}$$

となる．ところで，いま，2 点の一方，たとえば，P_2 を基準点として固定してみよう．こんどは W は 1 点 P_1 の位置だけの関数になる．このことは，保存力についての，次のような興味深い性質を示唆している．すなわち，点 P_2 は空間の任意の点に選ぶことができるため，(6.24) は空間の各点においてある定まった値をもつことになる．そこで，改めて空間内に基準点として $\boldsymbol{r}_0$ をとり，保存力 $\boldsymbol{F}(\boldsymbol{r})$ の $\boldsymbol{r}_0$ から空間内の任意の点 $\boldsymbol{r}$ までの線積分によって

$$U(\boldsymbol{r}) = -\int_{\boldsymbol{r}_0}^{\boldsymbol{r}} \boldsymbol{F}(\boldsymbol{r}) \cdot d\boldsymbol{r} \tag{6.25}$$

で定義されるスカラー関数 $U(\boldsymbol{r})$ を考えてみよう．このスカラー関数は保存力 $\boldsymbol{F}(\boldsymbol{r})$ の**位置エネルギー**，または**ポテンシャルエネルギー**と呼ばれ，保存力 $\boldsymbol{F}(\boldsymbol{r})$ が作用する空間，つまり保存力の場における物体の位置に関係したエネルギーを表す．

(6.25) の定義からわかるように，任意の点 $\boldsymbol{r}$ における位置エネルギーは，点 $\boldsymbol{r}$ から任意の経路に沿って基準点 $\boldsymbol{r}_0$ まで物体を変位させる間に $\boldsymbol{F}(\boldsymbol{r})$ がする仕事である．これは別の見方をすれば，保存力 $\boldsymbol{F}(\boldsymbol{r})$ の場において，この力に釣り合う力 $\boldsymbol{F}'(\boldsymbol{r}) = -\boldsymbol{F}(\boldsymbol{r})$ を作用させながら，基準点 $\boldsymbol{r}_0$ から点 $\boldsymbol{r}$ まで物体を移動させるのに必要な仕事量とみなすこともできる．

また，(6.25) から，空間の 2 点 $\boldsymbol{r}_1$ と $\boldsymbol{r}_2$ の位置エネルギーの差は

$$\begin{aligned} U(\boldsymbol{r}_2) - U(\boldsymbol{r}_1) &= -\int_{r_0}^{r_2} \boldsymbol{F}(\boldsymbol{r}) \cdot d\boldsymbol{r} + \int_{r_0}^{r_1} \boldsymbol{F}(\boldsymbol{r}) \cdot d\boldsymbol{r} \\ &= -\int_{r_1}^{r_2} \boldsymbol{F}(\boldsymbol{r}) \cdot d\boldsymbol{r} \end{aligned} \tag{6.26}$$

と得られる．

6.5　運動方程式のエネルギー積分

1 次元の運動

はじめに簡単のために，1 次元運動する物体を考えよう．質量 m の物体が

座標 x にのみ依存し，運動の向きには依存しない力 $F(x)$ を受けている場合，運動方程式は

$$m\frac{d^2x}{dt^2} = F(x) \tag{6.27}$$

と書ける．この式の両辺に dx/dt を掛けると

$$m\frac{dx}{dt}\frac{d^2x}{dt^2} = F(x)\frac{dx}{dt} \tag{6.28}$$

となるが，左辺は $m\dfrac{d}{dt}\left\{\dfrac{1}{2}\left(\dfrac{dx}{dt}\right)^2\right\} = \dfrac{d}{dt}\left(\dfrac{1}{2}mv^2\right)$ と変形できる．したがって，(6.28) は

$$\frac{d}{dt}\left(\frac{1}{2}mv^2\right) = F(x)\frac{dx}{dt} \tag{6.29}$$

と書き直される．この両辺に dt を掛けて $t = t_1$ から $t = t_2$ まで積分を行うと

$$\begin{aligned} \int_{t_1}^{t_2} \frac{d}{dt}\left(\frac{1}{2}mv^2\right) dt &= \int_{t_1}^{t_2} \left\{F(x)\frac{dx}{dt}\right\} dt \\ \therefore \quad \frac{1}{2}mv_2^2 - \frac{1}{2}mv_1^2 &= \int_{x_1}^{x_2} F(x)\, dx \end{aligned} \tag{6.30}$$

が導かれる．ただし，時刻 t_1 で位置 x_1 にあった物体の速度が v_1 であったとして，その物体が時刻 t_2 には x_2 にあって速度 v_2 をもつとする．また，1次元運動では軌道は定まっているために，$F(x)$ は保存力であって，位置エネルギー $U(x)$ が存在する．いま，基準点を x_0 とすると

$$U(x) = -\int_{x_0}^{x} F(x)\, dx \tag{6.31}$$

であるから，(6.30) の右辺の積分は

$$\int_{x_1}^{x_2} F(x)\, dx = U(x_1) - U(x_2) \tag{6.32}$$

と表される．したがって，これを (6.30) に代入すると

$$\frac{1}{2}mv_2^2 + U(x_2) = \frac{1}{2}mv_1^2 + U(x_1) \tag{6.33}$$

となる．ここで，両辺の第1項

$$K = \frac{1}{2}mv^2 \tag{6.34}$$

は，本章のはじめで述べた物体の**運動エネルギー**である．

(6.33) は物理的には，物体の運動エネルギーと位置エネルギーの和は一定であって，時間に依存しないことを示している．そこで，これを

$$K + U = 一定 = E \tag{6.35}$$

と書き，**エネルギー保存則**という．また，運動エネルギーと位置エネルギーの和 E を**力学的全エネルギー**と呼ぶ．

運動エネルギー

次に物体が空間を運動する場合を考えよう．質量 m の物体の運動方程式

$$m\frac{d\boldsymbol{v}}{dt} = F(\boldsymbol{r}) \tag{6.36}$$

の両辺に速度 $\boldsymbol{v}$ を掛けてスカラー積をつくる．

$$m\boldsymbol{v}\cdot\frac{d\boldsymbol{v}}{dt} = \boldsymbol{F}(\boldsymbol{r})\cdot\boldsymbol{v} \tag{6.37}$$

ここで，左辺を

$$\boldsymbol{v}\cdot\frac{d\boldsymbol{v}}{dt} = \frac{1}{2}\left(\frac{d\boldsymbol{v}}{dt}\cdot\boldsymbol{v} + \boldsymbol{v}\cdot\frac{d\boldsymbol{v}}{dt}\right) = \frac{1}{2}\frac{d}{dt}(\boldsymbol{v}\cdot\boldsymbol{v}) = \frac{1}{2}\frac{d}{dt}v^2 \tag{6.38}$$

と変形すると，(6.37) は

$$\frac{d}{dt}\left(\frac{1}{2}mv^2\right) = \boldsymbol{F}(\boldsymbol{r})\cdot\frac{d\boldsymbol{r}}{dt} \tag{6.39}$$

となる．さらに，(6.30) を導いたときと同様に，両辺に dt を掛けて，時間について t_1 から t_2 まで積分すると

$$\frac{1}{2}mv_2^2 - \frac{1}{2}mv_1^2 = \int_{r_1}^{r_2} \boldsymbol{F}(\boldsymbol{r})\cdot d\boldsymbol{r} \tag{6.40}$$

が得られる．ただし，時刻 t_1 における物体の位置を $\boldsymbol{r}_1$，速度を $\boldsymbol{v}_1$ とし，時刻 t_2 おける位置を $\boldsymbol{r}_2$，速度を $\boldsymbol{v}_2$ としている．(6.40) の右辺は，この間に力 $\boldsymbol{F}(\boldsymbol{r})$ が物体になした仕事を表しており，左辺はその仕事によって，物体に付与された運動エネルギーの増分を表している．

力 $\boldsymbol{F}(\boldsymbol{r})$ が保存力ならば，(6.40) の右辺は 2 点 $\boldsymbol{r}_1$ と $\boldsymbol{r}_2$ の位置エネルギー

の差で表されるため，(6.40) は

$$\frac{1}{2}mv_2^2 - \frac{1}{2}mv_1^2 = U(\boldsymbol{r}_1) - U(\boldsymbol{r}_2) \tag{6.41}$$

と書ける．これを書き直すと

$$\frac{1}{2}mv_2^2 + U(\boldsymbol{r}_2) = \frac{1}{2}mv_1^2 + U(\boldsymbol{r}_1) \tag{6.42}$$

となるが，$\boldsymbol{r}_1$ と $\boldsymbol{r}_2$ は任意にとれるから

$$\frac{1}{2}mv^2 + U(\boldsymbol{r}) = \text{一定} \tag{6.43}$$

となり，**力学的エネルギーの保存則**が導出される．

摩擦力と熱

物体に作用する力 $\boldsymbol{F}(\boldsymbol{r})$ が保存力 $\boldsymbol{F}_c(\boldsymbol{r})$ だけでなく，摩擦力のような非保存力 $\boldsymbol{F}_f(\boldsymbol{r})$ も同時に働く場合は，(6.40) の右辺は

$$\begin{aligned}\int_{r_1}^{r_2} \boldsymbol{F}(\boldsymbol{r})\cdot d\boldsymbol{r} &= \int_{r_1}^{r_2} \boldsymbol{F}_c(\boldsymbol{r})\cdot d\boldsymbol{r} + \int_{r_1}^{r_2} \boldsymbol{F}_f(\boldsymbol{r})\cdot d\boldsymbol{r} \\ &= U(\boldsymbol{r}_1) - U(\boldsymbol{r}_2) + \int_{r_1}^{r_2} \boldsymbol{F}_f(\boldsymbol{r})\cdot d\boldsymbol{r}\end{aligned} \tag{6.44}$$

となる．ただし

$$U(\boldsymbol{r}) = -\int_{r_0}^{r} \boldsymbol{F}_c(\boldsymbol{r})\cdot d\boldsymbol{r} \tag{6.45}$$

は保存力 $\boldsymbol{F}_c(\boldsymbol{r})$ の位置エネルギーである．したがって，(6.40) は

$$\left\{\frac{1}{2}mv_2^2 + U(\boldsymbol{r}_2)\right\} - \left\{\frac{1}{2}mv_1^2 + U(\boldsymbol{r}_1)\right\} = \int_{r_1}^{r_2} \boldsymbol{F}_f(\boldsymbol{r})\cdot d\boldsymbol{r} \tag{6.46}$$

と書き表される．右辺の線積分は経路に依存し，摩擦力や粘性抵抗は常に移動の向きと逆に働くためこの積分は負になる．したがって，(6.46) は物体に非保存力が働く場合には，物体の力学的エネルギーは保存されないで，減少することを表している．この力学的エネルギーの減少分は物体や空気の熱となる．しかし，実は熱もまたエネルギーの一形態なので，熱と力学的エネルギーの和は一定になり保存されることが実験的に確かめられている．

第 6 章例題

例題 6.1　　経路に依存する仕事

滑らかな水平面（xy-面）上を質量 m の物体が力

$$\boldsymbol{F}(\boldsymbol{r}) = -ky\boldsymbol{i} + kx\boldsymbol{j}$$

を受けて，図 6.8 にように，点 A から点 B まで，3 つの経路 C_1，C_2，C_3 に沿って移動するとき，それぞれの場合において力が物体になす仕事を求めよ．

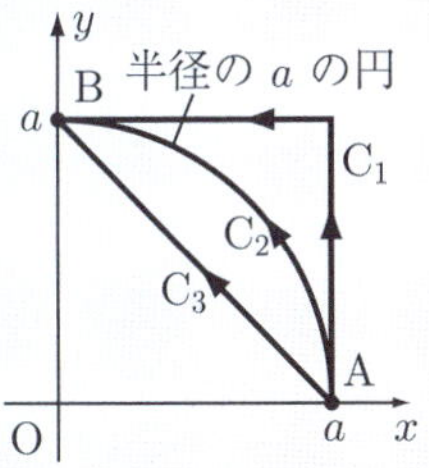

図 6.8

解答　経路 C_1：

$$W = \int_{A(C_1)}^{B} \boldsymbol{F}(\boldsymbol{r}) \cdot d\boldsymbol{r} = \int_{A(C_1)}^{B} (F_x\,dx + F_y\,dy) = \int_{A(C_1)}^{B} (-ky\,dx + kx\,dy)$$

$$= \int_0^a (ka)\,dy + \int_a^0 (-ka)\,dx = 2ka^2$$

経路 C_2：　$x = a\cos\theta$，$y = a\sin\theta$ とおくと

$$W = \int_{A(C_2)}^{B} \boldsymbol{F}(\boldsymbol{r}) \cdot d\boldsymbol{r} = \int_{A(C_2)}^{B} (F_x\,dx + F_y\,dy)$$

$$= \int_0^{\pi/2} \left[F_x \left(\frac{dx}{d\theta}\right) + F_y \left(\frac{dy}{d\theta}\right)\right] d\theta$$

$$= \int_0^{\pi/2} [(-ka\sin\theta(-a\sin\theta) + ka\cos\theta(a\cos\theta)]\,d\theta = \frac{\pi}{2}ka^2$$

経路 C_3：　経路 C_3 は $y = a - x$（ただし $x = a$ から 0 まで）と書ける．この直線上での $\boldsymbol{F}$ の成分を x で表すと

$$\boldsymbol{F}(x) = -k(a-x)\boldsymbol{i} + kx\boldsymbol{j}$$

よって

$$W = \int_{A(C_3)}^{B} \boldsymbol{F}(\boldsymbol{r}) \cdot d\boldsymbol{r} = \int_a^0 \left[F_x + F_y \left(\frac{dy}{dx}\right)\right] dx$$

$$= \int_a^0 [-k(a-x) - kx]\,dx = ka^2$$

例題 6.2 **斜面上を滑る物体の速度**

図6.9のように，傾斜角 θ の粗い斜面と，同じ材質でできている水平面が滑らかにつなげられている．いま，水平面を基準にとって高さ h の点Pから質量 m の物体が滑り出した．

(1) 斜面を滑り降りる間に摩擦力がする仕事 W はいくらか．ただし，斜面と物体との間の動摩擦係数を μ' とする．

(2) ちょうど斜面を降り切った点Oにおける物体の速さ v を求めよ．

(3) 物体は水平面上どれだけの距離を滑るか．

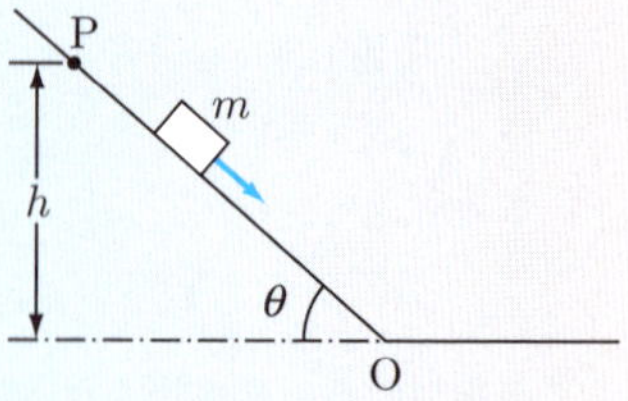

図 6.9

解答 (1) 摩擦力 F は $F = \mu' mg\cos\theta$．斜面の長さ l は $l = h/\sin\theta$．

摩擦力は常に運動とは逆向きに働く．よって摩擦力が物体にする仕事 W は

$$W = -Fl = -mgh\mu'\cot\theta$$

(2) 水平面を基準にとるときの物体の

$$\text{P 点における力学的エネルギー：}\quad E_{\mathrm{P}} = mgh$$

$$\text{O 点における力学的エネルギー：}\quad E_{\mathrm{O}} = \frac{1}{2}mv^2$$

E_{O} と E_{P} との差が摩擦力がなした仕事．したがって

$$E_{\mathrm{O}} - E_{\mathrm{P}} = W$$

$$\therefore\quad \frac{1}{2}mv^2 - mgh = -mgh\mu'\cot\theta$$

$$\therefore\quad v = \sqrt{2gh(1-\mu'\cot\theta)}$$

(3) O点から距離 l_1 だけ滑って物体が静止したとすると，この間に摩擦力がなした仕事は，$W_1 = mgl_1\mu'$．よって

$$0 - \frac{1}{2}mv^2 = -W_1$$

$$\therefore\quad -mgh(1-\mu'\cot\theta) = -mgl_1\mu'$$

$$\therefore\quad l_1 = h(1/\mu' - \cot\theta)$$

例題 6.3 **力学的エネルギー保存則**

力学的エネルギー保存則を変形して次の関係式を導け．

(1) 地上付近で重力の作用の下で鉛直方向に運動している小物体の，時刻 t における高さ $z(t)$：

$$z(t) = z_0 \pm v_0 t - \frac{1}{2}gt^2$$

ただし，z_0 と v_0 は時刻 $t=0$ における小物体の高さと速さである．

(2) 長さ l の糸におもりを付けた単振り子の運動方程式：

$$\frac{d^2\theta}{dt^2} = -\frac{g}{l}\sin\theta$$

ただし，θ は糸と鉛直線とのなす角である．

解答 (1) 小物体の質量を m とすると，力学的エネルギー保存則は

$$\frac{1}{2}m\left(\frac{dz}{dt}\right)^2 + mgz = \frac{1}{2}mv_0^2 + mgz_0$$

この式を変形すると

$$\pm dt = \frac{dz}{\sqrt{v_0^2 + 2gz_0 - 2gz}}$$

両辺を積分すると

$$\begin{aligned}\pm\int_0^t dt &= \int_{z_0}^{z} \frac{dz}{\sqrt{v_0^2 + 2gz_0 - 2gz}} = -\frac{1}{g}\left[\sqrt{v_0^2 + 2gz_0 - 2gz}\right]_{z_0}^{z} \\ &= \frac{1}{g}\left[-\sqrt{v_0^2 + 2gz_0 - 2gz} + v_0\right]\end{aligned}$$

よって

$$(v_0 \pm gt)^2 = v_0^2 + 2gz_0 - 2gz,$$

$$\therefore \quad z = z_0 \pm v_0 t - \frac{1}{2}gt^2$$

(2) おもりの質量を m とすると，力学的エネルギー保存則は

$$\frac{1}{2}m\left(l\frac{d\theta}{dt}\right)^2 + mgl(1-\cos\theta) = \text{一定}$$

これを t で微分すると

$$ml^2\frac{d\theta}{dt}\frac{d^2\theta}{dt^2} + mgl\sin\theta\frac{d\theta}{dt} = 0$$

$$\therefore \quad l\frac{d^2\theta}{dt^2} = -g\sin\theta$$

第6章演習問題

[1] 地上 h の高さから質量 m の小球を落とす．

(1) 小球が地上から高さ y となったときの小球の速さ $v(y)$ を求めよ．ただし，空気の抵抗は無視する．

(2) 小球がはじめの高さ h にあるとき，鉛直方向に初速 v_0 を与えた．小球が地上から高さ y となったとき，小球の速さ $v(y)$ を求めよ．

[2] 長さ l の軽い糸に質量 m のおもりを付けた単振り子がある．糸が鉛直線と角度 θ_0 をなす状態（A）でおもりを静かに放した．おもりが最低の位置に達したとき（B）のおもりの速さを求めよ．

[3] 例題6.2において，$\theta = 45°$，$h = 10\,\mathrm{cm}$，点 O における速さを $v = 100\,\mathrm{cm/s}$ とするとき，斜面と物体との間の動摩擦係数 μ' を求めよ．

[4] ある食品業者が，コンクリート床の上に置かれたりんごの入った木箱（全質量 $m = 14\,\mathrm{kg}$）を，水平方向に一定の力 $\boldsymbol{F}$（大きさ 40 N）で押している．距離 $d = 0.50\,\mathrm{m}$ だけ移動する間に，木箱の速さが $v_1 = 0.60\,\mathrm{m/s}$ から $v_2 = 0.20\,\mathrm{m/s}$ に減少した．

(1) 力 $\boldsymbol{F}$ がなした仕事はどれだけか．ただし木箱はまっすぐに移動したものとする．

(2) 木箱と床に発生した熱エネルギーはどれだけか．

[5] 建物の屋上から2つの同じ小球を，同じ初速で別の方向に投げる．地上に達したときの小球の速さは違うか．ただし，空気の抵抗は無視するものとする．

[6] 保存力 $\boldsymbol{F}$ の作用を受けながら，物体が図6.10のような一つの閉曲線 C に沿って一周するとき，保存力 $\boldsymbol{F}$ が物体にする仕事 W は0であること，すなわち

$$W = \oint_C \boldsymbol{F} \cdot d\boldsymbol{r} = 0$$

であることを示せ．ここで，$\oint_C$ は閉曲線 C に沿っての一周積分を表す．

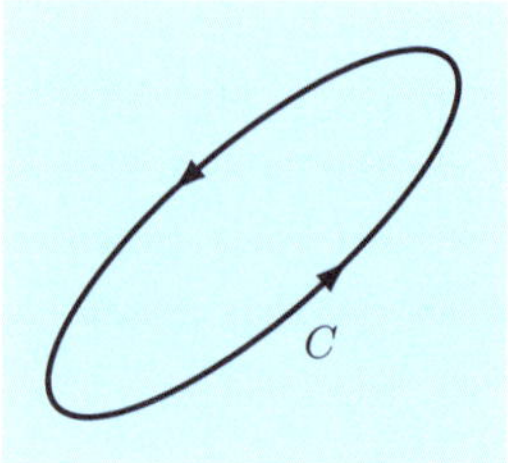

図 6.10

第 7 章

角運動量とその保存則

運動の法則の積分形　II

運動方程式を時間で 1 回積分して得られる関係式として，第 3 章では「運動量の変化と力積との関係」を学び，前章では「力学的エネルギーの保存則」を学んだ．この章では，運動方程式のもう 1 つの重要な積分形である「角運動量の保存則」を学ぶ．これもまた，応用範囲の広い法則である．

ここでは，角運動量という新しい量が出てくるが，それを理解するために必要な“ベクトルのベクトル積（外積）”と“ベクトルのモーメント”という概念について，はじめに解説される．また，角運動量の保存則に関連して，面積速度，中心力，ケプラーの 3 法則などについて述べる．

本章の内容

7.1　ベクトルのベクトル積

ベクトルの積には，積がスカラーになるものと，積がベクトルになるものとの2通りの定義がある．2つのベクトル $\boldsymbol{A}$，$\boldsymbol{B}$ の組があるとき，それを特徴づけるものとしては，それぞれのベクトルの大きさ A，B と，2つのベクトルがなす角 θ，それに2つのベクトルで決まる平面が考えられる．したがって，$\boldsymbol{A}$ と $\boldsymbol{B}$ の積を定義する場合，その大きさについては $AB\cos\theta$ と $AB\sin\theta$ の2通りの選択が可能である．前章で学んだスカラー積は

$$\boldsymbol{A}\cdot\boldsymbol{B} = AB\cos\theta \tag{7.1}$$

のように，前者の大きさをもつスカラーとして定義された．

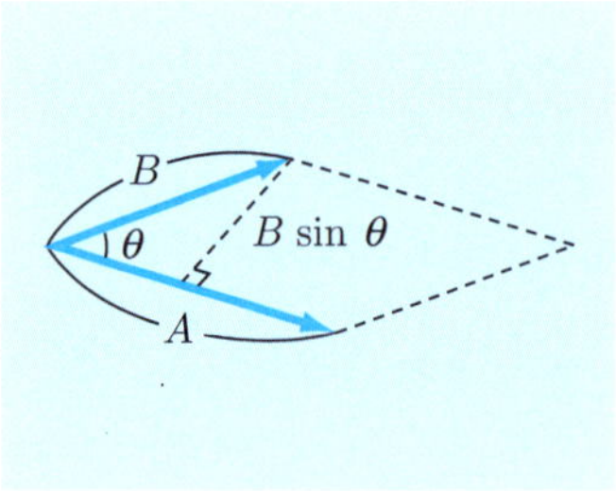

図 7.1　ベクトル積の大きさと平方四辺形の面積

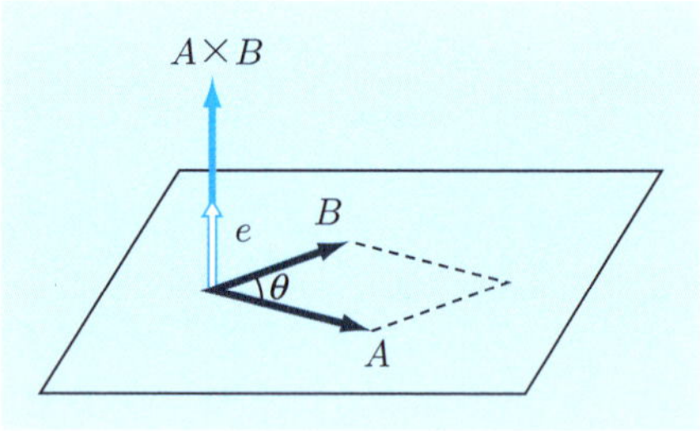

図 7.2　ベクトル積

これに対して，ここに新たに定義される**ベクトル積**は，$AB\sin\theta$ の大きさをもち，2つのベクトルが決める平面に垂直なベクトルとして定義される．

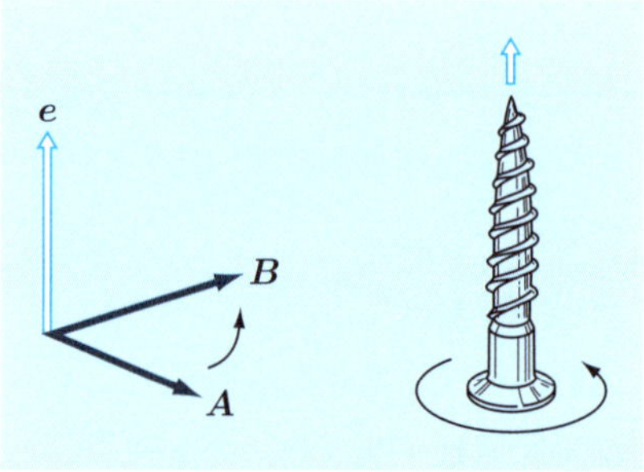

図 7.3　ベクトル積の向きと右ねじの進む向き

すなわち，ベクトル積は2つのベクトルでできる平行四辺形の面積（図7.1）に等しい大きさをもち，図7.2のように，$\boldsymbol{A}$ と $\boldsymbol{B}$ を含む平面の法線方向のベクトルであって，$\boldsymbol{A} \times \boldsymbol{B}$ と表される．ただし，平面には表と裏があり，法線の向きも2通りある．そこで，ベクトル積 $\boldsymbol{A} \times \boldsymbol{B}$ の向きは，$\boldsymbol{A}$ から $\boldsymbol{B}$ へ向かって右ねじを $180°$ 以内の角度で回したときに，右ねじが進む向きにとるように決められている（図7.3）．

したがって，この右ねじが進む方向の単位ベクトルを $\boldsymbol{e}$ とすると，$\boldsymbol{A}$ と $\boldsymbol{B}$ のベクトル積は，式で書くと

$$\boldsymbol{A} \times \boldsymbol{B} = (AB\sin\theta)\boldsymbol{e} \tag{7.2}$$

となる．

定義から明らかように，ベクトル積は掛ける順序を入れ替えると，符号が変わる．すなわち

$$\boldsymbol{B} \times \boldsymbol{A} = -\boldsymbol{A} \times \boldsymbol{B} \tag{7.3}$$

となり，スカラー積と違ってベクトル積では**交換則**は成り立たない．また，$\boldsymbol{A}$ と $\boldsymbol{B}$ が平行な場合は，$\theta = 0$ となり

$$\boldsymbol{A} \times \boldsymbol{B} = 0 \tag{7.4}$$

特に

$$\boldsymbol{A} \times \boldsymbol{A} = 0$$

である．すなわち，ベクトルとそれ自身とのベクトル積は0である．ベクトル積についても，**分配則**は成り立つ．$\boldsymbol{A}$，$\boldsymbol{B}$，$\boldsymbol{C}$ を任意のベクトルとすると

$$\boldsymbol{A} \times (\boldsymbol{B} + \boldsymbol{C}) = \boldsymbol{A} \times \boldsymbol{B} + \boldsymbol{A} \times \boldsymbol{C} \tag{7.5}$$

が成り立つ．

次に，互いに直交する基本ベクトル $\boldsymbol{i}$，$\boldsymbol{j}$，$\boldsymbol{k}$ の間のベクトル積を，ベクトル積の定義から導いてみよう．x 方向から y 方向に向かって右ねじを回すとき，ねじの進む方向は $+z$ 方向であり，y 方向から z 方向に右ねじを回すと，ねじは $+x$ 方向へ進む．したがって

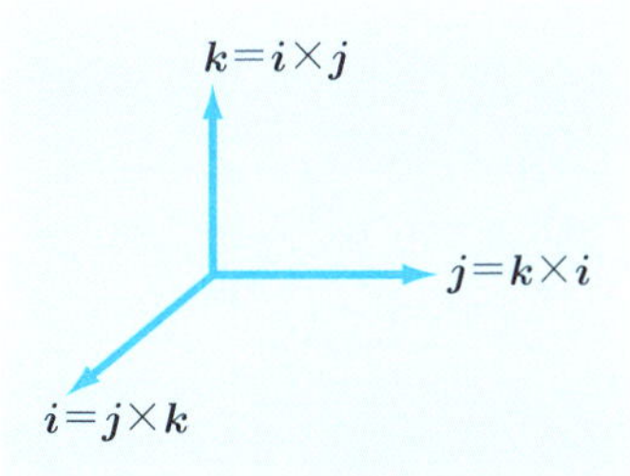

図7.4 基本ベクトルのベクトル積

$$\begin{aligned} &\boldsymbol{i}\times\boldsymbol{j}=\boldsymbol{k}, \quad \boldsymbol{j}\times\boldsymbol{k}=\boldsymbol{i}, \quad \boldsymbol{k}\times\boldsymbol{i}=\boldsymbol{j} \\ &\boldsymbol{i}\times\boldsymbol{i}=\boldsymbol{j}\times\boldsymbol{j}=\boldsymbol{k}\times\boldsymbol{k}=0 \end{aligned} \tag{7.6}$$

となる．

2 つのベクトル $\boldsymbol{A}$ と $\boldsymbol{B}$ を

$$\left.\begin{aligned} \boldsymbol{A}&=A_x\boldsymbol{i}+A_y\boldsymbol{j}+A_z\boldsymbol{k} \\ \boldsymbol{B}&=B_x\boldsymbol{i}+B_y\boldsymbol{j}+B_z\boldsymbol{k} \end{aligned}\right\} \tag{7.7}$$

のようにその成分で表し，(7.6) の関係を用いると

$$\boldsymbol{A}\times\boldsymbol{B}=(A_yB_z-A_zB_y)\boldsymbol{i}+(A_zB_x-A_xB_z)\boldsymbol{j}+(A_xB_y-A_yB_x)\boldsymbol{k} \tag{7.8}$$

と表せる．したがって

$$\left.\begin{aligned} (\boldsymbol{A}\times\boldsymbol{B})_x&=A_yB_z-A_zB_y \\ (\boldsymbol{A}\times\boldsymbol{B})_y&=A_zB_x-A_xB_z \\ (\boldsymbol{A}\times\boldsymbol{B})_z&=A_xB_y-A_yB_x \end{aligned}\right\} \tag{7.9}$$

となる．さらに，(7.8) は行列式の記法を使って書き換えると

$$\begin{aligned} \boldsymbol{A}\times\boldsymbol{B}&=\begin{vmatrix} A_y & A_z \\ B_y & B_z \end{vmatrix}\boldsymbol{i}+\begin{vmatrix} A_z & A_x \\ B_z & B_x \end{vmatrix}\boldsymbol{j}+\begin{vmatrix} A_x & A_y \\ B_x & B_y \end{vmatrix}\boldsymbol{k} \\ &=\begin{vmatrix} \boldsymbol{i} & \boldsymbol{j} & \boldsymbol{k} \\ A_x & A_y & A_z \\ B_x & B_y & B_z \end{vmatrix} \end{aligned} \tag{7.10}$$

となる．

7.2 力のモーメント

ベクトルのモーメント

一般に物体に付随するベクトル量 $\boldsymbol{A}$，たとえば，物体の速度 $\boldsymbol{v}$ や運動量 $\boldsymbol{p}$，物体に作用する力 $\boldsymbol{F}$ などは，物体の位置に依存している．そこで，物体の位置ベクトル $\boldsymbol{r}$ とそれらのベクトル量 $\boldsymbol{A}(\boldsymbol{r})$ とのベクトル積

$$\boldsymbol{N}=\boldsymbol{r}\times\boldsymbol{A} \tag{7.11}$$

をつくり，(7.11) で定義される量を原点 O に関するベクトル $\boldsymbol{A}$ のモーメントという．

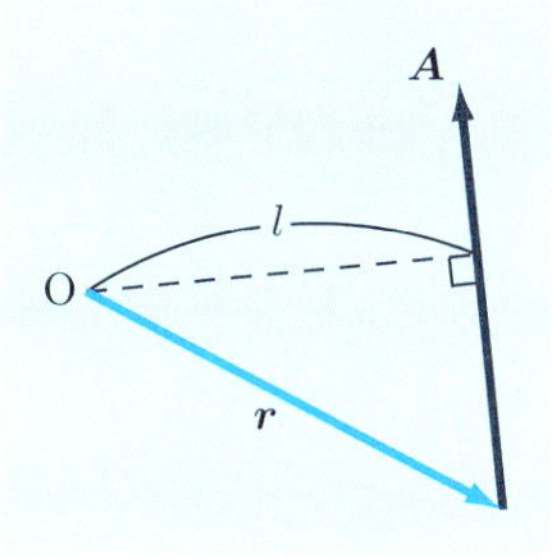

図 7.5　ベクトル $\boldsymbol{A}$ のモーメント

モーメント $\boldsymbol{N}$ は位置ベクトル $\boldsymbol{r}$ からベクトル $\boldsymbol{A}$ に向かって右ねじを回すときにねじの進む方向を向くベクトルである．また，図 7.5 のように，原点 O から $\boldsymbol{A}$ またはその延長線上に下した垂線の長さを l とすると，モーメントの大きさは

$$N = lA \tag{7.12}$$

となる．また，l を**モーメントの腕の長さ**という．特に，$\boldsymbol{A}$ が力 $\boldsymbol{F}$ のとき

$$\boldsymbol{N} = \boldsymbol{r} \times \boldsymbol{F} \tag{7.13}$$

を**力のモーメント**という．

力のモーメント

(7.13) で定義される力のモーメントはトルクとも呼ばれ，物体を原点 O のまわりに回転させる能力を表す量である．それが物体の回転運動にどのような役割を果たすかについては，後程「運動の法則の第 3 の積分形」を導く過程で明らかにされる．

回転力を量的にあらわす方法については，すでに古代ギリシャの時代から知られていた．いわゆる「てこの原理」がそれである．図 7.6 のように，細くて軽い棒を支点 O で支え，その両腕の O から l_1 と l_2 の位置に，互いに平行な力 $\boldsymbol{F}_1$ および $\boldsymbol{F}_2$ を棒に垂直に加えるとき

$$F_1 l_1 = F_2 l_2 \tag{7.14}$$

であれば棒はつり合う．これがよく知られた**てこの原理**である．この場合，棒には支点 O にも力 $\boldsymbol{F}_3$ が働いており，棒に働くこれらの 3 つの力はつり合っている．すなわち

$$\boldsymbol{F}_1 + \boldsymbol{F}_2 = -\boldsymbol{F}_3 \tag{7.15}$$

が成り立っている．しかし，(7.15) が成り立っていても，棒はつり合って平衡状態にある保証はない．棒は，支点 O を通り，棒と力を含む平面（図の紙

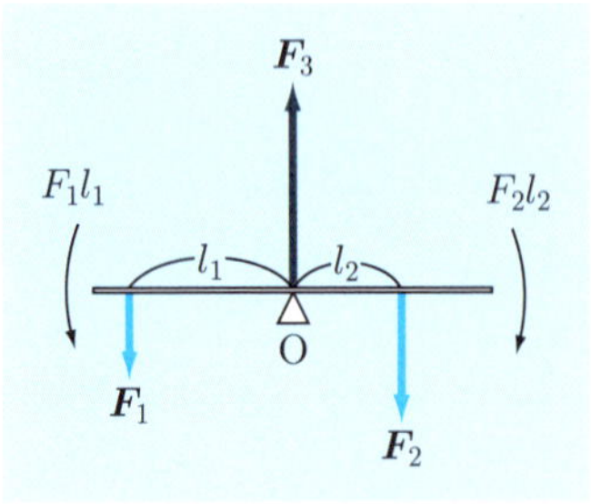

図 7.6　てこの原理

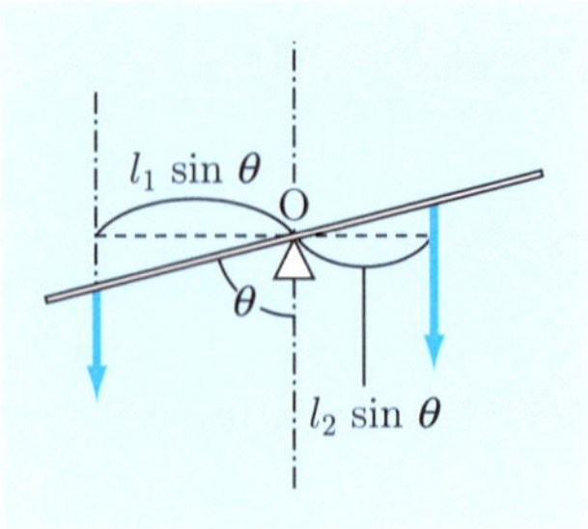

図 7.7　回転能力 $= Fl\sin\theta$

面）に垂直な軸の回りを回転できるからである.

そこで，力の大きさ F と支点 O から力の作用点までの距離を l として，Fl を，棒を軸の回りに回転させる能力の大きさを表す量と考えてみよう．そうすれば，図 7.6 で F_1l_1 は棒を反時計回りに回す回転力であり，F_2l_2 は時計回りに回 す回転力である．したがって，これらの回転力がちょうど等しければ，棒はつり合って回転しない．これが“てこの原理”(7.14) である.

てこの原理は，力 $\boldsymbol{F}_1$ と $\boldsymbol{F}_2$ が平行であれば，必ずしも棒に垂直である必要はない．図 7.7 のように棒が力の作用線と角度 θ をなして傾いているとき，支点 O からそれぞれ各力の作用線に下ろした垂線の長さを d_1，d_2 とすれば，棒がつり合う条件は

$$F_1d_1 = F_2d_2 \quad \text{つまり} \quad F_1l_1\sin\theta = F_2l_2\sin\theta$$

となる．したがって，一般に軸 O の回りに回転させる力は

$$\begin{aligned}&[\text{力の大きさ}] \times [\text{O から力の作用線に下した垂線の長さ}]\\&\quad = Fl\sin\theta \end{aligned} \tag{7.16}$$

で表すことができる.

最後に (7.16) で与えられる回転の力が，(7.13) で定義される力のモーメントに等しいことを確かめておこう．図 7.8 のように，原点 O と力の作用線を含む平面内に x，y 軸をとり，力の作用点 $\boldsymbol{r}$ の座標を (x, y)，力 $\boldsymbol{F}$ の成分を (F_x, F_y) とする．いま，力 $\boldsymbol{F}$ を 2 つの直交する力 $F_x\boldsymbol{i}$ と $F_y\boldsymbol{j}$ の和とみなすと，O からそれぞれの力の作用線に下した垂線の長さは y および x であるか

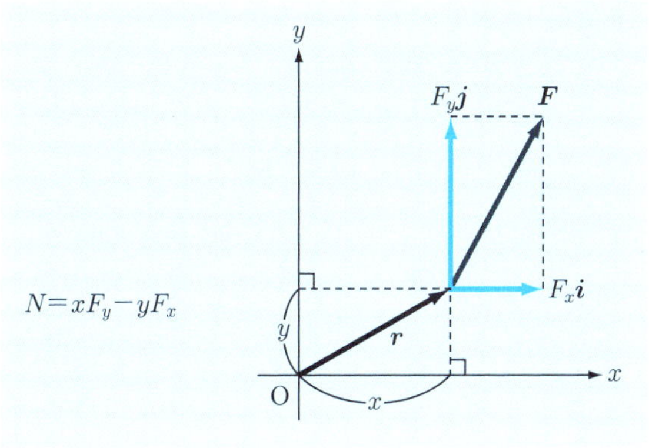

図 7.8　力 $\boldsymbol{F}$ の O の回りのモーメント

ら，それぞれの力の原点 O 回りの回転力は，(7.16) から，xF_y および $-yF_x$ となる．したがって，力 $\boldsymbol{F}$ が物体を O 回りに回転させる能力は，反時計回りの方向を正とすると

$$xF_y - yF_x = (\boldsymbol{r} \times \boldsymbol{F})_z = N_z$$

と表される．

7.3 角運動量

運動量のモーメント

力のモーメントと並んで，力学にはもう 1 つの重要なベクトルのモーメントが登場する．それは“運動量のモーメント”であって，特に**角運動量**と呼ばれる．すなわち，時刻 t における物体（質点）の位置ベクトルを $\boldsymbol{r}$，運動量を $\boldsymbol{p}$ とするとき（図 7.9）

$$\boldsymbol{L} = \boldsymbol{r} \times \boldsymbol{p} = \boldsymbol{r} \times (m\boldsymbol{v}) \tag{7.17}$$

で定義されるベクトル量を，原点 O に対する物体の角運動量という．このように，角運動量は，原点 O つまり位置ベクトル $\boldsymbol{r}$ の起点に対する量である．このことは，ベクトルのモーメント一般についてもいえることで，モーメントは，必ず“原点 O に対する”あるいは“原点 O の回りの”のように，そのモーメントの基準点を明示しなければならない．

その定義 (7.17) から明らかなように，角運動量 $\boldsymbol{L}$ は位置ベクトル $\boldsymbol{r}$ と速度 $\boldsymbol{v}$（あるいは運動量 $\boldsymbol{p}$）に垂直なベクトルで，その向きは，$\boldsymbol{r}$ から $\boldsymbol{v}$ へ向かって右ねじを回すとき，ねじの進む向きである（図 7.10）．

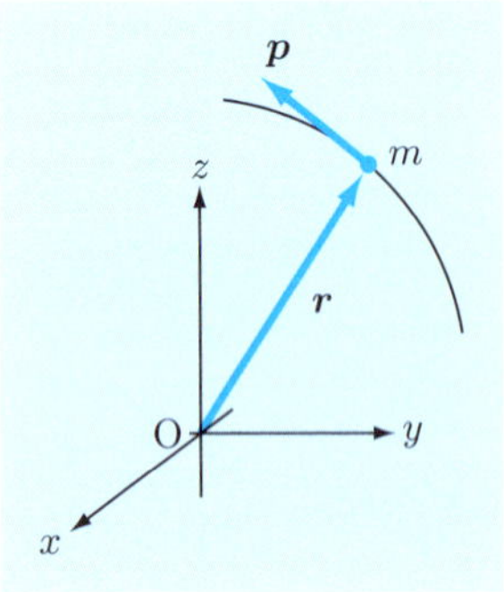

図 7.9　物体の位置と運動量

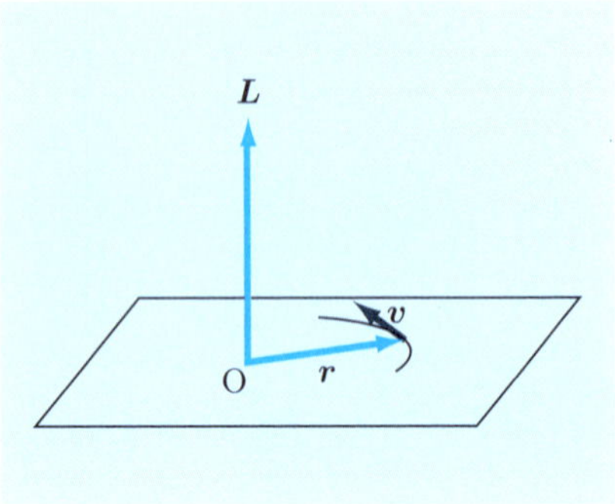

図 7.10　角運動量ベクトル

面積速度

図 7.11 に示すように，物体（質点）が運動しているとき，その位置ベクトル $\boldsymbol{r}(t)$ は，微小時間 Δt の間に図の青色の扇形の部分を通りすぎる．このとき，Δt が小さければ，この扇形と三角形 OPQ の面積はほとんど等しく，それを ΔS とすると

$$\Delta S \approx \frac{1}{2} rv\Delta t \sin\theta = \frac{1}{2} |\boldsymbol{r} \times \boldsymbol{v}\Delta t| \tag{7.18}$$

である．したがって，この ΔS の単位時間あたりの平均変化率は

$$\frac{\Delta S}{\Delta t} \approx \frac{1}{2} |\boldsymbol{r} \times \boldsymbol{v}| \tag{7.19}$$

となる．そこで面積に向きをもたせ，それを $\boldsymbol{r} \times \boldsymbol{v}$ の方向に一致させるように選んで，(7.19) の $\Delta t \to 0$ の極限をとると

$$\frac{d\boldsymbol{S}}{dt} = \frac{1}{2} \boldsymbol{r} \times \boldsymbol{v} \tag{7.20}$$

というベクトル量を考えることができる．この $d\boldsymbol{S}/dt$ を物体の原点 O に対する**面積速度**と呼ぶ．

物体の質量を m として，(7.20) の両辺に $2m$ を掛けると，右辺は $\boldsymbol{r} \times \boldsymbol{p}$ に

なって，これは角運動量 $\boldsymbol{L}$ にほかならない．したがって，角運動量 $\boldsymbol{L}$ と面積速度 $d\boldsymbol{S}/dt$ の間には

$$\boldsymbol{L} = 2m\frac{d\boldsymbol{S}}{dt} \tag{7.21}$$

という関係がある．

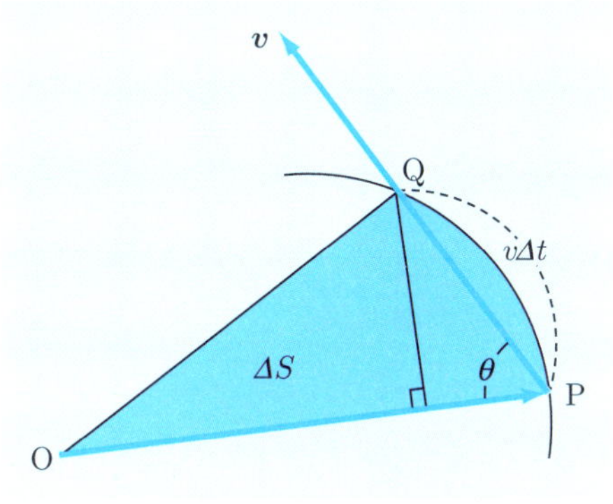

図 7.11　面積速度

7.4　運動方程式の角運動量積分

運動の法則の第 3 の積分形

前章では，運動方程式の両辺に速度 $\boldsymbol{v}(t)$ をスカラー的に掛けて，時間について積分し，力学的エネルギーの保存則を導いた．ここでは，位置ベクトル $\boldsymbol{r}(t)$ を運動方程式の両辺にベクトル的に掛けて，両辺を時間について積分し，物体の角運動量の時間的変化の割合が，作用する力の原点に対するモーメントつまりトルクに等しいという，回転運動に関する基本的な関係式を導く．

質量 m の物体の運動方程式

$$\frac{d\boldsymbol{p}}{dt} = \boldsymbol{F}$$

の両辺に左側から位置ベクトル $\boldsymbol{r}(t)$ を掛けてベクトル積をつくると

$$\boldsymbol{r} \times \frac{d\boldsymbol{p}}{dt} = \boldsymbol{r} \times \boldsymbol{F} = \boldsymbol{N} \tag{7.22}$$

となる．ここで，左辺は角運動量 $\boldsymbol{L}$ の時間的変化に等しいことが容易に示さ

れる．すなわち，$\boldsymbol{L}$ の時間微分は

$$\frac{d\boldsymbol{L}}{dt} = \frac{d}{dt}(\boldsymbol{r} \times \boldsymbol{p}) = \frac{d\boldsymbol{r}}{dt} \times \boldsymbol{p} + \boldsymbol{r} \times \frac{d\boldsymbol{p}}{dt} \tag{7.23}$$

と書けるが，ここで，右辺の第 1 項は

$$\frac{d\boldsymbol{r}}{dt} \times \boldsymbol{p} = \boldsymbol{v} \times (m\boldsymbol{v}) = 0 \tag{7.24}$$

となるため，(7.23) は

$$\frac{d\boldsymbol{L}}{dt} = \boldsymbol{r} \times \frac{d\boldsymbol{p}}{dt} \tag{7.25}$$

となる．したがって，(7.22) は

$$\frac{d\boldsymbol{L}}{dt} = \boldsymbol{r} \times \boldsymbol{F} = \boldsymbol{N} \tag{7.26}$$

となる．これは

『ある時刻の物体の角運動量の時間変化の割合が，その時刻に作用する力のモーメントつまりトルクに等しい』

ことを表しており，回転運動に関する基本的な関係式である．

(7.26) は，物体（質点）に働く力のモーメントが恒等的にゼロならば

$$\frac{d\boldsymbol{L}}{dt} = 0 \qquad \therefore \quad \boldsymbol{L} = \text{一定} \tag{7.27}$$

となり，その場合は物体の原点に対する角運動量は保存され，単位時間に位置ベクトルが通りすぎる面積は一定になる．この関係を**角運動量の保存則**という．

中心力

図 7.12 のように，力 $\boldsymbol{F}$ の作用線が常に一つの定点 O を通る場合，この定点 O を力の中心と呼び，力 $\boldsymbol{F}$ を**中心力**または**中心のある力**という．中心力は

$$\boldsymbol{F}(\boldsymbol{r}) = f(r)\frac{\boldsymbol{r}}{r} \tag{7.28}$$

と書ける．ここで $f(r)$ は一般に x，y，z，t で決まるスカラー量であって，r のみの関数である必要はない．この定義によれば，$f(x) = x$ であってもよい．

(7.28) の中心力 $\boldsymbol{F}(\boldsymbol{r})$ が原点 O に対してもつモーメント $\boldsymbol{N}$ は

$$\boldsymbol{N} = \boldsymbol{r} \times \boldsymbol{F} = \boldsymbol{r} \times f(r)\frac{\boldsymbol{r}}{r} = 0 \qquad (7.29)$$

となる．したがって，(7.26) より

$$\frac{d\boldsymbol{L}}{dt} = 0 \qquad \therefore \quad \boldsymbol{L} = \text{一定} \qquad (7.30)$$

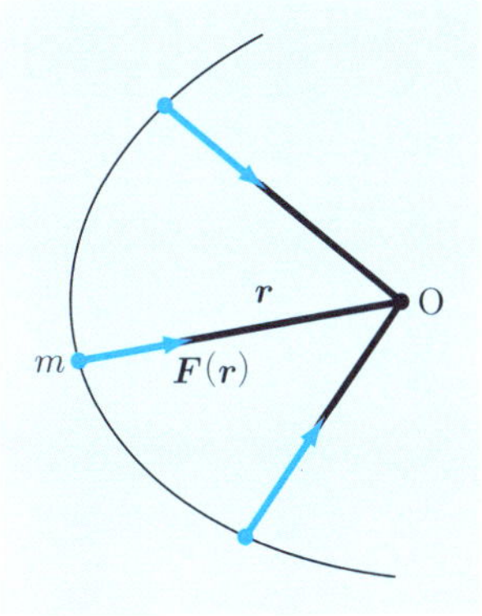

図 7.12　中心力

となり，物体に働く力が中心力である場合，力の中心に対する物体の角運動量は保存される．すなわち，中心力のもとで運動する物体の角運動量は保存される（**角運動量の保存則**）．また，(7.21) が示すように，角運動量は面積速度に比例するから，作用する力が中心力だけである場合には面積速度は一定になる．

7.5　惑星の運動—ケプラーの法則

現在受け入れられている太陽系のモデルは，オランダの天文学者チコ・ブラーエが肉眼で見える 777 個の星について行なった精密な天体観測と，その大量のデータを解析したケプラーによってその基礎がつくられた．ケプラーの解析結果は**ケプラーの法則**と呼ばれ，次の 3 つの法則にまとめられる．

ケプラーの第 1 法則（軌道の法則）： すべての惑星は太陽を 1 つの焦点とする楕円軌道を運動する．

ケプラーの第 2 法則（面積の法則）： 太陽と惑星を結ぶ線分が一定時間に掃く面積は等しい．

ケプラーの第 3 法則（周期の法則）： 惑星の軌道周期の 2 乗は楕円軌道の長半径の長さの 3 乗に比例する．

ニュートンは惑星と太陽の間に (3.12) に従う万有引力が働くと仮定して，このケプラーの 3 法則を証明した．

ケプラーの第1法則（軌道の法則）

第1法則は，惑星の公転軌道が楕円形であって，太陽はその楕円の焦点の位置にあることを主張している．楕円は，幾何学によれば2つの点 F_1, F_2 からの距離の和が一定である点の軌跡として定義される．これらの2つの点は楕円の焦点と呼ばれる．楕円は，図7.13のように長半径 a と短半径 b で定まるが，通常は

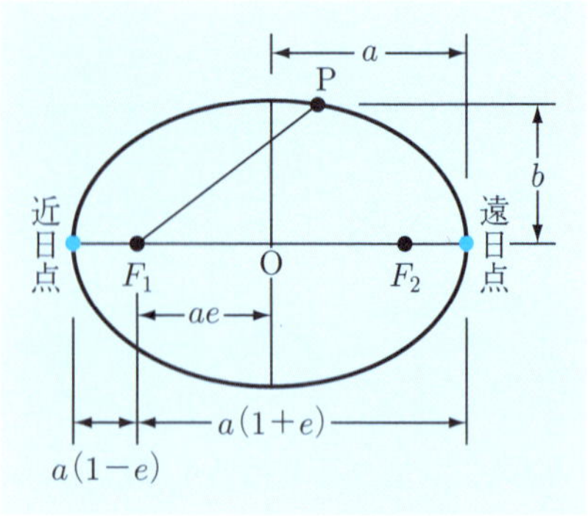

図7.13　惑星の楕円軌道

$$b = a\sqrt{1-e^2} \tag{7.31}$$

で定義される**離心率** e を用いて，a と e で表される．離心率 e を用いると中心Oから焦点 F_1 または F_2 までの距離は ae となる．表7.1に示すように惑星軌道の離心率は水星と冥王星を除けば非常に小さく，実際に軌道を描いてみるとほぼ円のように見える．図7.13はわかり易くするために誇張されて描かれており，その離心率は $e = 0.69$ である．惑星が太陽に最も接近した点を**近日点**といい，そのときの太陽から惑星までの距離は $a(1-e)$ である．また，惑星が太陽から最も遠ざかった点を**遠日点**といい，このときの太陽から惑星までの距離は $a(1+e)$ である．

ケプラーの第2法則（面積の法則）

太陽と惑星との間に働いているのは，第3章で学んだ万有引力である．すなわち，太陽の質量を M，惑星の質量を m とすると，惑星には

$$F = -G\frac{mM}{r^2} \tag{7.32}$$

で表される太陽からの引力が作用している．この引力は，$M \gg m$ であるために，近似的に太陽を力の中心とする中心力とみなすことができる．ところで，前節でみたように，惑星に作用する力が中心力であれば，力の中心（太陽）に対する惑星の角運動量は保存されることになる．したがって，太陽の

表 7.1 惑星の楕円軌道（理科年表による）

	離心率 e	太陽からの距離 10^8 km 近日点 $a(1-e)$	平均 a	遠日点 $a(1+e)$
水　星	0.20563	0.46001	0.57909	0.69817
金　星	0.00678	1.07475	1.08209	1.08943
地　球	0.01672	1.47097	1.49598	1.52099
火　星	0.09339	2.06654	2.27941	2.49228
木　星	0.04829	7.4075	7.7833	8.1592
土　星	0.05603	13.4702	14.2698	15.0693
天王星	0.04612	27.3858	28.7099	30.0340
海王星	0.01014	44.515	44.971	45.427
冥王星	0.24849	44.441	59.135	73.830

回りの惑星の面積速度は一定になる．これが第 2 法則の主張である．

この第 2 法則によれば惑星の公転運動の速度は近日点で最も速く，遠日点で最も遅くなる（図 7.14）．いま近日点における惑星の速さを v_p，遠日点における速さを v_a とすると，角運動量が保存されるため，それらの間には

$$v_a = \frac{1-e}{1+e} v_p \tag{7.33}$$

の関係がある（章末の演習問題［8］）．

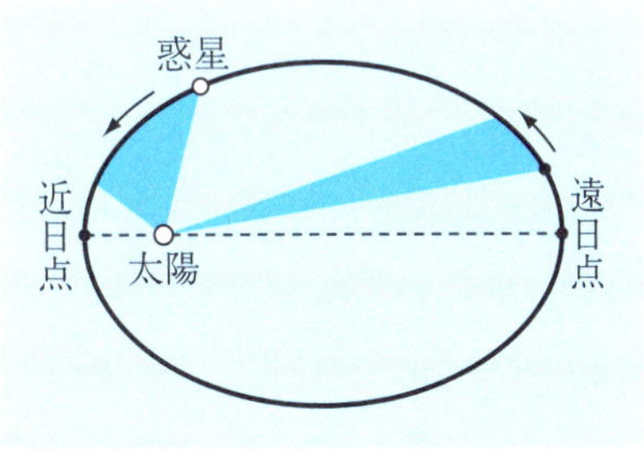

図 7.14 惑星の面積速度一定

ケプラーの第 3 法則（周期の法則）

第 3 法則を確かめるには，図 7.15 に示されるように，惑星が，太陽からの万有引力の作用のもとに，太陽を中心とする円軌道上を運動する場合を考えるのが有効である．実際に，第 1 法則の項でもみたように，多くの惑星の離心率 e は極めて小さく，その軌道はほぼ円とみなす

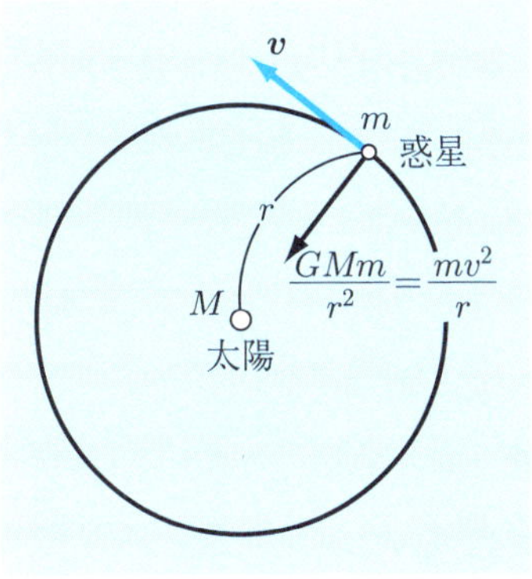

図 7.15 太陽のまわりの円軌道を運動する惑星

ことができる．いま，太陽の質量を M，惑星の質量を m，円軌道の半径を r とし，惑星はその円軌道を一定の速さ v で運動しているとする．この場合，惑星を円軌道上にとどめておく向心力は惑星に働く万有引力に等しいので

$$\frac{GMm}{r^2} = \frac{mv^2}{r} \tag{7.34}$$

となる．ここで，惑星の速さ v は，周期 T と半径 r を用いて

$$v = \frac{2\pi r}{T} \tag{7.35}$$

と表せるため，(7.34) の v に (7.35) を代入すると

$$T^2 = \left(\frac{4\pi^2}{GM}\right) r^3 = Kr^3 \tag{7.36}$$

となり，第 3 法則が導かれる．ここで導かれた重要な結論は，比例係数 K には惑星の質量 m が含まれていないことである．そのため，(7.36) は太陽のまわりを回るすべての惑星について成り立つ．

この法則は円の半径 r を長半径 a に置き換えれば，楕円に対しても成り立つ．表 7.2 は，太陽系の惑星について，この周期の法則がいかによく成り立っているかを示している．

ケプラーは，1605 年に「新天文学」を出版して，そのなかで第 1 法則と第 2 法則を発表し，楕円という幾何学図形に基づいた新しい惑星理論をつくり上げた．しかし，そのために古代ギリシャのプラトン以来，天で唯一の調和

表 7.2　惑星の公転に関する周期の法則

惑星	長半径 a（10^{10} m）	周期 T（y）	T^2/a^3 （10^{-34} $\mathrm{y}^2/\mathrm{m}^3$）
水　星	5.79	0.241	2.99
金　星	10.8	0.615	3.00
地　球	15.0	1.00	2.96
火　星	22.8	1.88	2.98
木　星	77.8	11.9	3.01
土　星	143	29.5	2.98
天王星	287	84.0	2.98
海王星	450	165	2.99
冥王星	590	248	2.99

（y：年）

をもつものとされてきた「円」を捨ててしまわなければならなかった．そこで，彼は，円に代わる天の調和が，惑星の運動のなかに数学的関係として隠されていると考えてそれを追い求めた．そして，ついに見出したのが第3法則である．彼は，それを1619年に出版された「宇宙の調和（または宇宙の和音）」と題した著書のなかで発表した．そのため，第3法則は「**調和の法則**」とも呼ばれる．

第7章例題

例題 7.1 **3つのベクトルの積**

3つのベクトル $\boldsymbol{A}$, $\boldsymbol{B}$, $\boldsymbol{C}$ の積には

$$\text{スカラー3重積：}\quad \boldsymbol{A}\cdot(\boldsymbol{B}\times\boldsymbol{C})$$

$$\text{ベクトル3重積：}\quad \boldsymbol{A}\times(\boldsymbol{B}\times\boldsymbol{C})$$

の2つがある．

(1) スカラー3重積は，3つのベクトルを隣り合う辺とする平行六面体の体積に等しいスカラー量であることを証明せよ．

(2) スカラー3重積を各ベクトルの成分を用いて表せ．

(3) ベクトル3重積について

$$\boldsymbol{A}\times(\boldsymbol{B}\times\boldsymbol{C}) = \boldsymbol{B}(\boldsymbol{A}\cdot\boldsymbol{C}) - \boldsymbol{C}(\boldsymbol{A}\cdot\boldsymbol{C})$$

が成り立つことを証明せよ．

解答 (1) $\boldsymbol{A}\cdot(\boldsymbol{B}\times\boldsymbol{C}) = A|\boldsymbol{B}\times\boldsymbol{C}|\cos\theta$，ここで，$|\boldsymbol{B}\times\boldsymbol{C}|$ はベクトル $\boldsymbol{B}$ と $\boldsymbol{C}$ がつくる平行四辺形の面積，θ はその平行四辺形の法線と $\boldsymbol{A}$ とのなす角で，$A\cos\theta$ は平行四辺形に垂直方向の $\boldsymbol{A}$ の高さである．したがって，右辺は $\boldsymbol{A}$, $\boldsymbol{B}$, $\boldsymbol{C}$ を隣り合う辺とする平行六面体の体積を与える．

(2) 各ベクトルを成分で表し，(7.10) のように行列式の記法を使って表すと

$$\boldsymbol{B}\times\boldsymbol{C} = \begin{vmatrix} B_y & B_z \\ C_y & C_z \end{vmatrix}\boldsymbol{i} + \begin{vmatrix} B_z & B_x \\ C_z & C_x \end{vmatrix}\boldsymbol{j} + \begin{vmatrix} B_x & B_y \\ C_x & C_y \end{vmatrix}\boldsymbol{k}$$

したがって

$$\boldsymbol{A}\cdot(\boldsymbol{B}\times\boldsymbol{C}) = \begin{vmatrix} B_y & B_z \\ C_y & C_z \end{vmatrix}A_x + \begin{vmatrix} B_z & B_x \\ C_z & C_x \end{vmatrix}A_y + \begin{vmatrix} B_x & B_y \\ C_x & C_y \end{vmatrix}A_z = \begin{vmatrix} A_x & A_y & A_z \\ B_x & B_y & B_z \\ C_x & C_y & C_z \end{vmatrix}$$

(3) 両辺の x, y, z 成分同士が互いに等しいことを示せばよい．

$$\begin{aligned}\{\boldsymbol{A}\times(\boldsymbol{B}\times\boldsymbol{C})\}_x &= A_y(\boldsymbol{B}\times\boldsymbol{C})_z - A_z(\boldsymbol{B}\times\boldsymbol{C})_y \\ &= A_y(B_xC_y - B_yC_x) - A_z(B_zC_x - B_xC_z) \\ &= (\boldsymbol{A}\cdot\boldsymbol{C})B_x - (\boldsymbol{A}\cdot\boldsymbol{B})C_x\end{aligned}$$

この式で，$x\to y\to z\to x$ と循環置換していけば，証明すべき式の両辺の3つの成分同士が互いに等しいことが導かれる．

例題 7.2 角運動量の保存則

図 7.16 のように，摩擦の無い水平な台上に質量 m の物体が置かれ，台に開けられた小さな孔 O を通る糸に結び付けられている．物体に O を中心とする円運動をさせるには，円運動に必要な向心力にみあう張力で糸を下に引っ張っていなければならない．また，円軌道の半径は糸を引く力によって，自由に変えることができる．

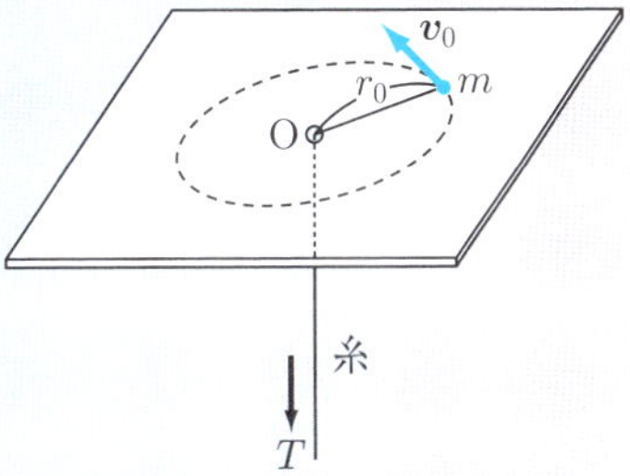

図 7.16

(1)　物体は，はじめ半径 r_0 の円軌道を速さ v_0 で運動していた．この状態で糸をゆっくり下方に引き，円軌道の半径を r まで減少させたとき，物体の速さ v はいくらか．

(2)　そのときの糸の張力を求めよ．

(3)　円軌道の半径を r_0 から r に変化させるために，糸の張力がなす仕事 W を求めよ．

解答 (1)　物体に働く糸の張力は中心力であるから，この半径の変化に対して角運動量は保存される．したがって

$$mr_0v_0 = mrv \qquad \therefore \quad v = \frac{v_0r_0}{r}$$

(2)　半径 r の円軌道を速さ v で等速円運動する物体の向心力の大きさ F は

$$\begin{aligned} F &= m\frac{v^2}{r} \\ &= \frac{m(v_0r_0)^2}{r^3} \end{aligned}$$

この F が糸の張力に等しい．

(3)　仕事 = 運動エネルギーの増加

$$\begin{aligned} W &= \frac{1}{2}mv^2 - \frac{1}{2}mv_0^2 \\ &= \frac{1}{2}m\left(\frac{r_0}{r}\right)^2 v_0^2 - \frac{1}{2}mv_0^2 \\ &= \frac{1}{2}\left\{\left(\frac{r_0}{r}\right)^2 - 1\right\} mv_0^2 \end{aligned}$$

例題 7.3　　　　　　　　　　　　**万有引力の位置エネルギー**

十分小さく質点とみなせる 2 つの物体 A，B（質量をそれぞれ M，m とする）の間に働く万有引力について，その位置エネルギーを，A，B 間の距離 r の関数として導け．

解答　2 つの物体 A，B が近づくときは万有引力は物体に仕事をする．したがって，物体間の距離 r が大きいほど，万有引力の位置エネルギーは大きい．そこで，A，B の距離が無限に離れているときを基準（「位置エネルギー」$= 0$）にとって，この位置エネルギーを求めてみよう．

A の位置を原点にとり，B の位置ベクトルを $\boldsymbol{r}$ とすると，A から B が受ける万有引力 $\boldsymbol{F}$ は

$$\boldsymbol{F} = -\frac{GMm}{r^2}\left(\frac{\boldsymbol{r}}{r}\right)$$

と表される．この B が受ける万有引力の位置エネルギー $U(r)$ を，定義式 (6.31) に従って求めてみる．いま，B がこの力 $\boldsymbol{F}$ の作用のもとに，$\Delta\boldsymbol{r}'$ だけ微小変位したとしよう．このとき $\boldsymbol{F}$ がする仕事は

$$\Delta W = \boldsymbol{F}\cdot\Delta\boldsymbol{r}'$$

である．図 7.17 からわかるように

$$\Delta r'\cos\theta = \Delta r$$

となる．この関係を用いると，ΔW は

$$\begin{aligned}\Delta W &= F\Delta r'\cos(\pi-\theta) = -F\Delta r'\cos\theta = -F\Delta r \\ &= -\frac{GMm}{r^2}\Delta r\end{aligned}$$

となる．したがって，万有引力の位置エネルギー

$$\begin{aligned}U(r) &= -\int_{\infty}^{r}\boldsymbol{F}\cdot d\boldsymbol{r} = GMm\int_{\infty}^{r}\frac{dr}{r^2} \\ &= -\frac{GMm}{r}\end{aligned}$$

が導かれる．

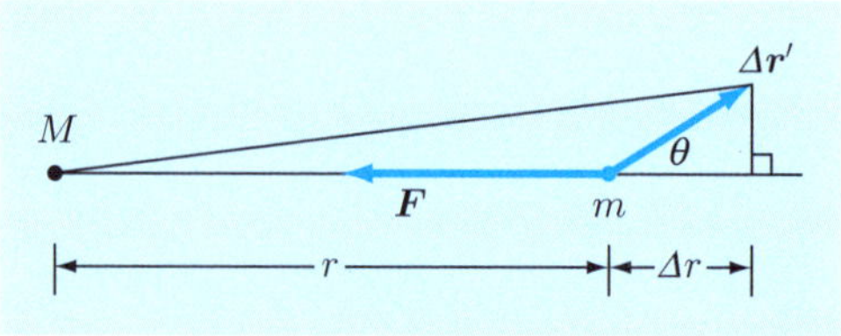

図 7.17

第7章演習問題

[1]　つぎの場合について，$\boldsymbol{A}\times\boldsymbol{B}$ を求めよ．

(1) $\boldsymbol{A}=3\boldsymbol{i}-4\boldsymbol{j},\quad \boldsymbol{B}=-2\boldsymbol{i}+3\boldsymbol{k}$

(2) $\boldsymbol{A}=4\boldsymbol{i}+2\boldsymbol{j}+5\boldsymbol{k},\quad \boldsymbol{B}=-2\boldsymbol{i}-3\boldsymbol{j}+6\boldsymbol{k}$

[2]　ベクトル積の分配の法則

$$\boldsymbol{A}\times(\boldsymbol{B}+\boldsymbol{C})=\boldsymbol{A}\times\boldsymbol{B}+\boldsymbol{A}\times\boldsymbol{C}$$

を証明せよ．

[3]　次の恒等式を証明せよ．

$$(\boldsymbol{A}\times\boldsymbol{B})\cdot(\boldsymbol{C}\times\boldsymbol{D})=(\boldsymbol{A}\cdot\boldsymbol{C})(\boldsymbol{B}\cdot\boldsymbol{D})-(\boldsymbol{A}\cdot\boldsymbol{D})(\boldsymbol{B}\cdot\boldsymbol{C})$$

ただし，$\boldsymbol{A}\cdot(\boldsymbol{B}\times\boldsymbol{C})=\boldsymbol{B}\cdot(\boldsymbol{C}\times\boldsymbol{A})=\boldsymbol{C}\cdot(\boldsymbol{A}\times\boldsymbol{B})$ である．

[4]　中心力の作用だけを受けている小物体（質点）は，力の中心と初速度ベクトルを含む平面内で運動することを示せ．

[5]　直交座標系での，角運動量 $\boldsymbol{L}=\boldsymbol{r}\times\boldsymbol{p}$ の各成分を求めよ．

[6]　質量 m の物体が，原点のまわりを半径 r の円を描いて速さ v で等速円運動をしているとき，物体の原点のまわりの角運動量の大きさ L を求めよ．

[7]　等速直線運動している物体の，任意の点のまわりの角運動量は一定であることを確かめよ．

[8]　太陽を焦点とする楕円軌道を運動する惑星の，近日点および遠日点における速さをそれぞれ v_p，v_a，楕円軌道の離心率を e とすると

$$v_a=\frac{1-e}{1+e}v_p$$

の関係が成り立つことを示せ．

[9]　地球の平均軌道半径は 1.50×10^8 km で，天王星の平均軌道半径は 28.7×10^8 km である．天王星は太陽の周りを回るのに何年かかるか．

[10]　地球（質量 M）の周りの半径 r の円軌道を回る人工衛星（質量 m）がある．

(1) この人工衛星の周期をもとめよ．

(2) この人工衛星が地表のごく近くの円軌道上を運動するとき．人工衛星の速さと周期を求めよ．ただし，地球の半径 R は 6.4×10^6 m とする．

（このときの速度を**第 1 宇宙速度**という．）

[11]　地上から物体を打ち上げるとき，その物体が再び地上に戻ってこないようにするための最小の初速度を**第 2 宇宙速度**という．地上における重力加速度の大きさを $g=9.8\,\mathrm{m/s^2}$，地球の半径を $R=6380$ km として，この第 2 宇宙速度を求めよ．

第8章

非慣性系とみかけの力

慣性力，遠心力，コリオリ力

第3章でニュートンの運動の法則を導入した際に，それらの法則が適用できるのは，物体の運動を慣性系で観測する場合に限られることを強調した．したがって，慣性系以外の，加速されている座標系（非慣性系）で使用される運動には，ニュートンの第2法則はそのままの形では観測することはできない．この章では，そのような非慣性系でも，適切に定義された「**みかけの力**（人工的な力）」を導入することによって，慣性系と同じように，物体の運動をニュートンの第2法則を使って記述できることを学ぶ．この場合，見かけの力は観測する座標系に依存するため，運動の原因については観測者がいる座標系によって意見は異なることになる．

本章の内容

8.1 並進運動座標系

ある慣性座標系（K 系）に対して平行移動する座標系（K' 系）を**並進座標系**という．いま，K 系からみた物体 P の位置を $\boldsymbol{r}$，K' 系の原点の位置を $\boldsymbol{r}_0$ とし，K' 系からみた P の位置を $\boldsymbol{r}'$ とすると，それらの間には，図 8.1 に見られるように，次の関係が成り立つ．

$$\boldsymbol{r} = \boldsymbol{r}' + \boldsymbol{r}_0 \tag{8.1}$$

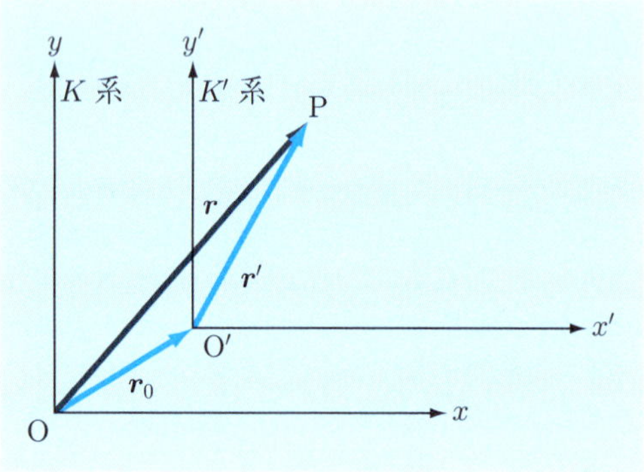

図 8.1　並進座標系

ここで，両座標系で時間は共通である（**絶対時間**）と仮定して，(8.1) の両辺を時間 t で微分すると，両座標系における速度および加速度の関係が，それぞれ次のように得られる．

$$\frac{d\boldsymbol{r}}{dt} = \frac{d\boldsymbol{r}'}{dt} + \frac{d\boldsymbol{r}_0}{dt} \qquad \therefore \quad \boldsymbol{v} = \boldsymbol{v}' + \boldsymbol{v}_0 \tag{8.2}$$

$$\frac{d^2\boldsymbol{r}}{dt^2} = \frac{d^2\boldsymbol{r}'}{dt^2} + \frac{d^2\boldsymbol{r}_0}{dt^2} \qquad \therefore \quad \boldsymbol{a} = \boldsymbol{a}' + \boldsymbol{a}_0 \tag{8.3}$$

そこで

$$\boldsymbol{a}_0 = \frac{d\boldsymbol{v}_0}{dt} = 0 \tag{8.4}$$

の場合は，2 つの系は相対的に等速直線運動をしており，第 3 章で学んだように，一方が慣性系であれば他方も慣性系である．

慣性力

慣性系である K 系では，ニュートンの運動の法則が成り立つから，力 $\boldsymbol{F}$ が作用しているときの物体 P（質量 m）の運動方程式は

$$m\boldsymbol{a} = \boldsymbol{F} \tag{8.5}$$

と書ける．この物体 P の運動を並進運動座標系の K' 系でみるとどうなるかを考えてみよう．(8.5) に現れる質量 m および力 $\boldsymbol{F}$ は K' 系でも変わらない．そこで，(8.5) の左辺に (8.3) を代入して，$\boldsymbol{a}_0$ の項を右辺に移すと

$$m\boldsymbol{a}' = \boldsymbol{F} - m\boldsymbol{a}_0 \tag{8.6}$$

となる．これは K' 系での P の運動を記述する運動方程式である．$\boldsymbol{a}'$ は K' 系で観測される P の加速度であるから，もし，(8.6) の右辺が P に働く力であれば，非慣性系である K' 系でも，「質量と加速度の積は作用する力に等しい」というニュートンの運動の第 2 法則が成り立つことになる．そこで，(8.6) の右辺に現れる余分の項 $-m\boldsymbol{a}_0$ を，実際には力ではないが，「**みかけの力**」とみなしてみると，K' 系でも運動の第 2 法則をそのまま成り立たせることができる．このように非慣性系においてのみ現れるみかけの力を，真の力に対して**慣性力**という．

等加速度運動系と慣性力

慣性力は，われわれが身近に経験する現象のなかにもしばしば現れる．たとえば，電車の吊り革が，電車が発車直後に後方に傾くのは，吊り輪に慣性力が働くためと考えると説明できる．そこで，一定の加速度 $\boldsymbol{a}_0$ で加速中の電車に天井から紐で吊るされた質量 m の小球の運動を，車内に座っている乗客 A と，地上に立っている人 B がそれぞれどのように解釈するかを考えてみよう．

まず，地上（慣性系）に静止している観測者 B によれば，「この球に作用する力は紐の張力 $\boldsymbol{T}$ と重力 $m\boldsymbol{g}$ だけである（図 8.2(b)）．したがって，球はこれらの力の合力を受けて，電車とともに前方に加速度

$$\boldsymbol{a}_0 = \frac{\boldsymbol{T} + m\boldsymbol{g}}{m} \tag{8.7}$$

の等加速度運動を行っている」と地上の観測者は結論する．すなわち，地上

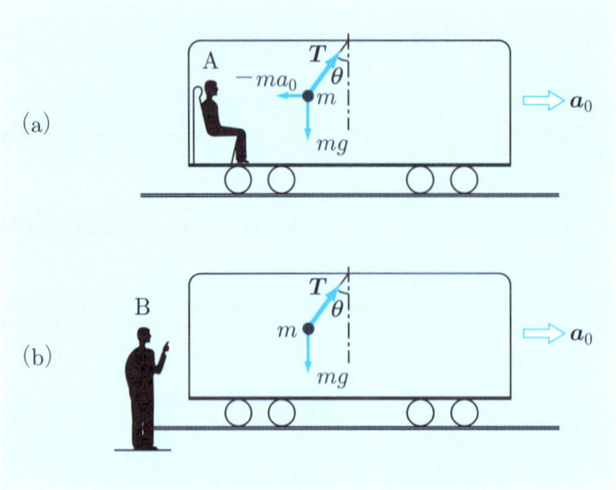

図 8.2　加速度運動と慣性力　(a) 加速度運動している観測者
(b) 地上（慣性系）で静止している観測者

の観測者から見れば，この球はニュートンの運動の第 2 法則に従って運動している．また，(8.7) を変形して成分表示すると

$$\text{水平成分：}\quad T\sin\theta = ma_0 \tag{8.8}$$

$$\text{鉛直成分：}\quad T\cos\theta - mg = 0 \tag{8.9}$$

となる．これより，この 2 つの式を連立して解くと，電車の加速度は

$$a_0 = g\tan\theta \tag{8.10}$$

となり，紐の傾きの角度から決定することができる．

次に，図 8.2(a) のように，観測者が電車に乗っているの場合を考えてみよう．電車の中の観測者 A から見れば，球は静止しており，その加速度はゼロである．ニュートンの運動の法則によれば，加速度がゼロであるということは，球に作用する正味の力はゼロであることを意味している．したがって，A は，球には紐の張力 $\boldsymbol{T}$ の水平成分と釣り合うみかけの力（慣性力）$-m\boldsymbol{a}_0$ が働いていて，この慣性力を含めて球に働く力の合力がゼロになっていると主張する．そこで，この力の釣り合いを成分表示すると

$$\text{水平成分：}\quad T\sin\theta - ma_0 = 0 \tag{8.11}$$

$$\text{鉛直成分：}\quad T\cos\theta - mg = 0 \tag{8.12}$$

となる．これらの式は (8.8) および (8.9) と等価である．

このように，慣性系の観測者と非慣性系（等加速度運動系）の観測者は数学的に同一の結果を得る．しかし，紐の傾きについての物理的解釈は 2 つの座標系では異なっているのである．

8.2　回転座標系

慣性系に対して回転している座標系，たとえば，遊園地のメリーゴーランドに乗っている人に固定された座標系などもまた，重要な非慣性系の例である．このような，回転している座標系では，前節で扱った等加速度直線運動する座標系とは，また違った種類の慣性力が現れる．

遠心力

例題 7.2 で扱ったように，物体が水平な台上を 1 点 O を中心に等速円運動をしている場合，台に固定された座標系を慣性系とみなすと，物体に固定された座標系は台（慣性系）に対して回転しており，非慣性系である．また，太陽のまわりをほぼ等速円運動している地球の公転運動の場合も，太陽に固定された座標系を慣性系とすれば，地球（自転は考えない）に固定された座標系はそれに対して回転しており，非慣性系である．このような回転している座標系は**回転座標系**と呼ばれる．

ここでは，慣性座標系で等速円運動している物体を，その物体に固定した回転座標系の観測者が観察するとき，その運動を説明するためにどのような物理的解釈を与えるかを考えてみよう．例題 7.2 にならって，水平で滑らかな台上を，物体が半径 r の円を描いて等速円運動している場合を考える．物体は，一端を台上の 1 点 O に固定された長さ r のひもにつながれているものとする（図 8.3）．

まず，台に対して静止している慣性系（S）の観測者がこの物体の運動をどのように見るかを考えてみよう．S 系の観測者からみれば，物体は O を中心

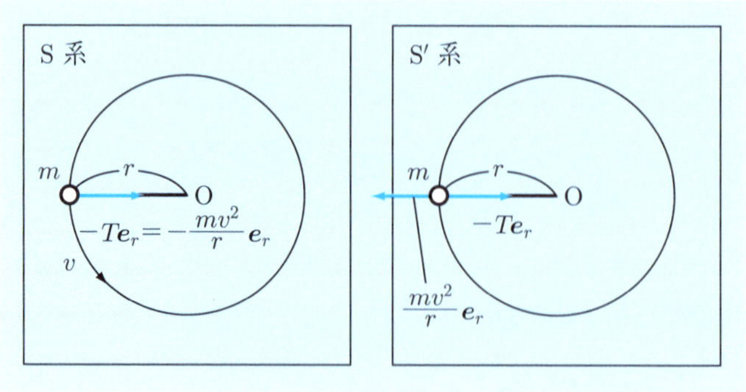

図 8.3　回転運動と遠心力

に一定の回転速度（接線方向の速さ v）で回転しているから，この回転運動に伴う大きさ v^2/r の向心加速度はもっている．そこで，彼（または彼女）はこの向心加速度はひもの張力 T によって与えられていると推論し，動径方向の成分に関して，ニュートンの第 2 法則は

$$T = \frac{mv^2}{r} \tag{8.13}$$

になると主張する．

一方，物体と一緒に回転する観測者（S′ 系）は，自分も物体も静止していて，台の方が自分のまわりを回転していると観察するであろう．しかも，観測者は，自分たちには台の 1 点 O から外側へ向けて自分たちを遠ざけようとする力が働いていると感ずる．この力もまた，みかけの力であって**遠心力**と呼ばれる．そこで，S′ 系の観測者は，この物体の運動にニュートンの第 2 法則を適用するために，大きさが mv^2/r の遠心力を導入し，この遠心力とひもの張力 T が釣り合うと主張する．すなわち，動径方向の力について

$$T - \frac{mv^2}{r} = 0 \tag{8.14}$$

が成り立っているとする．

(8.13) と (8.14) は数学的には同等であるが，ひもの張力 T の役割についての物理的解釈では両者は違っており，張力 T は，前者（慣性系）では円運動の向心加速度を物体に与え，後者（回転系）では遠心力と釣り合う．した

がって，ひもが切れると，S 系で見ている人にとっては，物体に働く力は見当たらないためニュートンの第 1 法則（慣性の法則）に従って，物体はひもが切れた瞬間における速度でもって等速直線運動を始める．

コリオリの力

上の例で，ひもが切れた後の物体の運動を，回転座標系（S′ 系）にとどまった観測者がどのように観察するかを調べてみることは重要である．もし，回転座標系で働く慣性力が遠心力だけだとしたら，物体はただ動径方向に直線的に遠ざかっていくはずである．しかし，実際には，S′ 系でみている人にとっては，物体は直線運動するのではなく，螺旋を描きながら後方へ遠ざかっていく．したがって，この物体の運動をニュートンの運動の法則によって説明するには，回転座標系には遠心力の他に，もう 1 つべつの慣性力を導入しなければならない．この新しい慣性力は**コリオリの力**と呼ばれる．

遠心力とコリオリの力は，数学的には，慣性系で記述される運動方程式を，座標変換をして回転座標系で書き表し，両者を比較することによって導かれる．しかし，ここでは簡単な思考実験から定性的にこの 2 つの慣性力を導いてみよう．

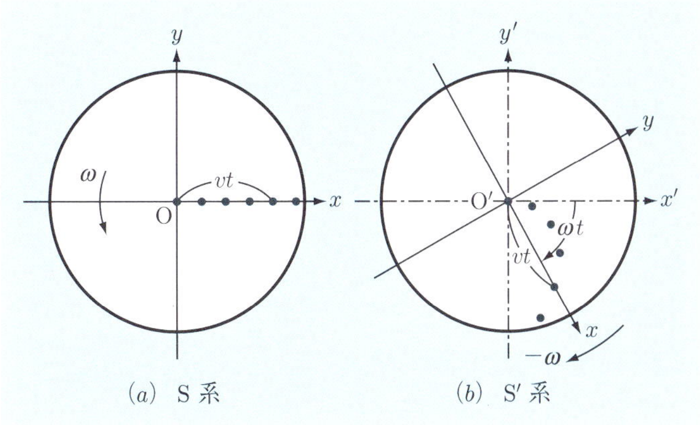

図 8.4　等速円運動する円盤上を直線的に転がる鉄球　(a) 台の外で静止している観測者（S 系）　(b) 台と一緒に回転する観測者（S′ 系）

いま，一定の角速度で回転している水平で滑らかな回転盤上を，回転の中心 O から動径方向にころがる鉄球の運動を考えてみる．回転盤の外で静止している人（S 系）から見れば，鉄球は水平方向には何ら力を受けない（ここでは摩擦力は無視する）ため，物体は慣性の法則に従って，円盤の回転とは無関係に等速直線運動する．そこで，S 系に固定されたカメラでこの鉄球をストロボ撮影すると，鉄球の像は図 8.4(a) のように直線上に等間隔に並んでいて，確かに鉄球は等速直線運動していることが確かめられる．

しかし，この鉄球の運動を，回転盤に乗って回転盤と一緒に回っている人（S′ 系）から見れば，物体は回転盤の中心から遠ざかると同時に，後方へ移動していく．この S′ 系における物体の運動軌跡を見るために，こんどはカメラを回転盤の中心の真上に固定して，鉄球の運動をストロボ撮影する．鉄球の像は図 8.4(b) に見られるように，きれいに螺旋曲線上に並んでいるのがみられる．このように，S′ 系では物体の描く軌跡は螺旋になることがわかる．

そこで，この螺旋を表す方程式を求めてみよう．まず，S 系と S′ 系における直交座標系 O-xyz および O′-$x'y'z'$ を次のようにとることとする．すなわち，両座標系の原点 O，O′ はともに回転盤の中心にとり，z，z' 軸も共通に回転軸に一致させてとる．また，(x', y') は回転盤と一緒に O′ のまわりを一定の角速度 ω で反時計回りに回転している．

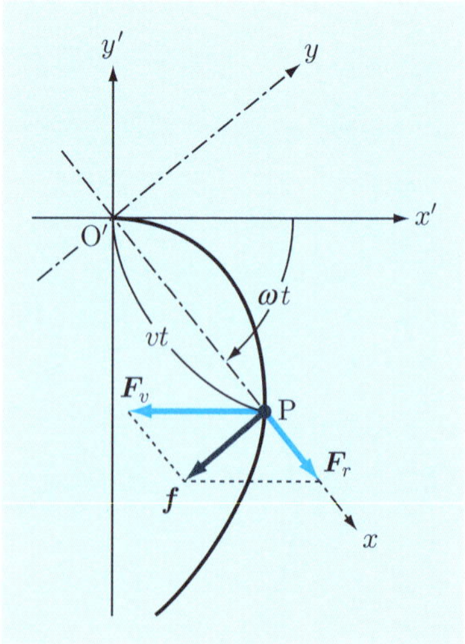

図 8.5　回転座標系における遠心力とコリオリの力

いま，S 系において鉄球 P が原点 O から x 軸に沿って正の方向に，一定の速さ v で運動しているとしよう．この鉄球の運動は，S′ 系の観測者からみればどのように観察されるだろうか．時刻 $t = 0$ で (x, y) と (x', y') は一致しており，ちょうどそのとき鉄球 P が原点 O から初速 v で x 軸に沿って飛び出したとすると，(x, y) 系では任意の時

刻 t に P は x 軸上を vt だけ進んでいる．しかし，(x', y') 系でみると，このとき x 軸は時計方向に ωt だけ回転しているので（図 8.5 参照），P の位置は平面極座標で表すと

$$r = vt \qquad \theta = -\omega t \tag{8.15}$$

となる．したがって，P の軌道の方程式は (8.15) の 2 つの式から t を消去して

$$r = -\frac{v}{\omega}\theta \tag{8.16}$$

と得られる．これが図 8.4(b) の螺旋軌道の方程式である．

これからわかるように，何も真の力が働いていないため，慣性系（S 系）では等速直線運動している物体を，回転系（S′ 系）でみると (8.16) で表される螺旋運動をする．しかし，この螺旋運動をニュートンの運動の法則によって解釈するには，物体に何か力（慣性力）が働いていると考えなければならない．そこで，この力を $\boldsymbol{f}$ で表すと，$\boldsymbol{f}$ は $x'y'$-平面内にあって，一般にはその面内の 2 つの独立な力の和として表すことがことができる．いま，そのような 2 つの力として，動径方向の力 $\boldsymbol{F}_r$ と，軌道の接線（したがって速度 $\boldsymbol{v}$）方向に垂直な力 $\boldsymbol{F}_v$ を選ぶと

$$\boldsymbol{f} = \boldsymbol{F}_r + \boldsymbol{F}_v \tag{8.17}$$

となる．ここで，$\boldsymbol{F}_r$ は**遠心力**であり，$\boldsymbol{F}_v$ は**コリオリの力**と呼ばれる．また，$\boldsymbol{F}_r$ および $\boldsymbol{F}_v$ の大きさは，それぞれ

$$F_r = mr\omega^2 \tag{8.18}$$

$$F_v = 2m\omega v' \tag{8.19}$$

で与えられる*．r は原点からの距離であり，ω は回転座標系の回転角速度，v' は回転系における物体 P の速さである．

*(8.18)，(8.19) の導出については章末の演習問題［8］を参照．

第 8 章例題

例題 8.1　　**等加速度系における単振り子**

一定の加速度 a で，水平に直線状に伸びたレール上を走行する電車の中で，長さ l の単振り子を振らせてみた．振り子の周期はいくらになるか．

解答　電車と共に運動する座標系から見ると，振り子のおもり（質量 m）には，ひもの張力 T と鉛直下方に重力 mg，さらに水平後方に慣性力 $-ma$ が働いている．したがって，おもりが平衡の位置にあるときは，これらの力は釣り合っており，ひもは

$$\tan\theta_0 = a/g \quad \text{すなわち} \quad \theta_0 = \tan^{-1}(a/g)$$

で与えられる角度 θ_0 だけ鉛直方向から傾いている（図 8.6(a)）．この平衡方向から角度 θ だけひもを傾けると，おもりには円弧に沿った方向に復元力

$$F_s = -m\sqrt{g^2+a^2}\sin\theta \approx -m\sqrt{g^2+a^2}\,\theta$$

が働く（図 8.6(b)）．したがって，おもりの運動方程式は

$$m\frac{d^2}{dt^2}(l\theta) = -m\sqrt{g^2+a^2}\,\theta$$

となる．これはよく知られた単振動の方程式であるから，周期 τ は

$$\tau = 2\pi\sqrt{\frac{l}{\sqrt{g^2+a^2}}}$$

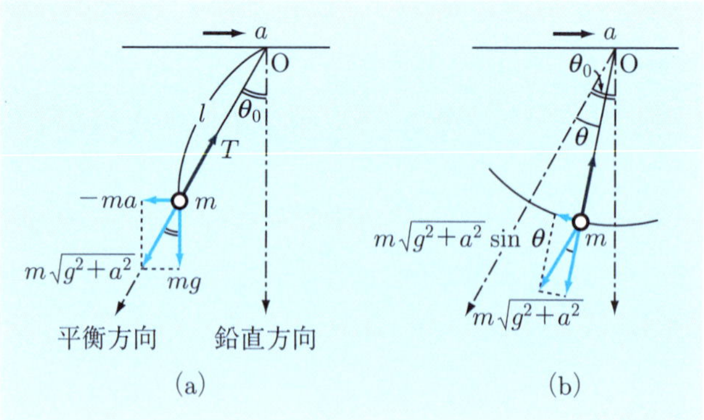

図 8.6

例題 8.2

図 8.7 に示すように，水平な台が鉛直方向に角振動数 ω，振幅 A で単振動しており，その台の上に質量 m の物体が載っている．次の問いに答えよ．

(1)　台に固定された座標系から眺めたとき，物体が受ける慣性力を求めよ．

(2)　物体が台から常に離れないためには，ω はどのような条件を満たさなければならないか．

単振動する座標系

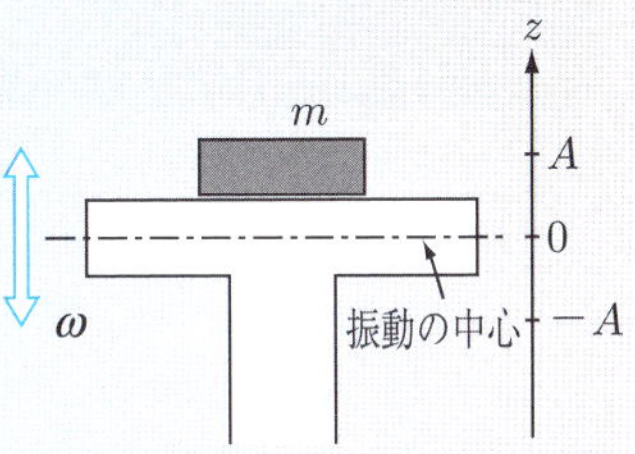

図 8.7

解答　(1)　鉛直上方に z 軸をとり，振動の中心を $z=0$，初期位相を ϕ とすると，時刻 t における台の高さは

$$z = A\sin(\omega t + \phi)$$

と書ける．これから，慣性系から見た台の加速度は

$$a_0 = \frac{d^2 z}{dt^2} = -A\omega^2 \sin(\omega t + \phi)$$

となる．一方，台に固定された座標系から眺めたとき，物体に働く慣性力は (8.6) から $F' = -ma_0$ である．したがって，求める慣性力は

$$F' = -ma_0 = mA\omega^2 \sin(\omega t + \phi)$$

(2)　台に固定された座標系で物体に働く力は，鉛直上方を正とすると，重力 $-mg$，垂直効力 N，慣性力 $-ma_0$ である．したがって，この座標系での物体の加速度を a とすると，運動方程式は

$$ma = -mg + N + mA\omega^2 \sin(\omega t + \phi)$$

となる．物体が，台から離れないためには，つねに $a=0$ であって，$N \geq 0$ であればよい．したがって

$$N_{\min} = m(g - A\omega^2) \geq 0$$

よって，求める ω の条件は

$$|\omega| \leq \sqrt{g/A}$$

第 8 章演習問題

[1]　直線状に伸びた長いレールの上を一定の加速度 $a = 3\,\mathrm{m/s^2}$ で走っている電車の天井から，図 8.2 に示すように，質量 $m = 0.5\,\mathrm{kg}$ の鉄球がひもで吊るされている．

(1) ひもが鉛直線となす角度 θ を求めよ．

(2) ひもの張力 T を求めよ．

[2]　体重 $m = 60\,\mathrm{kg}$ の人が，一定の加速度 $a = 3\,\mathrm{m/s^2}$ で上昇しているエレベータの中で体重を測った．体重計の目盛りは何 kg をさすか．

[3]　一定の加速度 a で上昇中のエレベータの中で，長さ l の単振り子を小さく振らせてみた．振り子の周期はいくらか．

[4]　水平に対して傾斜角が θ の滑らかな斜面がある．この斜面は水平方向に前後に自由に動かせるようになっている．いま，斜面上に物体を載せると，そのままでは物体は，斜面を滑り降りてしまう．そこで，斜面を前方に向けて一定の加速度 a で動かし，物体を斜面上に静止させたいが，どれだけの加速度で動かせばよいか．

[5]　曲率半径が $100\,\mathrm{m}$ の曲線道路を，時速 $60\,\mathrm{km}$ で自動車が走行するとき，自動車に働く遠心力の大きさは，自動車に働く重力の何倍か．

[6]　鉛直軸のまわりを一定の角速度 ω で回転している水平な回転円盤がある．円盤の表面は粗いため，角速度 ω が小さければ盤上に置かれた物体は円盤と一緒に回転する．しかし，角速度 ω を大きくしていくと，物体と円盤の間の摩擦力が遠心力に抗し切れなくなって，物体は滑りだす．いま，円盤上の回転の中心から距離 r の位置に置かれた物体が滑り出す最小の角速度を求めよ．ただし，物体と回転盤の間の静止摩擦係数を μ とする．

[7]　慣性系で x 軸上の点 $(a, 0, 0)$ に質量 m の小物体が置かれて静止している．いま，この慣性系と原点 O および z 軸を共通にもち，一定の角速度 ω で z 軸のまわりを反時計回りに回転している回転座標系からみると，この物体はどのような軌道を描いて運動しているとみえるか．また，この物体に作用するコリオリの力と遠心力の方向と大きさをそれぞれ求めよ．

[8]　慣性座標系の z 軸のまわりに一定の角速度 ω で回転している回転座標系 (x', y', z') を考え，xy-面上の物体（質点）P の運動を回転系（$x'y'$-系）で調べることによって，(8.18) および (8.19) を導け．

第9章

質点系の運動

質点系の運動の法則と2体問題

ニュートンの第3法則によれば，力は相互作用であって，作用と反作用が対になって現れる．言い換えれば力を及ぼされるものがあれば，必ずそれを及ぼすものがある．したがって，ある物体Aが，物体Bから力 $\boldsymbol{F}$ を受けて運動すると，BもまたAから反作用 $-\boldsymbol{F}$ を受けるため運動することになる．一般に相互作用は2つの物体の相対的位置に依存するため，物体が運動すれば相互作用 $\boldsymbol{F}$ は時々刻々変動する．したがって，物体の運動を正しく扱うには，この相互作用の変動を取り入れなければならない．

前章まではすべて，孤立した小物体（質点）に力が作用した場合の小物体が振舞う運動を考えてきた．しかし，その際，力を及ぼしている系が十分に大きく，小物体からの反作用の効果が無視できることを暗黙裏に認めてきたのである．この章では，相互作用を及ぼしあう複数の質点系の運動を調べる．

本章の内容

9.1 質量中心

これまで，小さくて大きさを考えなくてもよいことを強調するために，「小物体」あるいは「小球」といういい方をしてきたが，この章では，それらを統一して「質点」と呼ぶことにする．また，大きさを無視できない物体の場合は，物体を微小な部分に分割して，そのおのおのを質点とみなし，質点の集まり，つまり質点系として扱う．特に，鉄や石のように硬くて変形し難い物体（**剛体**）は，質点間の距離が変化しない特別な質点系と考える．

2つの質点の重心（質量中心）

重さを無視できる細い棒の上に，質量 m_1 と質量 m_2 の質点P，Qがある場合の，2つの質点の重心を定義しよう．図7.6で示したように，P，Qを $m_2 : m_1$ で内分する点G（図7.6ではO）を支えると，2つの質点に働く重力 $m_1 g$，$m_2 g$ の点Gに関するモーメントが釣り合うために，棒は回転しないで平衡になる．このとき，棒を支えるために点Gに加える鉛直上向きの力は $(m_1 + m_2)g$ であり，この力が2つの質点に働く重力 $m_1 g$，$m_2 g$ と釣り合っている．したがって，点Gを通り鉛直下向きの力 $(m_1 + m_2)g$ を考えると，この力の効果は2つの質点に働く重力 $m_1 g$，$m_2 g$ の効果と同じであり，2つの重力の合力である．そこで，棒上のこの重力の合力の作用点Gを，2つの質点の**重心**と定義する．

いま，2つの質点の位置ベクトルがそれぞれ $\boldsymbol{r}_1$，$\boldsymbol{r}_2$ と与えられたときの重

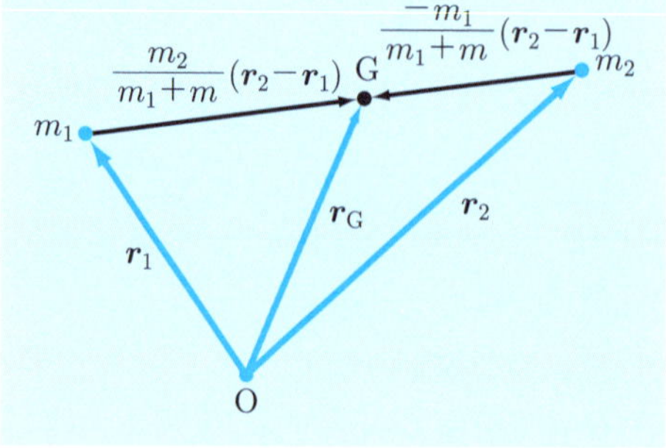

図9.1 質量中心（重心）の位置ベクトル

心の位置ベクトル $\boldsymbol{r}_{\mathrm{G}}$ を求めてみよう．上の定義から，$\boldsymbol{r}_{\mathrm{G}}$ は 2 つの質点を結ぶ線分を $m_2 : m_1$ に内分する点である．すなわち，図 9.1 に示すように，3 つの位置ベクトル $\boldsymbol{r}_1$，$\boldsymbol{r}_2$，$\boldsymbol{r}_{\mathrm{G}}$ の間には

$$\boldsymbol{r}_{\mathrm{G}} - \boldsymbol{r}_1 = \frac{m_2}{m_1 + m_2}(\boldsymbol{r}_2 - \boldsymbol{r}_1), \quad \boldsymbol{r}_2 - \boldsymbol{r}_{\mathrm{G}} = \frac{m_1}{m_1 + m_2}(\boldsymbol{r}_2 - \boldsymbol{r}_1) \tag{9.1}$$

の関係があるが，この 2 つの式は整理すると，いずれも

$$\boldsymbol{r}_{\mathrm{G}} = \frac{m_1 \boldsymbol{r}_1 + m_2 \boldsymbol{r}_2}{m_1 + m_2} \tag{9.2}$$

となる．そこで，(9.2) で与えられる点 $\boldsymbol{r}_{\mathrm{G}}$ を，改めて 2 つの質点の**重心**または**質量中心**と定義する．

n 個の質点系の重心（質量中心）

つぎに 3 個の質点の重心を求めてみる．いま，質量 m_1，m_2，m_3 の 3 個の粒子 A，B，C が，それぞれ $\boldsymbol{r}_1$，$\boldsymbol{r}_2$，$\boldsymbol{r}_3$ の位置にあるとしよう．上でみたように，質点 A，B に働く重力の効果は，その重心

$$\boldsymbol{r}_{\mathrm{G}}' = \frac{m_1 \boldsymbol{r}_1 + m_2 \boldsymbol{r}_2}{m_1 + m_2}$$

にある質量 $m_1 + m_2$ の 1 個の質点に働く重力の効果と同じである．したがって, A, B, C 3 個の質点の重心 $\boldsymbol{r}_{\mathrm{G}}$ を求めるには, $\boldsymbol{r}_{\mathrm{G}}'$ に置かれた質量 $m_1 + m_2$ の質点 D と $\boldsymbol{r}_3$ の質量 m_3 の質点 C の重心を求めればよい（図 9.2）．すなわ

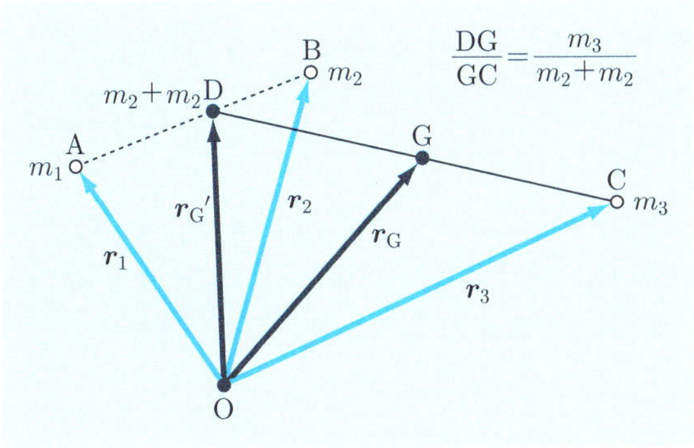

図 9.2　**3 つの質点の重心**

ち，A，B，C の重心は

$$\boldsymbol{r}_{\mathrm{G}} = \frac{(m_1+m_2)\boldsymbol{r}_{\mathrm{G}}{}' + m_3\boldsymbol{r}_3}{(m_1+m_2)+m_3} = \frac{m_1\boldsymbol{r}_1 + m_2\boldsymbol{r}_2 + m_3\boldsymbol{r}_3}{m_1+m_2+m_3} \tag{9.3}$$

である．

これから分かるように，n 個の質点系の重心は，(9.2) の 2 個の質点についての和を

$$m_1 + m_2 \to m_1 + m_2 + \cdots + m_n = \sum_{i=1}^{n} m_i \equiv M \tag{9.4}$$

$$m_1\boldsymbol{r}_1 + m_2\boldsymbol{r}_2 \to m_1\boldsymbol{r}_1 + m_2\boldsymbol{r}_2 + \cdots + m_n\boldsymbol{r}_n = \sum_{i=1}^{n} m_i\boldsymbol{r}_i \tag{9.5}$$

のように，n 個の質点についての和に置き換えればよい．したがって，n 個の質点の重心 $\boldsymbol{r}_{\mathrm{G}}$ は

$$\boldsymbol{r}_{\mathrm{G}} = \frac{m_1\boldsymbol{r}_1 + m_2\boldsymbol{r}_2 + \cdots + m_n\boldsymbol{r}_n}{m_1 + m_2 + \cdots + m_n} = \frac{\displaystyle\sum_{i=1}^{n} m_i\boldsymbol{r}_i}{M} \tag{9.6}$$

で与えられる．M は質点系の全質量である．

剛体の重心

通常の物体は空間的に広がり (大きさ) もっている．そのような大きさをもつ物体の場合，各部分に作用する重力の合力が作用する点を物体の重心と呼ぶ．

この定義から，剛体を自由に吊したとき，剛体の重心は，吊るした点の真下のどこかにあることがわかる．そこで，剛体の重心を探すには次のようにすればよい．図 9.3 のように，まず，剛体をある点 A で吊るしてみる．重心 G はこの A を通る鉛直線上のどこかにあるはずである．つぎに，剛体を別の点 B で吊るすと，こんどは，G は B を通る鉛直線上のどこ

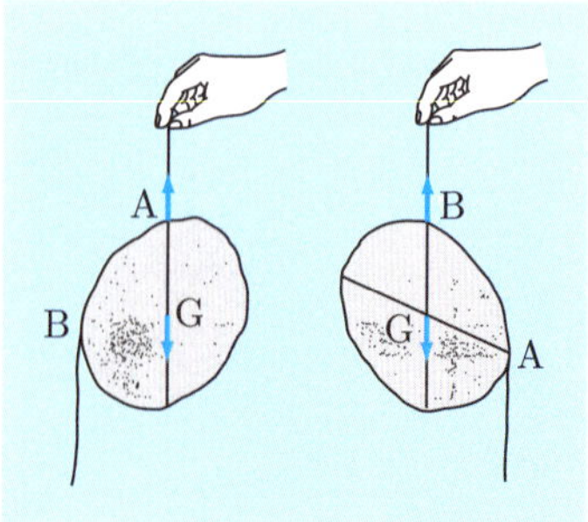

図 9.3　剛体を 1 点で吊るすと糸の延長線は重心を通る

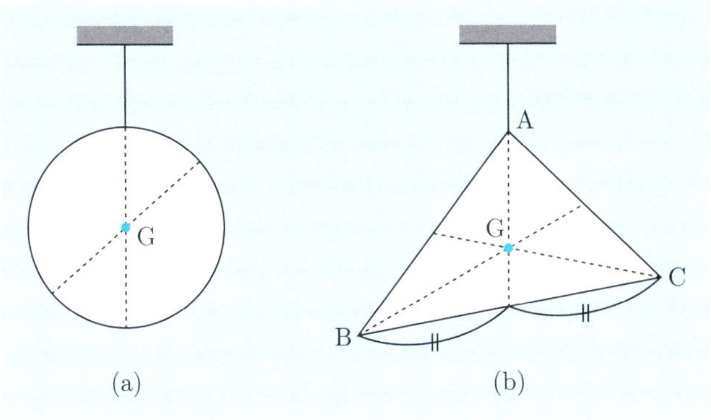

図 9.4 円板と三角薄膜の重心

かになければならない．したがって，これらの 2 本の鉛直線の交わる点が剛体の重心である．たとえば，一様な材質の円板は，円周上のどこで吊るしてもその点を通る鉛直線は円板の中心を通る．したがって，円板の重心は円の中心にある（図 9.4(a)）．また，一様な材質でできた三角形の薄板の場合は，どの頂点で吊るしても，その頂点を通る鉛直線は，対辺の中点を通る．このように三角形の頂点と対辺の中点を結ぶ線分は中線と呼ばれる．三角形の 3 つの中線は 1 点で交わるから，その交点が三角形の薄板の重心である（図 9.4(b)）．

一般に，大きさのある物体は非常に多くの質点（原子）からできていて，通常は，それらを均して，物質が一様に分布している体積（領域）とみなして扱われる．とくに剛体のように変形のない物体の場合は，物質の密度分布 $\rho(\boldsymbol{r})$ は時間的変動しないと考えてよい．そのような剛体の重心は，次のように，(9.6) の和を体積積分に置き換えて得られる．

いま，剛体を多数の微小な体積要素に分け，k 番目の体積要素の位置を $\boldsymbol{r}_k$，体積を ΔV_k とすると，その体積要素の質量は

$$m_k = \rho(\boldsymbol{r}_k)\Delta V_k \tag{9.7}$$

である．そこで，そのような体積要素を質点と考え，剛体を質点系とみなすと，その重心は，近似的に (9.6) から

$$\boldsymbol{r}_{\mathrm{G}} \approx \frac{\displaystyle\sum_{k=1} \boldsymbol{r}_k \rho(\boldsymbol{r}_k) \varDelta V_k}{\displaystyle\sum_{k=1} \rho(\boldsymbol{r}_k) \varDelta V_k} \tag{9.8}$$

と得られる．(9.8) の分母，分子は体積要素の数 N を大きくし，各体積要素の体積を小さくしていく極限では

$$\left.\begin{aligned} \lim_{N\to\infty} \sum_{k=1}^{N} \rho(\boldsymbol{r}_k) \varDelta V_k &= \int \rho(\boldsymbol{r})\, dV \\ \lim_{N\to\infty} \sum_{k=1}^{N} \boldsymbol{r}_k \rho(\boldsymbol{r}_k) \varDelta V_k &= \int \boldsymbol{r} \rho(\boldsymbol{r})\, dV \end{aligned}\right\} \tag{9.9}$$

となり，体積積分で表される．したがって，(9.6) は剛体の場合は

$$\boldsymbol{r}_{\mathrm{G}} = \frac{\displaystyle\int \boldsymbol{r} \rho(\boldsymbol{r})\, dV}{\displaystyle\int \rho(\boldsymbol{r})\, dV} \tag{9.10}$$

と書き直される．とくに，均質な剛体の場合は，物体のいたるところで密度 ρ が等しいため，(9.10) は

$$\boldsymbol{r}_{\mathrm{G}} = \frac{\displaystyle\int \boldsymbol{r}\, dV}{\displaystyle\int dV} = \frac{\displaystyle\int \boldsymbol{r}\, dV}{V} \tag{9.11}$$

となる．ここで，V は剛体の体積である．

9.2　質点系の運動方程式

重心は，単に質点系に働く重力の作用点というだけでなく，運動する質点系にとっては特別に意味をもつ点でもある．

互いに力を及ぼし合って運動する n 個の質点群を考えよう（図 9.5）．各質点に働く力は 2 つに分けられる．1 つは質点同士の間に働く力である．この種の力は，考えている質点系の内部に原因がある力という意味で**内力**と呼ばれる．これに対して質点系の外から及ぼされる力がある．これは質点系の外部に原因がある力という意味で**外力**と呼ばれる．

内力は 2 個の質点が互いに影響を及ぼし合う相互作用であって，作用反作

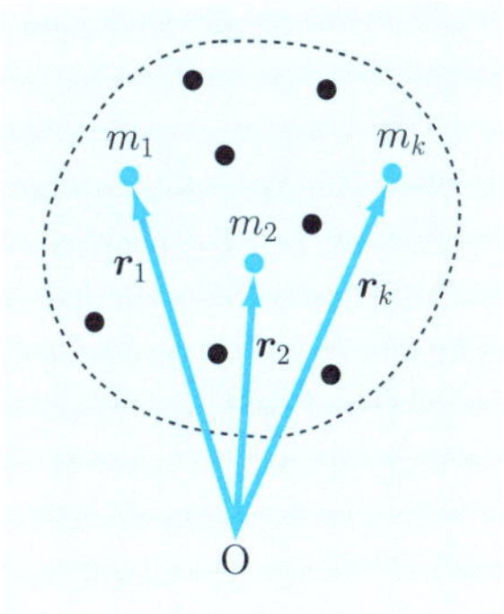

図 9.5 質点系

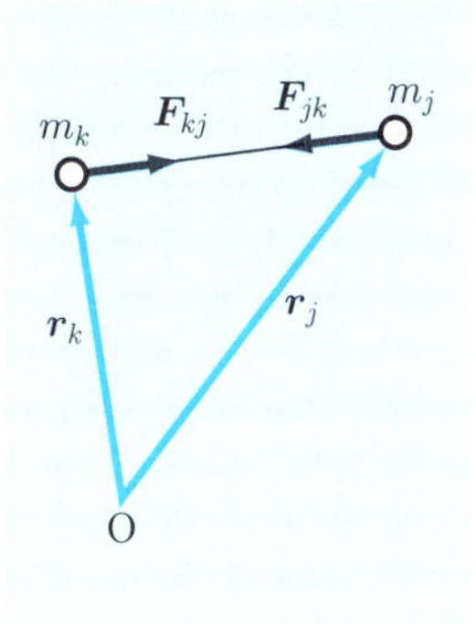

図 9.6 内力の作用・反作用

用の法則が成り立つ．したがって，k 番目の質点（質量 m_k）が j 番目の質点（質量 m_j）から及ぼされる内力を $\boldsymbol{F}_{kj}$ とすると

$$\boldsymbol{F}_{kj} = -\boldsymbol{F}_{jk} \tag{9.12}$$

の性質がある（図 9.6）．

一般に 1 個の質点に働く内力の相手は自分を除く系内のすべての質点である．したがって，k 番目の質点 m_k に働く外力を $\boldsymbol{F}_k$ とすると，質点 m_k の運動方程式は

$$m_k \frac{d^2\boldsymbol{r}_k}{dt^2} = \boldsymbol{F}_k + \sum_{j \neq k} \boldsymbol{F}_{kj} \tag{9.13}$$

となる．ここで，$\sum_{k \neq j}$ は $j = k$ を除いた $j = 1$ から n までの和を表す．以下でみるように，(9.13) から質点系の運動量と角運動量の保存則が導かれ，さらに質点系の運動を重心（質量中心）の運動とそれに相対的な運動に分離することができる．

質点系の運動量の保存

すべての質点について，(9.13) の両辺のベクトル和をとると

$$\frac{d^2}{dt^2}\left(\sum_{k=1}^{n} m_k \boldsymbol{r}_k\right) = \sum_{k=1}^{n} \boldsymbol{F}_k + \sum_{k=1}^{n} \sum_{j \neq k} \boldsymbol{F}_{kj} \tag{9.14}$$

となる．ここで右辺の第 2 項は，$j = k$ を除いた j についての和と，すべて

の k についての和の2重和を表す．この2重和は，添字の k と j を入れ替えた後，(9.12) の関係を用いると

$$\begin{aligned}\sum_{k=1}^{n}\sum_{j\neq k}\boldsymbol{F}_{kj} &= \sum_{j=1}^{n}\sum_{k\neq j}\boldsymbol{F}_{jk} = \sum_{k=1}^{n}\sum_{j\neq k}\boldsymbol{F}_{jk} \\ &= \frac{1}{2}\sum_{k=1}^{n}\sum_{j\neq k}(\boldsymbol{F}_{kj}+\boldsymbol{F}_{jk}) = 0\end{aligned} \tag{9.15}$$

となる．

一方，(9.14) の左辺は，(9.6) の質点系の重心の定義を用いると

$$\frac{d^2}{dt^2}\left(\sum_{k=1}^{n} m_k \boldsymbol{r}_k\right) = \left(\sum_{k=1}^{n} m_k\right)\frac{d^2}{dt^2}\frac{\sum_{k=1}^{n}(m_k\boldsymbol{r}_k)}{\sum_{k=1}^{n} m_k} = M\frac{d^2\boldsymbol{r}_{\mathrm{G}}}{dt^2} \tag{9.16}$$

と書ける．したがって，(9.14) は

$$M\frac{d^2\boldsymbol{r}_{\mathrm{G}}}{dt^2} = \sum_{k=1}^{n}\boldsymbol{F}_k \tag{9.17}$$

となる．これは仮想的な質量中心の位置に系の全質量が集まったとしたときの，その全質量の運動を記述する方程式，つまり，重心 (質量中心)$\boldsymbol{r}_{\mathrm{G}}$ の運動方程式である．この場合，外力 $\boldsymbol{F}_k$ はもはや重力に限るのではなく一般の力である．

また，質点 m_k の運動量を $\boldsymbol{p}_k = m_k(d\boldsymbol{r}_k/dt)$，全質点の運動量の和を $\boldsymbol{P} = \sum_{k=1}^{n}\boldsymbol{p}_k$ とすると，(9.14) は

$$\frac{d}{dt}\sum_{k=1}^{n}\boldsymbol{p}_k = \frac{d\boldsymbol{P}}{dt} = \sum_{k=1}^{n}\boldsymbol{F}_k \tag{9.18}$$

と書き表される．これから

『質点系の全運動量の時間変化は外力のベクトル和に等しい』

ことがわかる．とくに外力のベクトル和がゼロのときは

$$\frac{d\boldsymbol{P}}{dt} = 0 \quad \text{すなわち} \quad \boldsymbol{P} = \text{一定} \tag{9.19}$$

となり，質点系に対する運動量保存則が得られる．

質点系の角運動量保存則

質点系の運動を考える場合に有用な法則には，上で述べた運動量の法則に加えて，もう 1 つ角運動量の法則がある．角運動量の定義から，k 番目の質点の原点に関する角運動量 $\boldsymbol{l}_k$ は

$$\boldsymbol{l}_k = \boldsymbol{r}_k \times \boldsymbol{p}_k = \boldsymbol{r}_k \times m_k \frac{d\boldsymbol{r}_k}{dt} \tag{9.20}$$

と書ける．そこで，質点系の全角運動量 $\boldsymbol{L}$ を，(9.20) の $\boldsymbol{l}_k$ のベクトル和

$$\boldsymbol{L} = \sum_{k=1}^{n} \boldsymbol{l}_k = \sum_{k=1}^{n} \boldsymbol{r}_k \times \boldsymbol{p}_k = \sum_{k=1}^{n} \boldsymbol{r}_k \times m_k \frac{d\boldsymbol{r}_k}{dt} \tag{9.21}$$

で定義すると，$\boldsymbol{L}$ の時間変化は

$$\frac{d\boldsymbol{L}}{dt} = \sum_{k=1}^{n} m_k \frac{d\boldsymbol{r}_k}{dt} \times \frac{d\boldsymbol{r}_k}{dt} + \sum_{k=1}^{n} \boldsymbol{r}_k \times m_k \frac{d^2\boldsymbol{r}_k}{dt^2} \tag{9.22}$$

となる．ここで，右辺の第 1 項ベクトル和は 0 である．そこで，第 2 項の各加速度の因子に (9.13) を代入すると，(9.22) は

$$\frac{d\boldsymbol{L}}{dt} = \sum_{k=1}^{n} \boldsymbol{r}_k \times \boldsymbol{F}_k + \sum_{k=1}^{n} \sum_{j \neq k} \boldsymbol{r}_k \times \boldsymbol{F}_{kj} \tag{9.23}$$

と書き直される．右辺の第 1 項のベクトル積

$$\boldsymbol{N}_k \equiv \boldsymbol{r}_k \times \boldsymbol{F}_k$$

は，k 番目の質点に働く外力 $\boldsymbol{F}_k$ の原点に関するモーメントである．また，第 2 項は添字の k と j を入れ替えると

$$\begin{aligned} \sum_{k=1}^{n} \sum_{j \neq k} \boldsymbol{r}_k \times \boldsymbol{F}_{kj} &= \frac{1}{2} \sum_{k=1}^{n} \sum_{j \neq k} (\boldsymbol{r}_k \times \boldsymbol{F}_{kj} + \boldsymbol{r}_j \times \boldsymbol{F}_{jk}) \\ &= \frac{1}{2} \sum_{k=1}^{n} \sum_{j \neq k} (\boldsymbol{r}_k - \boldsymbol{r}_j) \times \boldsymbol{F}_{kj} = 0 \end{aligned} \tag{9.24}$$

となる．これが 0 となるのは $\boldsymbol{F}_{kj}$ と $(\boldsymbol{r}_k - \boldsymbol{r}_j)$ が平行であるためである．したがって，結局，(9.23) は

$$\frac{d\boldsymbol{L}}{dt} = \sum_{k=1}^{n} \boldsymbol{N}_k = \boldsymbol{N} \tag{9.25}$$

と書ける．これは

『質点系の系全体の角運動量 $\boldsymbol{L}$ の時間変化は，各質点に働く外力のモーメントのベクトル和に等しい』

ことを主張しており，質点系の角運動量の法則に当たる．したがって，質点系全体としての運動は，基本的にはこの角運動量の法則と，(9.18) の運動量の法則によって記述される．

質点系の運動と質量中心

(9.6) で定義されている重心は，単に質点系に作用する重力の作用点を表すだけでなく，以下でみるように，質点系の運動を考えるうえで特別の意味を持つ点でもある．したがって，重心は「**質量中心**」とも呼ばれる．図 9.7 のように，各質点の位置ベクトル $\boldsymbol{r}_k$ を質量中心 $\boldsymbol{r}_{\mathrm{G}}$ とそれに相対的な位置ベクトル $\boldsymbol{r}_k{}'$ の和に分解してみる．

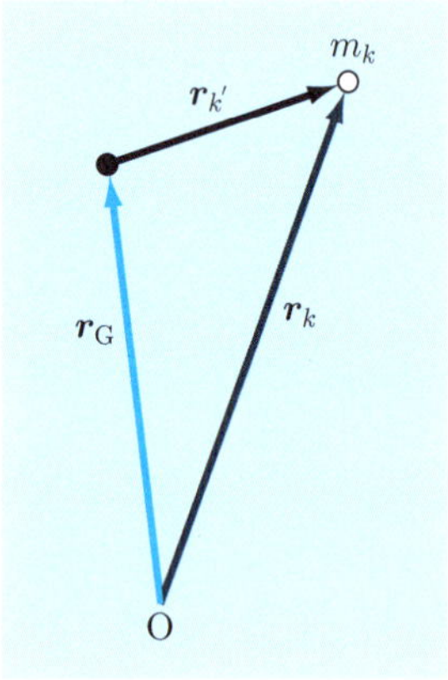

図 9.7 質量中心に対する相対位置ベクトル

$$\boldsymbol{r}_k = \boldsymbol{r}_{\mathrm{G}} + \boldsymbol{r}_k{}' \tag{9.26}$$

これより k 番目の質点の速度ベクトル $\boldsymbol{v}_k$ は

$$\boldsymbol{v}_k = \frac{d\boldsymbol{r}_k}{dt} = \frac{d\boldsymbol{r}_{\mathrm{G}}}{dt} + \frac{d\boldsymbol{r}_k{}'}{dt} = \boldsymbol{v}_{\mathrm{G}} + \boldsymbol{v}_k{}' \tag{9.27}$$

となり，質量中心の速度 $\boldsymbol{v}_{\mathrm{G}}$ と質点の質量中心に対する相対速度 $\boldsymbol{v}_k{}'$ の和で表される．また

$$\sum_k m_k \boldsymbol{r}_k = M\boldsymbol{r}_{\mathrm{G}}, \quad \sum_k m_k \boldsymbol{v}_k = M\boldsymbol{v}_{\mathrm{G}}$$

であるから

$$\sum_k m_k \boldsymbol{r}_k{}' = \sum_k m_k(\boldsymbol{r}_k - \boldsymbol{r}_\mathrm{G}) = M\boldsymbol{r}_\mathrm{G} - M\boldsymbol{r}_\mathrm{G} = 0 \tag{9.28}$$

$$\sum_k m_k \boldsymbol{v}_k{}' = \sum_k m_k(\boldsymbol{v}_k - \boldsymbol{v}_\mathrm{G}) = M\boldsymbol{v}_\mathrm{G} - M\boldsymbol{v}_\mathrm{G} = 0 \tag{9.29}$$

となる．(9.28)，(9.29) は**質量中心に関する定理**と呼ばれる．

(9.28)，(9.29) を用いると，質点系の全角運動量 $\boldsymbol{L}$ を与える (9.21) は，次のように書き表される．

$$\begin{aligned} \boldsymbol{L} &= \sum_k m_k(\boldsymbol{r}_\mathrm{G} + \boldsymbol{r}_k{}') \times \left(\frac{d\boldsymbol{r}_\mathrm{G}}{dt} + \frac{d\boldsymbol{r}_k{}'}{dt}\right) \\ &= M\boldsymbol{r}_\mathrm{G} \times \frac{d\boldsymbol{r}_\mathrm{G}}{dt} + \sum_k m_k \boldsymbol{r}_k{}' \times \frac{d\boldsymbol{r}_k{}'}{dt} \end{aligned} \tag{9.30}$$

ここで，右辺の第 1 項は原点に関する質量中心の角運動量 $\boldsymbol{L}_\mathrm{G}$ であり，第 2 項は全質点の質量中心のまわりの角運動量である．そこで，それぞれを $\boldsymbol{L}_\mathrm{G}$，$\boldsymbol{L}'$ とおくと，(9.30) は

$$\boldsymbol{L} = \boldsymbol{L}_\mathrm{G} + \boldsymbol{L}' \tag{9.31}$$

となる．これより

『質点系の全角運動量 $\boldsymbol{L}$ は，質量中心の原点に関する角運動量 $\boldsymbol{L}_\mathrm{G}$ と，全質点の質量中心のまわりの角運動量 $\boldsymbol{L}'$ の和に分けられる』

ことがわかる．

運動エネルギーについても，同様に質点系の全運動エネルギー K は

$$K = K_\mathrm{G} + K' \tag{9.32}$$

となり，質量中心の運動エネルギー K_G と全質点の質量中心に対する相対運動の運動エネルギー K' の和に分解される．

9.3　2 体 問 題

一番簡単な粒子系は，外力の作用を受けず互いに内力によって作用しあっている 2 個の粒子である．たとえば，遠い太陽の影響を無視したときの地球と月や，衝突するビリアードの球などがその例である．地球と月は万有引力によって月は地球の周りを回り，ビリアードの球は非常に短い時間にだけ働

く撃力によって互いに反発する．このように内力だけが働いている2個の粒子の運動を考えることを**2体問題**という．

いま内力 $\boldsymbol{F}_{12}$，$\boldsymbol{F}_{21}$ によって作用しあう2つの粒子1（質量 m_1）と2（質量 m_2）を考え，それぞれの位置ベクトルを $\boldsymbol{r}_1$，$\boldsymbol{r}_2$ とすると，各粒子の運動方程式は

$$m_1 \frac{d^2 \boldsymbol{r}_1}{dt^2} = \boldsymbol{F}_{12} \tag{9.33}$$

$$m_2 \frac{d^2 \boldsymbol{r}_2}{dt^2} = \boldsymbol{F}_{21} = -\boldsymbol{F}_{12} \tag{9.34}$$

である．この2つの式について両辺の和をとると，2個の粒子の質量中心の座標 $\boldsymbol{r}_{\mathrm{G}}$ に対する運動方程式が導かれる．

$$M \frac{d^2 \boldsymbol{r}_{\mathrm{G}}}{dt^2} = 0 \tag{9.35}$$

ここで

$$M = m_1 + m_2, \quad \boldsymbol{r}_{\mathrm{G}} = \frac{m_1 \boldsymbol{r}_1 + m_2 \boldsymbol{r}_2}{m_1 + m_2} \tag{9.36}$$

である．(9.35) は

『外力が作用しなければ，2粒子系の質量中心は等速直線運動する』

ことを表している．また，(9.33) に m_2 を掛け，(9.34) に m_1 を掛けてそれぞれの両辺の差をとると，2個の粒子の相対座標 $\boldsymbol{r} = \boldsymbol{r}_1 - \boldsymbol{r}_2$ に対する運動方程式

$$\mu \frac{d^2 \boldsymbol{r}}{dt^2} = \boldsymbol{F}_{12} \tag{9.37}$$

が得られる．ここで，μ は2個の粒子系の**換算質量**で

$$\mu = \frac{m_1 m_2}{m_1 + m_2} \tag{9.38}$$

で定義される．(9.37) は

『2粒子系において，粒子2に対する粒子1の相対運動は，力 $\boldsymbol{F}_{12}$ を受けて質量 μ の粒子が行う運動と同じである』

ことを示している．

また，前節で述べたように，2 粒子系の全運動エネルギー K も，質量中心の運動エネルギーと 2 つの粒子の質量中心に対する相対運動の運動エネルギーの和に分解される．すなわち

$$K = \frac{1}{2}m_1 v_1^2 + \frac{1}{2}m_2 v_2^2 = \frac{1}{2}Mv_\mathrm{G}^2 + \left\{\frac{1}{2}m_1 v_1'^2 + \frac{1}{2}m_2 v_2'^2\right\} \tag{9.39}$$

となる．ここで，v_1，v_2 は実験室に固定した座標系（**実験室系**）での 2 つの粒子の速度であり，v_1'，v_2' は 2 つの粒子の質量中心に対する相対速度，すなわち，質量中心（重心）とともに一定の速度で移動する座標系（**重心系**）での速度を表す．また，粒子 1 の粒子 2 に対する相対速度を

$$\boldsymbol{v} = \frac{d\boldsymbol{r}}{dt} = \frac{d(\boldsymbol{r}_1 - \boldsymbol{r}_2)}{dt} \tag{9.40}$$

とおくと，(9.39) は

$$K = \frac{1}{2}M{v_\mathrm{G}}^2 + \frac{1}{2}\mu v^2 \tag{9.41}$$

とも表される．

撃力の力積

2 つの粒子が衝突する場合，衝突が起こる極短い時間の間だけ粒子間に強い斥力が現れる．このように非常に短い時間だけはたらく力を撃力という．撃力は非常に複雑なため，運動方程式を解いて衝突する 2 粒子の運動を求めることはできない．しかし，撃力は一般に外力に比べて非常に大きいため，衝突が起こる直前の時刻 t_1 から直後の時刻 t_2 の間の短い時間の外力の寄与は無視できる．すなわち，この短い時間は，衝突する 2 粒子間に働くのは内力の撃力だけである．したがって，この間の粒子の運動は運動方程式 (9.33), (9.34) で記述され，2 粒子の運動量の和が保存される．

このことは，それぞれの粒子に働く撃力の力積を考えることによって確かめることができる．まず，粒子 1 の衝突の前後での運動量の変化 $\Delta\boldsymbol{p}_1$ を考えてみよう．衝突が始まる前の時刻を t_1 とし衝突が終わって後の時刻を t_2 として，(9.33) の両辺を t_1 から t_2 の間で積分すると

$$m_1 \int_{t_1}^{t_2} \frac{d^2\boldsymbol{r}_1}{dt^2}\,dt \equiv \int_{t_1}^{t_2} \frac{d\boldsymbol{p}_1}{dt}\,dt = \int_{t_1}^{t_2} \boldsymbol{F}_{12}\,dt \tag{9.42}$$

となる．これは左辺の積分を実行すると

$$\Delta \boldsymbol{p}_1 \equiv \boldsymbol{p}_1(t_2) - \boldsymbol{p}_1(t_1) = \int_{t_1}^{t_2} \boldsymbol{F}_{12}\, dt \tag{9.43}$$

となる．これは，撃力を受けたことによる粒子 1 の運動量の変化は，t_1 から t_2 の間に撃力が粒子 1 に与えた力積に等しいことを表している．衝突時における撃力の時間変化の振る舞いは極めて複雑だが，仮に $F_{12}(t)$ が図 9.8 のように表されるとすると，その力積は青色の面積に当たる．

これから分かるように，(9.43) の右辺の力積は t_1 と t_2 にはよらない．また，ここで必要なのは $F_{12}(t)$ の積分値，つまり図の青色の面積であって，その関数形を知る必要はないことが分かる．

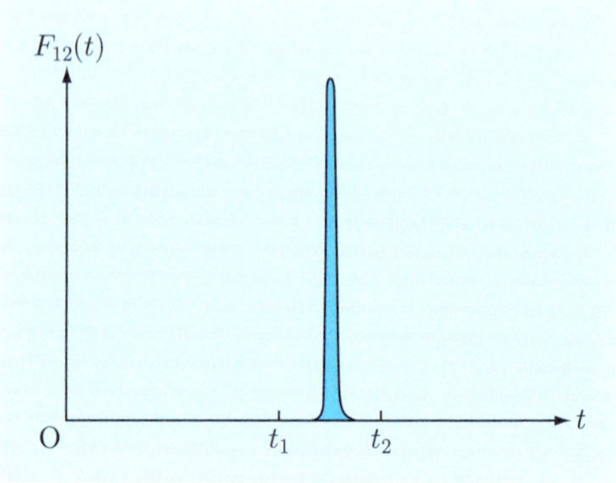

図 9.8　撃力の力積

粒子 2 の衝突の前後での運動量の変化 $\Delta \boldsymbol{p}_2$ も，同様にして (9.34) から

$$\Delta \boldsymbol{p}_2 \equiv \boldsymbol{p}_2(t_2) - \boldsymbol{p}_2(t_1) = \int_{t_1}^{t_2} \boldsymbol{F}_{21}\, dt = -\int_{t_1}^{t_2} \boldsymbol{F}_{12} \tag{9.44}$$

となる．したがって

$$\Delta \boldsymbol{p}_1 + \Delta \boldsymbol{p}_2 = 0 \tag{9.45}$$

となり，衝突の前後では 2 粒子の運動量は保存される．

衝突と運動エネルギー・・・反発係数

衝突においては外力の影響は無視できるために，衝突の前後で 2 個の粒子の運動量の和は保存される．それでは，運動エネルギーではどうであろうか．

すでに見てきたように，2 粒子系の全運動エネルギーは (9.41) で表される．ここで，右辺の第 1 項は質量中心の運動のエネルギーであって，外力の作用がなければ，質量中心が等速度運動をするため一定になる．これに対し，第 2 項は 2 粒子の相対速度の 2 乗

$$\boldsymbol{v}^2 = |\boldsymbol{v}_1 - \boldsymbol{v}_2|^2 \tag{9.46}$$

に比例しているため，衝突の前後でこれが保存するという保証はない．すなわち，衝突の前後で運動エネルギーがどのように変化するかは，相対速度の大きさがどう変わるかによることが分かる．

そこで，この相対速度の変化と運動エネルギーの変化との関係調べるために，はじめに，衝突の前後で運動エネルギーの和が変化しない場合，すなわち**弾性衝突**を考えてみる．特に，簡単のために，同一直線上を運動している 2 つの粒子が正面衝突する場合を考える．いま，衝突前の 2 つの粒子の速度を，それぞれ v_1，v_2，衝突後の速度を u_1，u_2 とすると，運動エネルギーの和が一定に保たれるので

$$\frac{1}{2}m_1 v_1^2 + \frac{1}{2}m_2 v_2^2 = \frac{1}{2}m_1 u_1^2 + \frac{1}{2}m_2 u_2^2 \tag{9.47}$$

の関係が成り立つ．これは適当に移項して

$$\frac{1}{2}m_1(v_1^2 - u_1^2) = \frac{1}{2}m_2(u_2^2 - v_2^2)$$

とし，さらに因数分解すると

$$m_1(v_1 + u_1)(v_1 - u_1) = -m_2(v_2 + u_2)(v_2 - u_2) \tag{9.48}$$

となる．一方，衝突の前後で運動量の和が保存されることから

$$m_1 v_1 + m_2 v_2 = m_1 u_1 + m_2 u_2 \quad \text{すなわち} \quad m_1(v_1 - u_1) = m_2(v_2 - u_2)$$

が成り立つ．これを使って (9.48) を書き換えると

$$v_1 + u_1 = v_2 + u_2$$

すなわち

$$\frac{u_1 - u_2}{v_1 - v_2} = -1 \tag{9.49}$$

が導かれる．この式の分母，分子は，それぞれ衝突の前と後の粒子 2 に対する粒子 1 の相対速度である．したがって，正面弾性衝突の場合は，その前後で相対速度の符号は変わるが，大きさは一定に保たれる．

しかし，実際には，2 つの物体が衝突するとそれにともなって音や熱が発

生して，力学的エネルギーの一部が失われることが多い．その場合，減少するのは (9.41) の右辺の第2項，すなわち相対運動のエネルギーである．したがって，このことを考えると，一般の衝突に対しては，(9.49) は

$$\frac{u_1 - u_2}{v_1 - v_2} = -e \qquad (0 \leq e \leq 1) \tag{9.50}$$

と書くことができる．これは**ニュートンの衝突の法則**と呼ばれ，衝突の問題を解く場合に，運動量の保存則を補う関係式として使われる．

(9.50) で定義される e は**反発係数**（または**はね返り係数**）と呼ばれる．上で確かめたように，弾性衝突の場合は $e = 1$ である．弾性衝突以外の衝突，すなわち $0 \leq e < 1$ の場合はすべて**非弾性衝突**という．非弾性衝突では2つの粒子の運動エネルギーの一部が失われる．特に $e = 0$ の場合は，衝突後の相対速度が0となるので，2つの粒子はくっ付いたまま一体となって運動する．したがって，衝突後の2粒子の運動エネルギーは質量中心の運動エネルギーに等しくなる．このような衝突を**完全非弾性衝突**という．

一直線上の2個の粒子の衝突

図9.9のように，質量 m_1，m_2 の2つの粒子1と2が x 軸上を運動して正面衝突し，その後再び x 軸上を運動する場合を考えよう．衝突前の2つの粒子の速度を v_1，v_2 とし，反発係数を e として，衝突後の速度 u_1，u_2 を求めてみる．ただし，v_1 などの速度は符号を含めて考えることにする．

正面衝突では2つの粒子はたがいに追い越すことができないため，衝突の前と後での2つの粒子の速度の間に

$$v_1 > v_2 \quad および \quad u_1 \leq u_2 \tag{9.51}$$

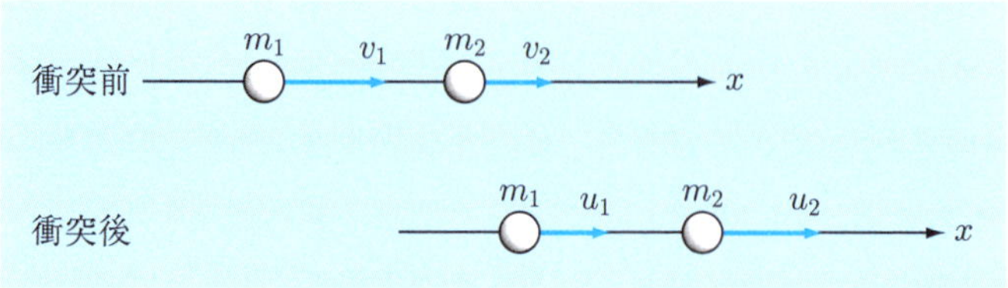

図9.9 一直線上の2個の粒子の衝突

の関係がなりたつ．このため，2 つの粒子の相対速度は衝突の前後で符号が変わる．その場合，相対速度の絶対値が変化しなければ反発係数は $e=1$ で，弾性衝突にあたる．また，衝突後の相対速度が 0，すなわち衝突後 2 つの粒子が合体して運動する場合は $e=0$ であって，完全非弾性衝突である．

衝突に際しては必ず全運動量が保存する．したがって

$$m_1v_1+m_2v_2=m_1u_1+m_2u_2 \tag{9.52}$$

が成り立つ．しかし，求める未知数は u_1，u_2 の 2 つであるから，速度を含むもう 1 つの関係式が必要である．通常，そのような関係式としては上で述べたニュートンの衝突の法則

$$\frac{u_1-u_2}{v_1-v_2}=-e \tag{9.50}$$

が使われる．したがって，u_1，u_2 を求めるには，(9.52) と (9.50) を連立させて解けばよい．この連立方程式は容易に解くことができ

$$\begin{aligned} u_1 &= \frac{1}{m_1+m_2}\{m_1v_1+m_2v_2-em_2(v_1-v_2)\} \\ &= \frac{1}{m_1+m_2}\{p-em_2(v_1-v_2)\} \end{aligned} \tag{9.53}$$

$$u_2=\frac{1}{m_1+m_2}\{p+em_1(v_1-v_2)\} \tag{9.54}$$

となる．p は 2 粒子の運動量の和である．この問題は粒子 1 と 2 について対称であるため，(9.53) と (9.54) はたがいに添字の 1 と 2 を入れ替えた式になっている．

床との衝突

衝突する 2 粒子の一方が床や壁の場合，たとえばボールを床に落としたり壁に当てたときの，衝突の直前，直後のボールの運動を考えてみる．衝突は短い時間に終了するため，その間にボールに働く外力（たとえば重力）の力積は無視することができる．

図 9.10 のように，滑らかな床や壁面に垂直に衝突する場合は，ボールは面に垂直な一つの法線に沿って面に当たってはね返り，1 次元運動をする．このような衝突は，前項で扱った 1 次元衝突であって，衝突する 2 つの粒子

のうちの，粒子 2 が床であって，それが質量が大きいために衝突の前後で静止し続けるとすればよい．そこで，(9.53)，(9.54) において，$v_2 = 0$ および $m_2 = \infty$ とおくと

$$u_1 = -ev_1, \quad u_2 = 0 \tag{9.55}$$

が得られる．第 2 式は衝突後も床が静止していることを表しており，第 1 式ははね返ったボールの速さは，衝突前の速さの e 倍であって，一般には衝突前より小さくなることを表している．

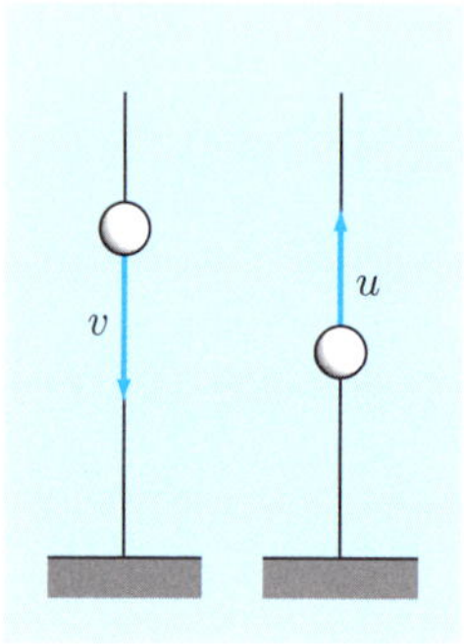

図 9.10 床との衝突

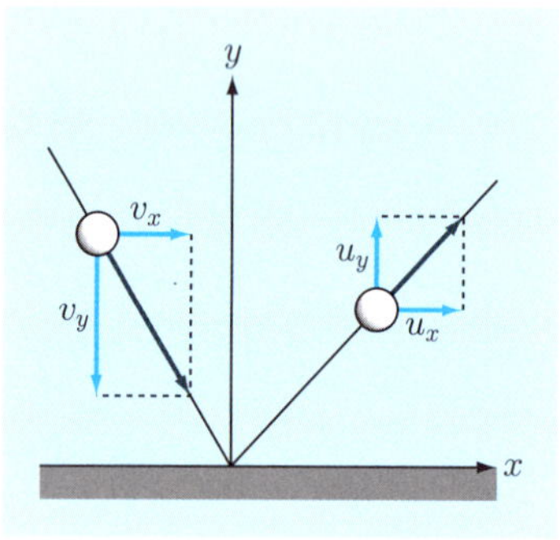

図 9.11 床との斜め衝突

実際には，ボールは床や壁面に対して斜めに衝突する場合が多い．このような斜め衝突では，衝突の前後でボールは面の法線を含む 1 つの平面内を運動する．したがって，衝突は 2 次元衝突になり，図 9.11 のように，面に平行な方向（x 方向）と垂直な方向（y 方向）に分けて扱わなければならない．床や壁面が滑らかでボールが面から摩擦力を受けない場合は，面に平行な方向に力が作用しないので，ボールの速度の x 成分は衝突の前後で変化しない．また，床や壁面に垂直な成分については，(9.55) がそのまま成り立つ．

したがって，衝突の前後のボールの速度を，それぞれ $\boldsymbol{v}(v_x, v_y)$，$\boldsymbol{u}(u_x, u_y)$ とすると，斜め衝突に対しては

$$v_x = u_x, \quad v_y = -eu_y \tag{9.56}$$

が成り立つ．

擦れ合い衝突

2 個の粒子の衝突に戻ろう．粒子 1 と粒子 2 が xy 面内で 2 次元衝突する場合を考える．ここで，粒子 2 ははじめ静止していて，それに対して粒子 1 が図 9.12 のように擦れ合い衝突するとする．はじめ x 方向に速さ v_1 で運動していた粒子 1 は，衝突後は x 方向に対して角度 θ の方向に速さ u_1 で進み，静止していた粒子 2 は衝突後 x 方向に対して逆に角度 ϕ の方向に速さ u_2 で運動する．

まず，x，y の各成分について運動量の保存則を適用すると

$$m_1 v_1 = m_1 u_1 \cos\theta + m_2 u_2 \cos\phi \tag{9.57}$$

$$0 = m_1 u_1 \sin\theta - m_2 u_2 \sin\phi \tag{9.58}$$

が得られる．ここで，衝突は弾性衝突であると仮定すると，運動エネルギーが保存するため，第 3 の関係式

$$\frac{1}{2} m_1 v_1^2 = \frac{1}{2} m_1 u_1^2 + \frac{1}{2} m_2 u_2^2 \tag{9.59}$$

が得られる．ところで，2 つの粒子の質量 m_1，m_2 と粒子 1 の衝突前の速さ v_1 が分かっていても，まだ 4 つの未知数 u_1，u_2 および θ，ϕ が残る．したがって，これらの 3 つ関係式だけでは衝突後の 2 つの粒子の運動を決定することができないことが分かる．それを決めるには，残された 4 つの未知数の 1 つが与えられていなければならない．

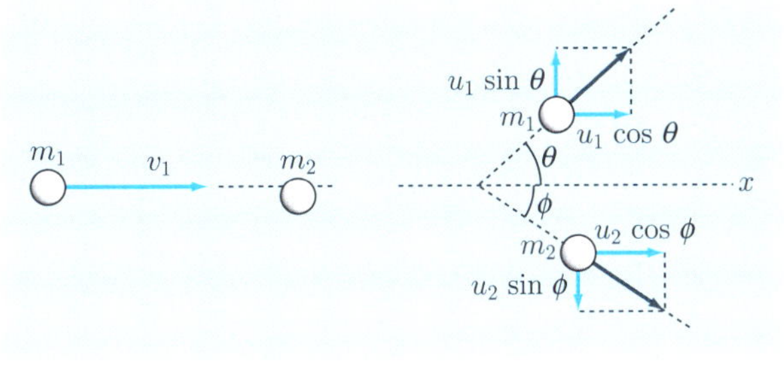

図 9.12　擦れ合い衝突

第 9 章例題

例題 9.1 本をずらして積み上げよう

本を出来るだけずらして積み上げることを考える．

(1) まったく同じ 3 冊の本がある．いま，この 3 冊の本を，一番上の本が一番下の本に対して出来るだけずれるように積み上げるには，どのように積み上げればよいか．

(2) まったく同じ本を，一番上の本が一番下の本に対して丁度 1 冊分だけずれるように積み上げるには，少なくとも何冊の本が必要か．

ただし，上にある本の全体の重心がその下の本の端の真上にあるときは，それらの本は崩れないで積み上げられるものとする．

解答 (1) 本を縦方向 (長さ a) にずらすことにする．まず，2 冊の本を出来るだけずらして重ねるには，図 9.13(a) のように，上の本の重心 G_1 が下の本の端の丁度真上にくるように，$a/2$ だけずらして重ねればよい．したがって，3 冊の本を重ねる場合は，まず上の 2 冊を $a/2$ だけずらして重ね，それを，その重心 G_{1+2} が一番下の本③の端の真上になるように重ねればよい (図 9.13(b))．

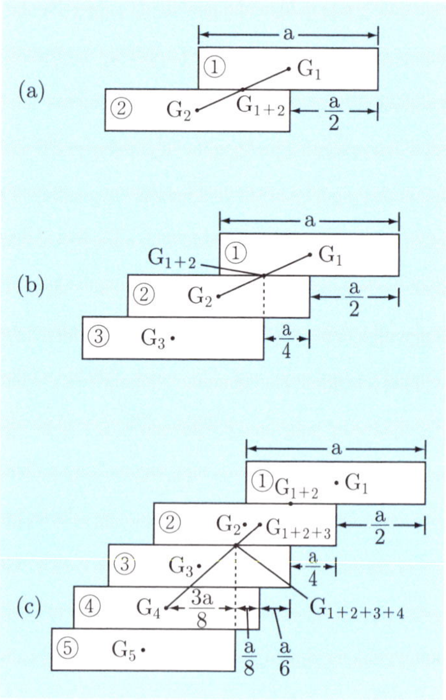

図 9.13

(2) 同様に，その上にある本を出来るだけずらして重ね，その全体の重心が下の本の端の真上にくるように，順次下の本の上に順次重ねていくと，図 9.13(c) のように，5 冊重ねると，1 冊分以上にずらして重ねることができる．上に乗せる本の重心は，(9.2) を順次適用して求めればよい．5 冊をできるだけずらして積み上げると，一番上の本の最大のずれは

$$\frac{a}{2}+\frac{a}{4}+\frac{a}{6}+\frac{a}{8}=\frac{25}{24}a \quad (>a)$$

となる．

例題 9.2 　　　　　　　　　　　　　　　　**半円と半球の質量中心**

(1)　一様な材質からできた半径 a の半円の質量中心を求めよ．

(2)　一様な材質からできた半径 a の半球の質量中心を求めよ．

解答　(1)　図 9.14 のように，半円の弦の中心に原点 O をとり，弦に垂直に z 軸をとると，質量中心は対称性から z 軸上にあることがわかる．一様な材質からできた薄板の質量中心 $\boldsymbol{r}_{\mathrm{G}}$ は，板の厚さを b とすると，(9.11) から

$$\boldsymbol{r}_{\mathrm{G}} = \frac{\displaystyle\int \boldsymbol{r}\,dV}{V} = \frac{\displaystyle\int \boldsymbol{r}b\,dS}{bS} = \frac{\displaystyle\int \boldsymbol{r}\,dS}{S} \tag{9.60}$$

で与えられる．弦から距離 z にある幅 dz 細長い短冊の面積 dS は

$$dS = 2\sqrt{a^2 - z^2}\,dz$$

これを (9.60) に代入すると，質量中心の z 座標は $S = \pi a^2/2$ として

$$z_{\mathrm{G}} = \frac{1}{S}\int_0^a 2z\sqrt{a^2 - z^2}\,dz = \frac{4}{3\pi}a$$

(2)　図 9.14 をこんどは半球と見る．やはり対称性から質量中心は z 軸上にある．底辺から距離 z にある厚さ dz の円板の体積は

$$dV = \pi(a^2 - z^2)dz$$

これを，(9.11) に代入すると，質量中心の z 座標は $V = 2\pi a^3/3$ として

$$z_{\mathrm{G}} = \frac{1}{V}\int_0^a z\pi(a^2 - z^2)\,dz = \frac{3}{8}a$$

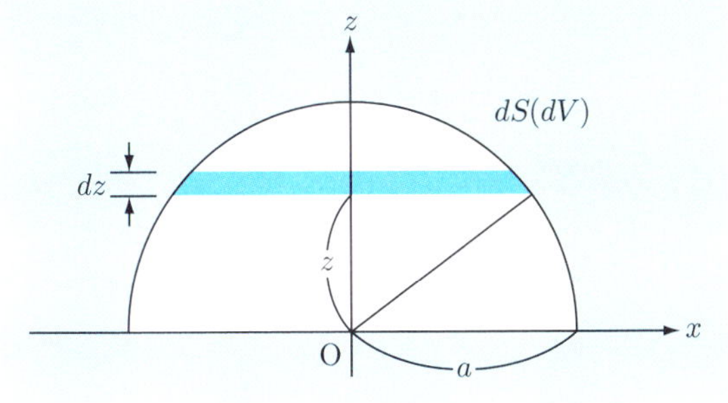

図 9.14

例題 9.3　　ビリアードボールの衝突

図 9.15 に示すように，ビリアードのゲームで，キューボール A をキューで突いて，x 方向にある目標ボール B に衝突させ，B から見て x 方向から 35° の方向にあるコーナーポケットに B を沈めたい．このとき，衝突後のキューボール A は x 方向から何度（θ）の方向に進むか．ただし，衝突は弾性衝突で，球の回転の効果は無視してよい．

解答　2 つのボールの質量はともに m とする．また，ボール A，B 衝突前の速さを v_{A}，v_{B}，衝突後の速さを u_{A}，u_{B} とすると，B ははじめ静止しているから，$v_{\mathrm{B}}=0$ である．この衝突は弾性衝突であるから衝突の前後で運動エネルギーが保存される．したがって，

$$\frac{1}{2}mv_{\mathrm{A}}^2=\frac{1}{2}mu_{\mathrm{A}}^2+\frac{1}{2}mu_{\mathrm{B}}^2 \qquad \therefore \quad v_{\mathrm{A}}^2=u_{\mathrm{A}}^2+u_{\mathrm{B}}^2 \tag{9.61}$$

が成り立つ．また運動量保存則が成り立ち

$$m\boldsymbol{v}_{\mathrm{A}}=m\boldsymbol{u}_{\mathrm{A}}+m\boldsymbol{u}_{\mathrm{B}} \qquad \therefore \quad \boldsymbol{v}_{\mathrm{A}}=\boldsymbol{u}_{\mathrm{A}}+\boldsymbol{u}_{\mathrm{B}} \tag{9.62}$$

となる．(9.62) は両辺を平方すると

$$\begin{aligned} v_{\mathrm{A}}^2 &= (\boldsymbol{u}_{\mathrm{A}}+\boldsymbol{u}_{\mathrm{B}})\cdot(\boldsymbol{u}_{\mathrm{A}}+\boldsymbol{u}_{\mathrm{B}})=u_{\mathrm{A}}^2+u_{\mathrm{B}}^2+2\boldsymbol{u}_{\mathrm{A}}\cdot\boldsymbol{u}_{\mathrm{B}} \\ &= u_{\mathrm{A}}^2+u_{\mathrm{B}}^2+2u_{\mathrm{A}}u_{\mathrm{B}}\cos(35^\circ+\theta) \end{aligned}$$

となる．これから (9.61) を引くと

$$\cos(35^\circ+\theta)=0 \qquad \therefore \quad 35^\circ+\theta=90^\circ \qquad \therefore \quad \theta=55.0^\circ$$

となる．このように，質量の等しい 2 粒子が擦れ合い弾性衝突する場合は，衝突後両者は互いに直角方向に運動する．

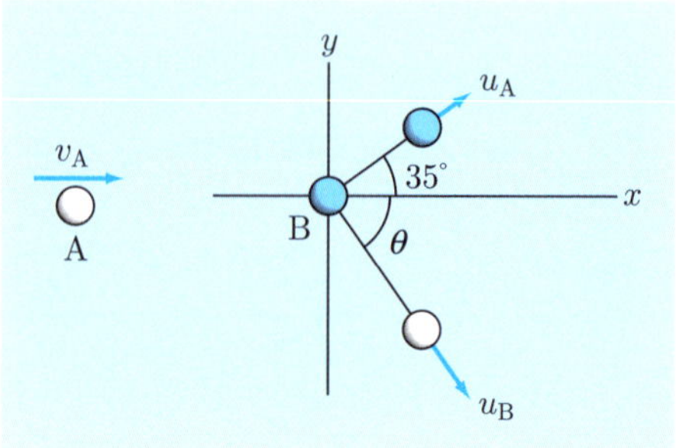

図 9.15

第 9 章演習問題

[1]　簡単な形をした薄い板の重心（質量中心）を求めてみよう．

(1)（**正方形と 2 等辺三角形からなる五角形**）下の図 9.16 に示す五角形について，x 軸上にある重心の位置（正方形の中心 O からの距離）を求めよ．

(2)（**正三角形から 3 分の 1 の 2 等辺三角系を切り取った楔形**）下の図 9.17 で，△ABC は正三角形で，O はその重心である．楔形 ABOC の重心の x 軸上の位置（O からの位置）を求めよ．

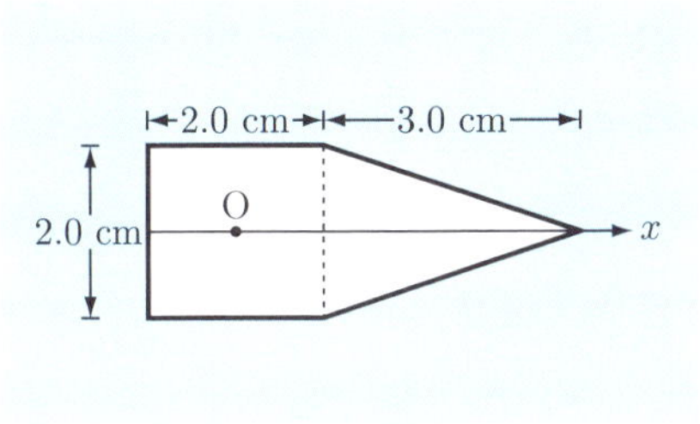

図 9.16

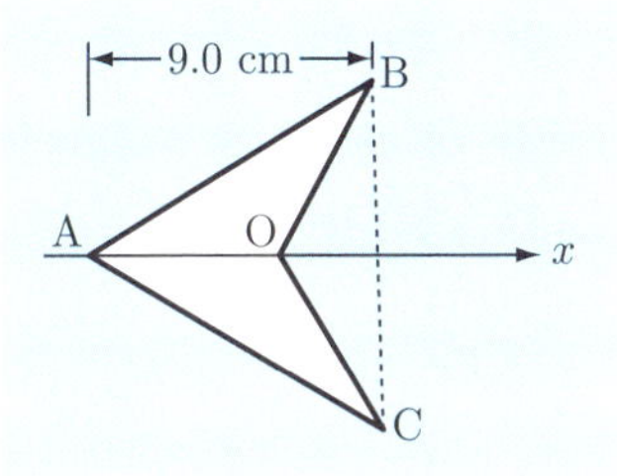

図 9.17

[2]　底面の半径が a，高さが h の一様な材質からできた直円錐の重心を求めよ．

[3]　一様な材質からできた，半径が a，中心角が θ の扇形をした薄板がある．その重心を求めよ．

[4]　滑らかな氷上に，A と B の 2 人が静止して立っている．2 人の質量は，それぞれ M_A，M_B である．いま，A が質量 m のボールを氷に対して水平速度 v で投げ，B がそれをつかんだ．2 人はその後どのような運動をするか．

[5]　滑らかな水平面上に質量 M，長さ l の板があり，その一端に立っていた質量 m の人が，板の他端まで歩くと，板はどれだけ動くか．

[6]　同一平面上を質量 m と $2m$（単位は kg）の 2 つの粒子 1 と 2 が運動している．ある時刻における 2 つの粒子の位置および速度は，それぞれ，$\boldsymbol{r}_1 = \boldsymbol{i} + 2\boldsymbol{j}$，$\boldsymbol{r}_2 = -2\boldsymbol{i} + 3\boldsymbol{j}$（単位は m）および $\boldsymbol{v}_1 = \boldsymbol{i} + 3\boldsymbol{j}$，$\boldsymbol{v}_2 = -\boldsymbol{i} + \boldsymbol{j}$（単位は m/s）であった．この瞬間における次の量を求めよ．

(1) 2 つの粒子系の重心の位置ベクトル $\boldsymbol{r}_G$

(2) 2 つの粒子系の重心の速度 $\boldsymbol{v}_G$

(3) 重心から見た粒子 1 と 2 の位置ベクトル $\boldsymbol{r}_{1G}$ および $\boldsymbol{r}_{2G}$

(4) 2 つの粒子の運動量の和 $\boldsymbol{p}$

(5) 2 つの粒子の運動エネルギーの和 K

(6) 重心の運動エネルギー K_G

(7) 重心からみた 2 つの粒子の運動エネルギーの和 K'

(8) 2 つの粒子の重心のまわりの角運動量の和 $\boldsymbol{l}$

[7] 質量 m_1 の粒子が静止している質量 m_2 粒子に速度 v で衝突した．衝突は非弾性衝突で反発係数は e であるとして，衝突後のそれぞれの速度を求めよ．

[8] 図 9.18 のように，ばねの上端に質量 M のおもり (板) が取り付けられている．いま，板の上方 h の高さから，質量 m（$m < M$）の小球を静かに落として板に衝突させた．小球はどれだけの高さまで跳ね上がるか．ただし，高さは図のように板のはじめの静止位置から測り，小球と板の衝突は瞬間的に起こり，弾性衝突であるとする．2 回目の衝突は考えない．

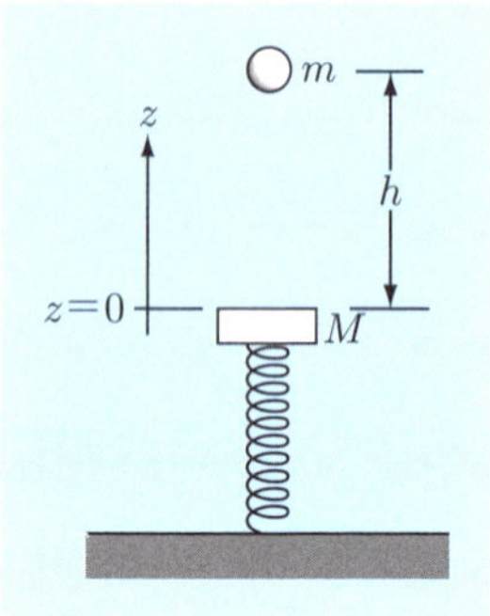

図 9.18

[9] 花火玉が初速度 v_0 で真上にうちあげられ，最高点で破裂して，きれいな花を咲かせた．破裂後の花火玉の破裂したすべての破片の重心はどのような運動をするか．

[10] (連結振動) 図 9.19 のように，質量 m と M の物体 A，B をばね定数 k の軽いばねで結び，滑らかで水平な床の上に置いて直線的に振動させる．このとき，物体 A，B はどのような運動をするか．

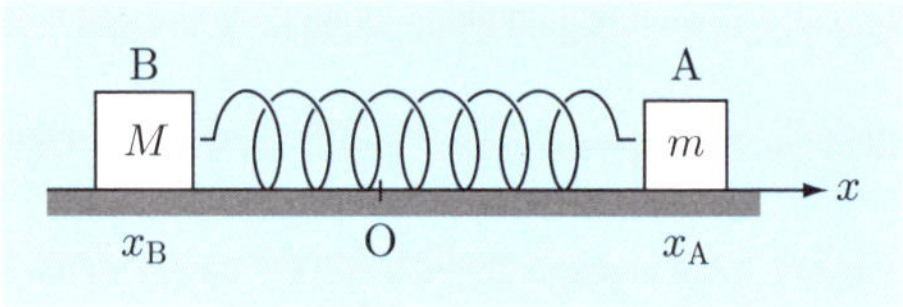

図 9.19

[11] 図 9.20 のように，質量 m_A と m_B の 2 つの粒子 A，B が互いに引力を及ぼし合って相対距離を r に保ちながら，角速度 ω で質量中心 G のまわりを円運動しており，質量中心 G は A と B の運動する平面内で点 O のまわりに，半径 R，角速度 ω_0 の円運動をしている．このとき点 O のまわりの全角運動量はいくらか．

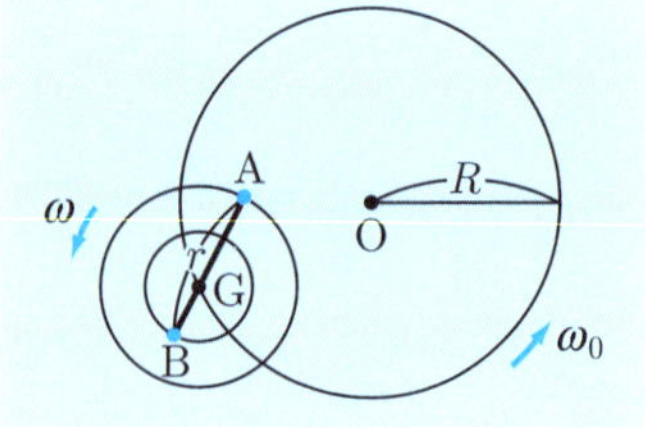

図 9.20

第10章

剛体の運動

剛体のつりあいと回転運動

固体は微小部分に分割してみると，それらの微小部分の集まり，つまり質点系と考えることができる．その場合，一般に力を加えても固体はほとんど変形しないから，質点間距離は変化しないと考えてよい．このように，質点間の距離が常に一定であるような質点系を“剛体”と呼ぶ．この章では，前節で学んだ質点系の力学の結果をもとにして，そのような剛体とみなせる硬い固体のつり合いや，回転運動を考えてみよう．

本章の内容

10.1　剛体の運動方程式

前章の第 2 節で学んだように，質点系の質量中心の運動は，質点系の全質量と系に働く外力だけで決まり，また，質量中心のまわりの全角運動量の時間的な変化は質量中心に対する外力のモーメントだけで決まる．したがって，剛体の運動は，質量中心の並進運動と質量中心のまわりの回転運動とに分けて考えることができる．特に回転運動は，物体の大きさを配慮しなかったこれまでの章では現れなかった新しい運動である．

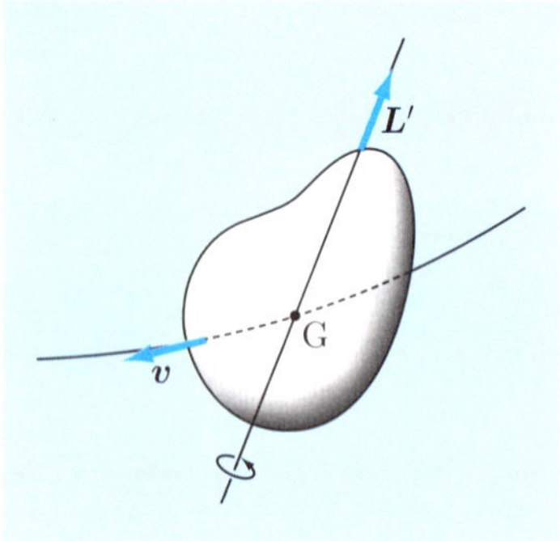

図 10.1　固体の運動

剛体に働く力の性質

剛体に力が作用する場合，力の働く点を**作用点**といい，その点を通って力の方向に引いた直線を**作用線**という（図 10.2(a)）．剛体に加えられた力の効果は，力の大きさと方向や向きだけでなく，その作用点によっても変わる．力の移動については次の法則が成り立つ．

力の移動の法則：　剛体に働く力は，その作用点を作用線上の任意の点に移動させても，剛体に及ぼす効果は変わらない．

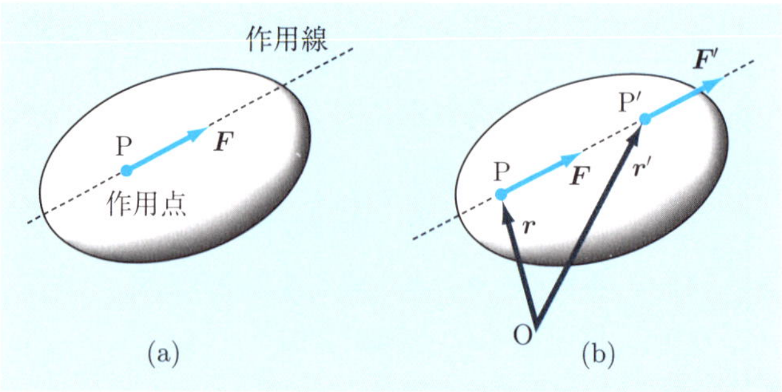

図 10.2　力の移動性

これは次のようにして確かめることができる．いま，図 10.2(b) のように，点 P に作用する力 $\boldsymbol{F}$ を，その作用線上の点 P′ に作用する力 $\boldsymbol{F}'$（$= \boldsymbol{F}$）に移してみる．P，P′ はともに $\boldsymbol{F}$ の作用線上にあるので $\boldsymbol{r} - \boldsymbol{r}'$ は $\boldsymbol{F}$ と平行なベクトルである．したがって

$$(\boldsymbol{r} - \boldsymbol{r}') \times \boldsymbol{F} = 0 \qquad \therefore \quad \boldsymbol{r} \times \boldsymbol{F} = \boldsymbol{r}' \times \boldsymbol{F}' \tag{10.1}$$

となる．よって $\boldsymbol{F}$ と $\boldsymbol{F}'$ は剛体に対して同じ効果を与えることがわかる．

偶力

剛体に働く 2 つの力 $\boldsymbol{F}_1$，$\boldsymbol{F}_2$ が，大きさと方向が等しく，向きが逆であって，作用線が異なるとき，この 1 対の力を**偶力**という．偶力は

$$\boldsymbol{F}_1 = -\boldsymbol{F}_2 \qquad \therefore \quad \boldsymbol{F}_1 + \boldsymbol{F}_2 = 0$$

となり，その合力は 0 であるため，剛体の重心の運動には寄与しない．また，2 つの力の作用点をそれぞれ $\boldsymbol{r}_1$，$\boldsymbol{r}_2$ とすると，この 2 つの力の原点のまわりのモーメントの和は

$$\boldsymbol{N} = \boldsymbol{r}_1 \times \boldsymbol{F}_1 + \boldsymbol{r}_2 \times \boldsymbol{F}_2 = (\boldsymbol{r}_1 - \boldsymbol{r}_2) \times \boldsymbol{F}_1 \tag{10.2}$$

となり，原点の位置にはよらない．この $\boldsymbol{N}$ を**偶力のモーメント**という．また，上で述べた力の移動の法則を用いれば，このモーメントの大きさは

$$N = lF_1 \ (= lF_2) \tag{10.3}$$

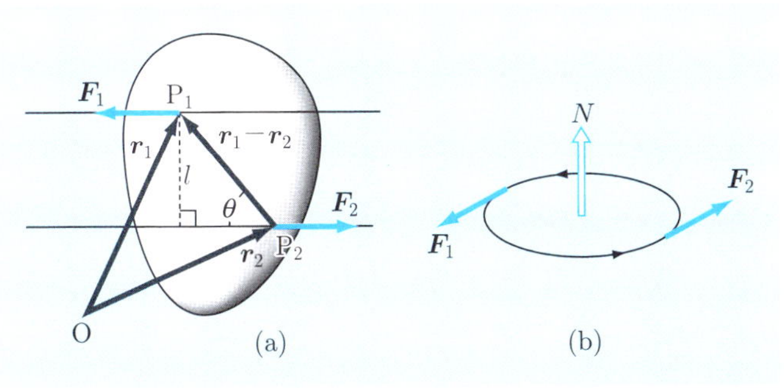

図 10.3　偶力の大きさ (a) とモーメントの方向・向き (b)

となり，力の大きさと 2 本の作用線の間隔との積になる（図 10.3(a)）．また，偶力のモーメントの向きは，図 10.3(b) のように，右ねじの頭を偶力によって回したとき，ねじの進む向きと一致する．

一般に剛体に作用する 1 つの力 $\boldsymbol{F}$ は，質量中心に働く力と 1 組の偶力とに分けることができる．いま，図 10.4 に示すように，剛体の中の任意の点 P に力 $\boldsymbol{F}$ が加えられているとしよう．このとき，質量中心に，この力 $\boldsymbol{F}$ と大きさおよび方向・向きの等しい力 $\boldsymbol{F}'$ を加え，同時にそれと逆向きの力 $-\boldsymbol{F}'$ を加えても，$\boldsymbol{F}'$ と $-\boldsymbol{F}'$ は相殺するので，剛体の運動には影響しない．しかも，$\boldsymbol{F}$ と $-\boldsymbol{F}'$ は 1 組の偶力とみることができる．したがって，点 P に加えられた力 $\boldsymbol{F}$ は，質量中心に加えられた力 $\boldsymbol{F}'$ $(= \boldsymbol{F})$ と，1 組の偶力（$\boldsymbol{F}$ と $-\boldsymbol{F}'$）に分けられる．

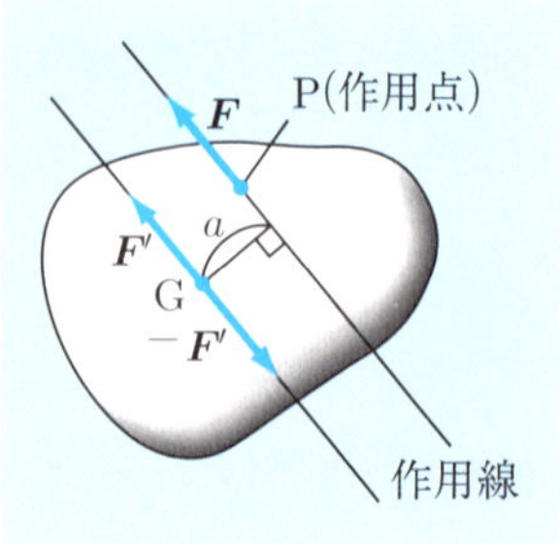

図 10.4 剛体に働く力の効果

剛体の自由度

はじめに述べたように，剛体の運動は，質量中心の並進運動と，質量中心のまわりを回る回転運動を重ね合わせた運動である．したがって，運動を記述するには，質量中心の位置を指定する 3 つの座標 (x, y, z) と，回転軸の方向を指定する 2 つの角度（たとえば極座標の θ と ϕ），さらに軸のまわりの回転角の合計 6 個の変数が必要である．一般に系の運動を記述するのに必要な変数の数を系の**自由度**という．したがって，n 個の質点系の自由度は $3n$ であり，**剛体の自由度**は 6 である．

剛体を n 個の質点系とみなせば自由度は $3n$ であるようにみえるが，剛体の場合には質点間の距離が一定であるという条件があり，この条件式が $3n - 6$ 個あるため，自由度は条件式の数だけ減って 6 となる．

剛体の運動方程式

剛体の運動は，質量中心の並進運動と，質量中心のまわりの回転運動とにわけられるため，それぞれについて運動方程式をたてればよい．

剛体は各質点間の距離が変わらない質点系と考えることができるので，質点間のみに作用する内力は剛体の運動にはまったく寄与しないことがわかる．ところで，剛体にいくつかの力 $\boldsymbol{F}_1, \boldsymbol{F}_2, \cdots, \boldsymbol{F}_N$ が作用している場合も，それぞれの力は，質量中心に働く力 $\boldsymbol{F}_i$ と一組の偶力とに分けて考えることができる．その場合，並進運動を支配するのが質量中心に働く力の和であり，回転運動を支配するのが偶力の和である．

これらの並進運動と回転運動の運動方程式は，すでに，前章の質点系の議論において，内力をまったく含まない運動方程式として求められており，並進運動は (9.17) より

$$M\frac{d^2\boldsymbol{r}_\mathrm{G}}{dt^2} = \sum \boldsymbol{F}_k = \boldsymbol{F} \tag{10.4}$$

で記述される．また，質量中心に対する全角運動量 $\boldsymbol{L}'$ は，(9.30) の第 2 項より

$$\boldsymbol{L}' = \sum m_k \boldsymbol{r}_k{}' \times \frac{d\boldsymbol{r}_k{}'}{dt} \tag{10.5}$$

であたえられるが，この両辺を時間微分すると

$$\begin{aligned}\frac{d\boldsymbol{L}'}{dt} &= \sum m_k \boldsymbol{r}_k{}' \times \frac{d^2\boldsymbol{r}_k{}'}{dt^2} = \sum m_k \boldsymbol{r}_k{}' \times \left(\frac{d^2\boldsymbol{r}_k}{dt^2} - \frac{d^2\boldsymbol{r}_\mathrm{G}}{dt^2}\right) \\ &= \sum \boldsymbol{r}_k{}' \times \boldsymbol{F}_k - \left(\sum m_k \boldsymbol{r}_k{}'\right) \times \frac{d^2\boldsymbol{r}_\mathrm{G}}{dt^2}\end{aligned} \tag{10.6}$$

となり，さらに，右辺の第 2 項で $\sum m_k \boldsymbol{r}_k{}' = 0$ とおくと

$$\frac{d\boldsymbol{L}'}{dt} = \sum \boldsymbol{r}_k{}' \times \boldsymbol{F}_k = \boldsymbol{N}' \tag{10.7}$$

が得られる．この (10.7) が剛体の質量中心のまわりの回転運動を記述する運動方程式である．

このように，剛体の運動は (10.4)，(10.7) の 2 つの方程式で表される．これらの式はいずれもベクトル式であるため，式の数としては計 6 つになる．一方上で述べたように剛体の自由度は 6 なので，運動を記述するために必要な変数は 6 つである．したがって，これらの 6 つの方程式を解けば剛体の運動は完全に解けることになる．

10.2 剛体のつり合い

剛体がつり合っているということは，その質量中心の並進運動も，そのまわりの回転運動も平衡状態にあることをいう．すなわち，並進運動の加速度も，回転運動の角加速度もともに0の状態である．したがって，剛体がつり合うためには，前節の(10.4)と(10.7)から

$$\sum \boldsymbol{F}_k = 0 \tag{10.8}$$

$$\sum \boldsymbol{r}_k{}' \times \boldsymbol{F}_k = 0 \tag{10.9}$$

が成り立たなければならないことがわかる．すなわち，剛体に働く外力の和と質量中心のまわりの外力のモーメントの和がともに0であることが，剛体がつり合うための必要十分条件である．

ところで，(10.9)の左辺は，外力の作用点の慣性系での位置ベクトルを $\boldsymbol{r}_k$ とすると，$\boldsymbol{r}_k{}' = \boldsymbol{r}_k - \boldsymbol{r}_\mathrm{G}$ であるから

$$\begin{aligned}\sum \boldsymbol{r}_k{}' \times \boldsymbol{F}_k &= \sum (\boldsymbol{r}_k - \boldsymbol{r}_\mathrm{G}) \times \boldsymbol{F}_k \\ &= \sum \boldsymbol{r}_k \times \boldsymbol{F}_k - \boldsymbol{r}_\mathrm{G} \times \sum \boldsymbol{F}_k = \sum \boldsymbol{r}_k \times \boldsymbol{F}_k\end{aligned} \tag{10.10}$$

と変形される．したがって，1つの剛体がつり合いの状態にあるための必要十分条件は，次のように表すことができる．

1. 外力の合力が0でなければならない．

$$\sum \boldsymbol{F}_k = 0 \tag{10.8}$$

2. 任意の原点のまわりの外力のモーメント総和が0でなければならない．

$$\sum \boldsymbol{r}_k \times \boldsymbol{F}_k = 0 \tag{10.11}$$

剛体のつり合いでしばしば出会うのは，剛体に2つの力だけが作用している場合と，3つの力が作用している場合である．

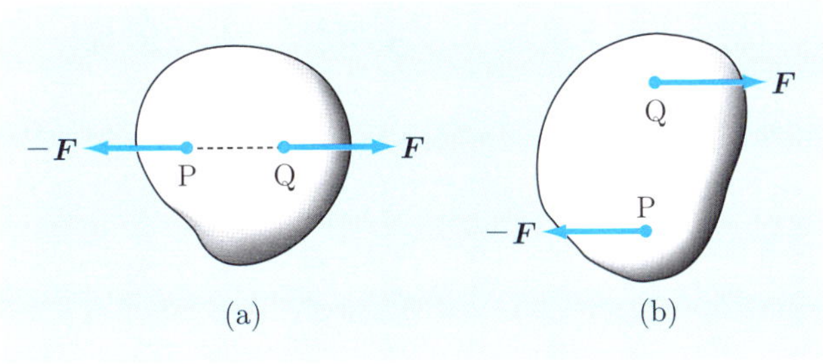

図 10.5 剛体に働く **2** つの力

剛体に 2 つの力が働いているときは，その 2 つの力が同一の作用線をもち，大きさが等しく，向きが逆である場合にかぎり，剛体はつり合いの状態にあることができる（図 10.5(a)）．たとえ 2 つの力の合力が 0 であっても，図 10.5(b) のように，それらの作用線が一致しなければ，原点をどこにとっても，その点のまわりの力のモーメントは 0 にならないため，上の剛体のつり合いの第 2 の条件を満たすことはできない．

剛体に 3 つの力 $\boldsymbol{F}_1$，$\boldsymbol{F}_2$，$\boldsymbol{F}_3$ が働いていて，剛体が平衡状態にあるためには，つり合いの 2 つの条件から，まず，それらの 3 つの力の合力が 0 であること

$$\boldsymbol{F}_1 + \boldsymbol{F}_2 + \boldsymbol{F}_3 = 0$$

および，任意の点のまわりの力のモーメントの和が 0 であることが必要である．この第 2 の条件を満たすには，図 10.6 のように，3 つの力の作用線が一つの共点 S で交差すればよい．力が共点的であれば，その共点 S を通るすべての軸のまわりの力のモーメントの和は 0 となる．ただし，この規則には例外があって，3 つの力が互いに平行な場合には，作用線は交差しないが，任意の点のまわりの力のモーメントの和が 0 になる場合がある（例：天秤，シーソー）．

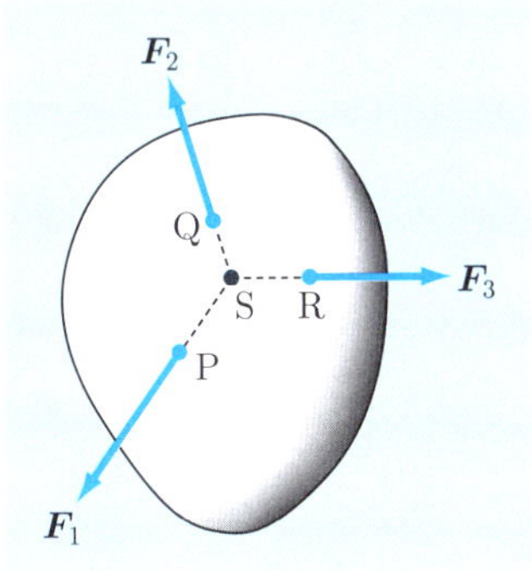

図 10.6 **3** つの力が働くときの剛体のつり合い

10.3　固定軸のまわりの剛体の回転運動

剛体の運動の中で最も簡単なものは，定滑車のように，固定軸があって，剛体がその軸のまわりを回る回転運動である．このとき剛体の位置は，ある固定された位置からの回転角 ϕ だけによって表されるため，この回転運動の自由度は 1 となる．したがって，この運動は，ϕ を x 軸上の質点の位置とみなせば，質点の 1 次元運動に対応させて考えることができる．

角速度と角加速度

図 10.7 のように，平板の形をした剛体が固定軸（z 軸）のまわりを回転している場合を考える．ある時刻における平板の位置は，平板上の点 P がある定まった方向（x 方向）からの回転角 ϕ で指定することができる．そこで，平板が回転し，時刻 t_1 に回転角 ϕ_1 の位置にあった点 P は時刻 t_2 には ϕ_2 の位置に移動したとすると（図 10.8），その間の回転の平均の速さは

$$\frac{\phi_2 - \phi_1}{t_2 - t_1} = \frac{\Delta\phi}{\Delta t}$$

である．したがって，粒子の運動の場合に，平均の速さから或る瞬間における速さを定義したときと同様にして，時刻 t における瞬間の回転の速さ ω を

$$\omega = \lim_{\Delta t \to 0} \frac{\Delta\phi}{\Delta t} = \frac{d\phi}{dt} \tag{10.12}$$

で定義し，これを固定軸のまわりの平板（剛体）の角速度と呼ぶ．

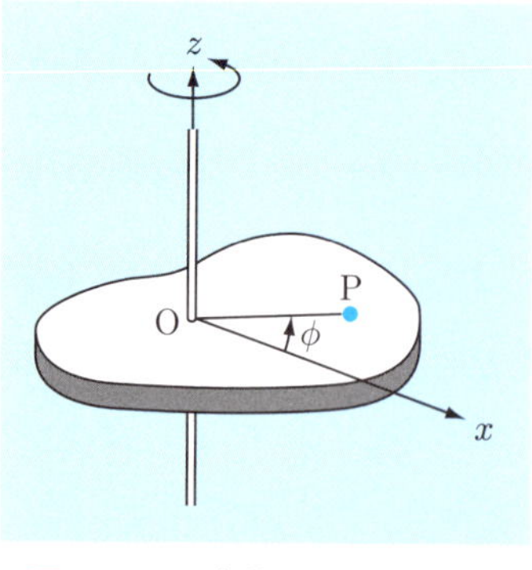

図 10.7　固定軸のまわりの回転

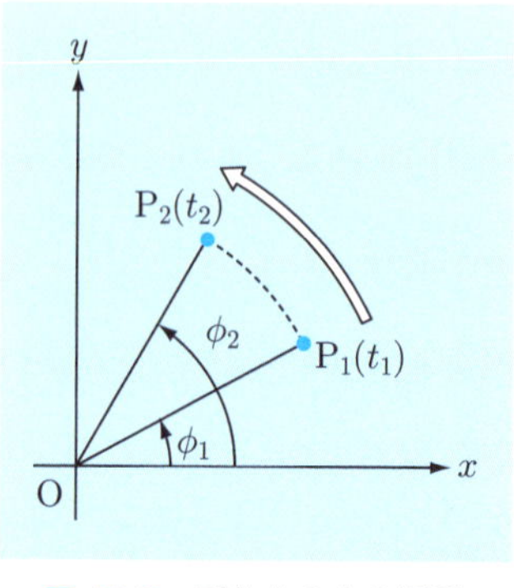

図 10.8　剛体上の点の運動

同様にして，角加速度 a も

$$a = \lim_{\Delta t \to 0} \frac{\Delta\omega}{\Delta t} = \frac{d\omega}{dt} = \frac{d^2\phi}{dt^2} \tag{10.13}$$

で定義される．したがって，等角加速度をもつ回転運動の運動学的な方程式は，等加速度の並進運動の対応する方程式で

$$x \to \phi, \quad v \to \omega, \quad a \to a$$

と置き換えたものと同型になる（表 10.1）．

表 10.1　一定加速度 a をもつ回転運動と並進運動

固定軸のまわりの回転運動（変数：ϕ，ω）	x 方向の並進運動（変数：x，v）
$\omega = \omega_0 + at$	$v = v_0 + at$
$\phi = \phi_0 + \omega_0 t + \frac{1}{2}at^2$	$x = x_0 + v_0 t + \frac{1}{2}at^2$
$\omega^2 = \omega_0^2 + 2a(\phi - \phi_0)$	$v^2 = v_0^2 + 2a(x - x_0)$

固定軸のまわりの角運動量と慣性モーメント

固定軸のまわりを回転する剛体の角運動量を調べてみよう．ただし，剛体は均一であって，その体積密度は ρ とする．

まず，剛体を微小部分に分けて考える．各微小体積 ΔV_i は，軸に垂直な平面の内で，この平面と軸の交点を中心とする円運動を行う．この円運動はすべての微小体積について共通の角速度 ω で一斉に行われる．そこで，ΔV_i から固定軸に下ろした垂線の長さを h_i とすると，円運動する微小体積 ΔV_i の質量は $m_i = \rho\Delta V_i$，速度は $v_i = h_i\omega$ であるから，運動量は $\Delta p_i = (\rho\Delta V_i)h_i\omega$ と表される．したがって，微小部分 ΔV_i の固定軸のまわりの角運動量 ΔL_i は

$$\Delta L_i = h_i \Delta p_i = h_i \cdot \{(\rho\Delta V_i)h_i\omega\} = \{(\rho\Delta V_i)h_i^2\}\omega \tag{10.14}$$

となる．

固定軸のまわりの剛体の角運動量 L は，分割された各部分の軸のまわりの角運動量の和である．

$$L = \sum_{i=1}^{N} \{(\rho\Delta V_i)h_i^2\}\omega \tag{10.15}$$

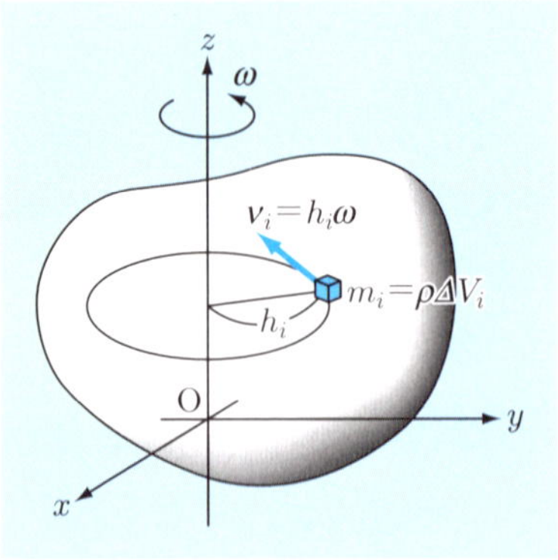

図 10.9　固定軸のまわりの剛体の角運動量

これは，ΔV_i を十分に小さくした極限をとれば，和は積分に置き換えられて

$$L = \left(\int_V \rho h^2\,dV\right)\omega = I\omega \tag{10.16}$$

となる．ここで

$$I = \int_V \rho h^2\,dV \tag{10.17}$$

は，この**剛体の固定軸のまわりの慣性モーメント**と呼ばれる．(10.15) は ρ が必ずしも一定でなくてもよい．したがって，(10.16)，(10.17) の表式は剛体が均一でなくても成り立つ．特に，剛体の密度が一定であるときは，(10.17) は

$$I = \frac{M}{V}\int_V h^2\,dV \qquad \left(V = \int_V dV\right) \tag{10.18}$$

と表される．ここで，M は剛体の質量である．

剛体に幾つかの外力が働いているときの**剛体の運動方程式**は，それらの力の軸のまわりのモーメントの和を N とすると

$$\frac{dL}{dt} = N \tag{10.19}$$

で与えられる．これは，(10.16) から

$$I\frac{d\omega}{dt} = N \quad \text{または} \quad I\frac{d^2\theta}{dt^2} = N \tag{10.20}$$

書き表される．(10.16) および (10.20) は

$$L \to p, \quad I \to m, \quad \omega \to v, \quad N \to F$$

と置き換えてみると

$$p = mv, \quad m\frac{dv}{dt} = F, \quad a = \frac{d^2x}{dt^2}$$

となり，1 次元の粒子の運動方程式に一致する．したがって，慣性モーメント I は並進運動における質量 m に対応する量で，剛体の固定軸のまわりの回転運動のし難さを表す量であることがわかる．

10.4 慣性モーメントに関する 2 つの定理

剛体の慣性モーメントは，固定軸の位置や方向が異なると一般に異なる値をとるが，それらの値の間には次に示す 2 つの重要な性質があることが知られている．

平行軸の定理： 任意の軸のまわりの慣性モーメント I は，質量中心 G を通るこの軸に平行な軸のまわりの慣性モーメントを I_{G} とすると

$$I = I_{\mathrm{G}} + Md^2 \tag{10.21}$$

で与えられる．ただし，M は剛体の質量で，d は 2 本の軸の間隔である．

この定理は次のようにして証明される．固定軸を z 軸にとり，これに平行で質量中心を通る軸を z' とする．また，剛体の中の微小部分（位置 P_i，質量 $\rho\Delta V_i$）が運動する z 軸に垂直な平面を考え，図 10.10 のように，平面と 2 つの軸との交点を O，O$'$ とし，P_i と O および O$'$ の距離を，それぞれ h_i, h_i' とすると，この微小部分の固定軸のまわりの慣性モーメント ΔI_i は，定義から

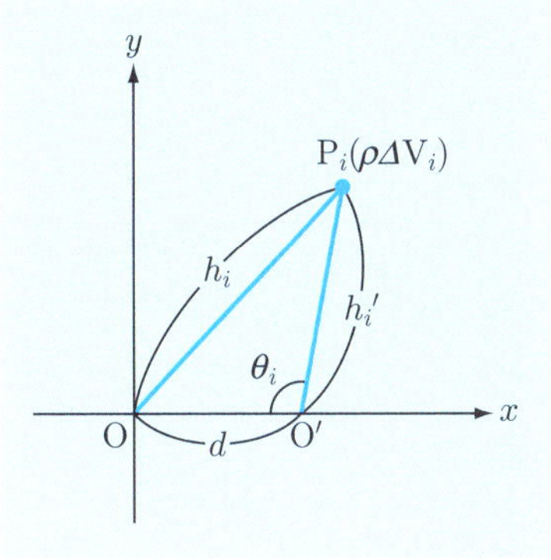

図 10.10 平行軸の定理

$$\Delta I_i = h_i^2(\rho\Delta V_i) = (d^2 + {h_i'}^2 - 2dh_i'\cos\theta_i)\rho\Delta V_i \tag{10.22}$$

となる．したがって，剛体の慣性モーメント I は

$$I = d^2 \int \rho\, dV + \int \rho h'^2\, dV - 2d \int \rho h' \cos\theta\, dV$$

となるが，右辺の第 3 項は質量中心の定義から 0 となる．結局 I は

$$I = d^2 \int \rho\, dV + \int \rho h'^2\, dV = Md^2 + I_{\rm G} \qquad (10.23)$$

と書き表される．ここで，$I_{\rm G}$ は重心を通る軸（z' 軸）に関する慣性モーメントである．

平面板の直交軸の定理： 薄い平面板を考え，その面内に直交する 2 つの軸（x，y 軸）をとり，面に垂直に z をとる．いま，3 つの軸のまわりの慣性モーメントをそれぞれ I_x，I_y，I_z とすると，それらの 3 つの慣性モーメントの間には

$$I_z = I_x + I_y \qquad (10.24)$$

の関係が成り立つ．

この定理も，平面板を微小面積 ΔS_i の集合とみなすことによって証明することができる．板の面積密度を σ とすると，微小面積 ΔS_i の質量 m_i は

$$m_i = \sigma \Delta S_i \qquad (10.25)$$

である．そこで，図 10.11 のように，ΔS_i の位置 P_i の座標を (x_i, y_i) とすると，この微小面積の z 軸のまわりの慣性モーメント ΔI_i は

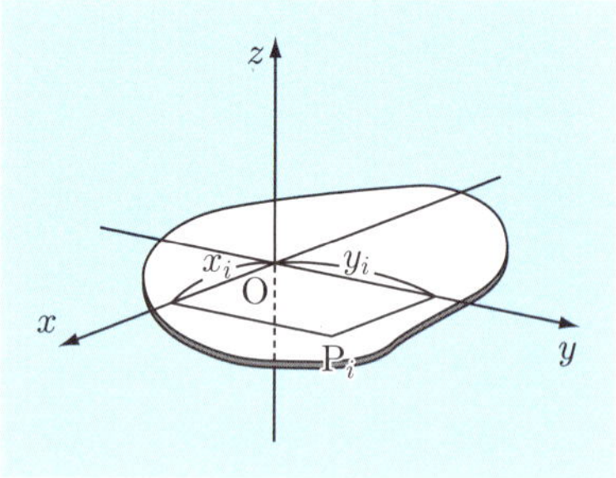

図 10.11 平面板の慣性モーメント

$$\begin{aligned}\Delta I_i &= (x_i^2 + y_i^2) m_i \\ &= (x_i^2 + y_i^2)\sigma \Delta S_i\end{aligned}$$

したがって，板全体の慣性モーメント I は

$$I_z = \int \sigma(x^2 + y^2)\,dS = \int \sigma x^2\,dS + \int \sigma y^2\,dS = I_y + I_x \tag{10.26}$$

となり，(10.24) が導かれる．

剛体の任意の軸のまわりの慣性モーメント I は，剛体の質量 M に比例する．そこで，その比例係数を k^2 と置くと，I は

$$I = Mk^2 \tag{10.27}$$

のように表される．このとき，比例係数の平方根 k を**回転半径**，または**慣性半径**という．

10.5　慣性モーメントの計算例

①　細長い棒（長さ $2a$）

長さ $2a$，質量 M の細長い棒の，中心を通って棒に垂直な軸のまわりの慣性モーメント I を求めてみよう．I は棒を微小線分に分割し，各微小線分 dx の慣性モーメント dI の和である．そこで，図 10.12 のように，棒に沿って x 軸をとり，棒の線密度（単位長さあたりの質量）を λ（$= M/2a$）とすると，I は

$$I = \int_{-a}^{a} x^2 \lambda\,dx = \frac{M}{2a}\int_{-a}^{a} x^2\,dx = \frac{1}{3}Ma^2 \tag{10.28}$$

と得られる．したがって，この細長い棒の回転半径 k は

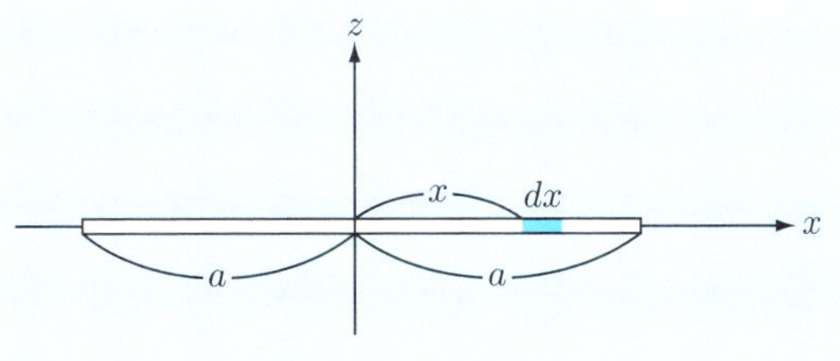

図 10.12　細長い棒の慣性モーメント

$$k = \frac{a}{\sqrt{3}} \tag{10.29}$$

である．

② 薄い円板（半径 a）

半径 a，質量 M の厚さが一様な**円板の慣性モーメント**を考える．まず，円板の中心を通って板面に垂直な軸（z 軸）のまわりの慣性モーメント I_z を求めてみよう．

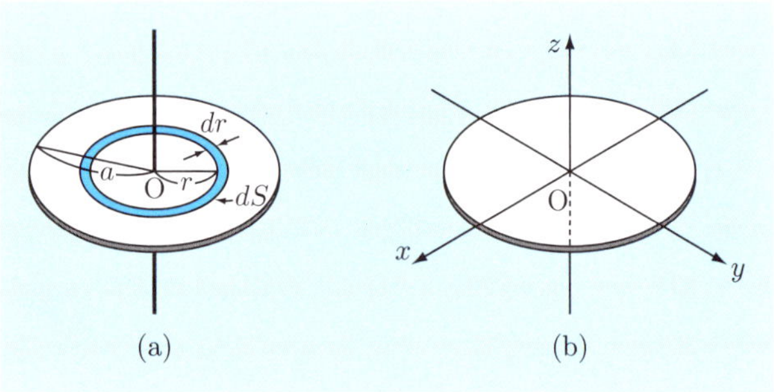

図 10.13　円板の慣性モーメント

円板の単位面積あたりの質量（面密度）σ は

$$\sigma = \frac{M}{\pi a^2} \tag{10.30}$$

である．そこで，図 10.13(a) において半径 r と半径 $r + dr$ に挟まれた円環の部分を考えると，その面積 dS は，$dS = 2\pi r\,dr$ であるから，円環の質量 dM は

$$dM = \sigma\,dS = \frac{M}{\pi a^2} 2\pi r\,dr = \frac{2M}{a^2} r\,dr \tag{10.31}$$

である．したがって，中心軸のまわりの円環の慣性モーメント dI_z は

$$dI_z = r^2\,dM = \frac{2M}{a^2} r^3\,dr \tag{10.32}$$

となる．よって，中心軸のまわりの円板の慣性モーメント I は

$$I_z = \int_0^a \frac{2M}{a^2} r^3\,dr = \frac{1}{2} Ma^2 \tag{10.33}$$

と求められる．

次に，円板の面内にあって，円の中心を通る任意の軸のまわりの円板の慣性モーメントを求めてみよう．図 10.13(b) に示すように，円板の中心を原点とし，円板の面内に x 軸と y 軸をとり，それぞれの軸のまわりの慣性モーメントを I_x，I_y とすると，上で述べた直交軸の定理から

$$I_x + I_y = I_z = \frac{1}{2}Ma^2 \tag{10.34}$$

ここで，対称性から I_x と I_y は等しいので

$$I_x = I_y = \frac{1}{2}I_z = \frac{1}{4}Ma^2 \tag{10.35}$$

と求められる．この場合，対称性から，x 軸（y 軸）は円板の面内の任意の方向にとってよい．したがって，円板の面内にあって円の中心を通る任意の軸のまわりの円板の慣性モーメントは (10.35) で与えられる．

③ 球（半径 a）

密度の一様な**球の慣性モーメント**は，②の結果を用いて求めることができる．ここでは，球の中心を通る軸のまわりの慣性モーメント I を求めてみよう．球の質量を M，半径を a とすると球の密度 ρ は

$$\rho = \frac{M}{(4/3)\pi a^3} \tag{10.36}$$

である．そこで，図 10.14 に示すように，球の中心を原点とし，回転軸に沿って z 軸をとる．球の慣性モーメント I は，球を z 軸に垂直な薄い円板の集まりと考えて，それらの円板の z 軸のまわりの慣性モーメントの和として求められる．図のように，z 軸上の z と $z+dz$ の点を通り z 軸に垂直な 2 つの面に挟まれた円板の，z 軸のまわりの慣性モーメント dI は，②の結果を用いると

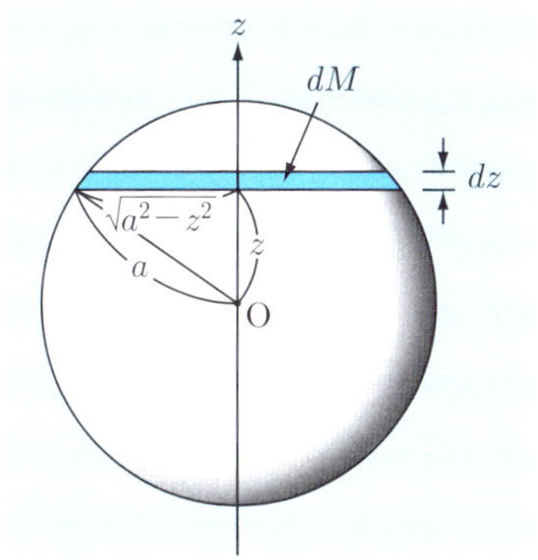

図 10.14 球の慣性モーメント

$$dI = \frac{1}{2}(a^2 - z^2)\,dM$$

となる．ただし，$\sqrt{(a^2 - z^2)}$ は円板の半径であり，円板の質量 dM は

$$dM = \rho\pi(a^2 - z^2)\,dz \qquad (10.37)$$

である．したがって，円板の z 軸のまわりの慣性モーメント dI は

$$dI = \frac{1}{2}\rho\pi(a^2 - z^2)^2\,dz \qquad (10.38)$$

となり，球の z 軸のまわりの慣性モーメント I は

$$I = \int_{-a}^{a} \frac{1}{2}\rho\pi(a^2 - z^2)^2\,dz = \frac{8}{15}\rho\pi a^5 = \frac{2}{5}Ma^2 \qquad (10.39)$$

と求められる．

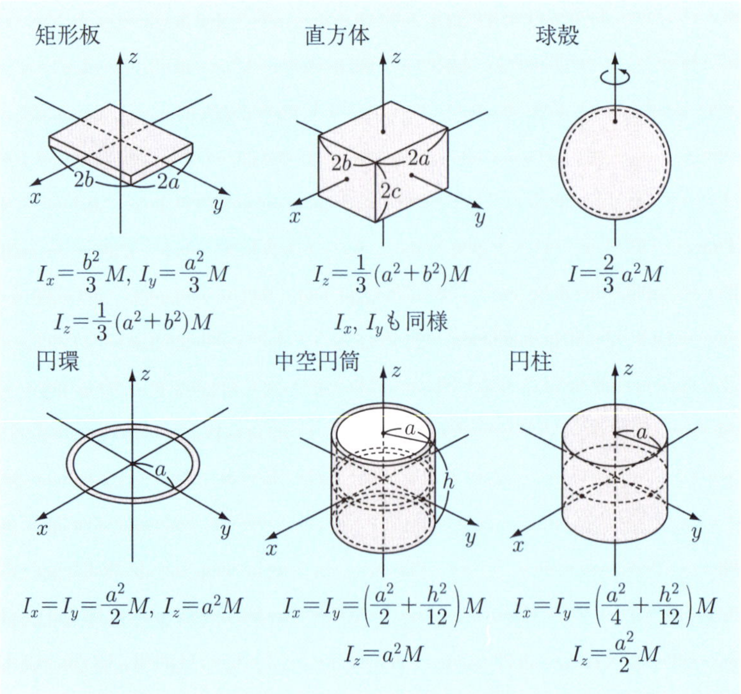

図 10.15　慣性モーメントの例

10.6　簡単な剛体の運動

剛体振り子

柱時計の振り子のように，剛体を水平な軸のまわりに自由に回転できるように支えて，その軸のまわりに鉛直平面内で振動させるものを**剛体振り子**（または**実体振り子**あるいは**物理振り子**）という．この剛体振り子の運動を調べてみよう．

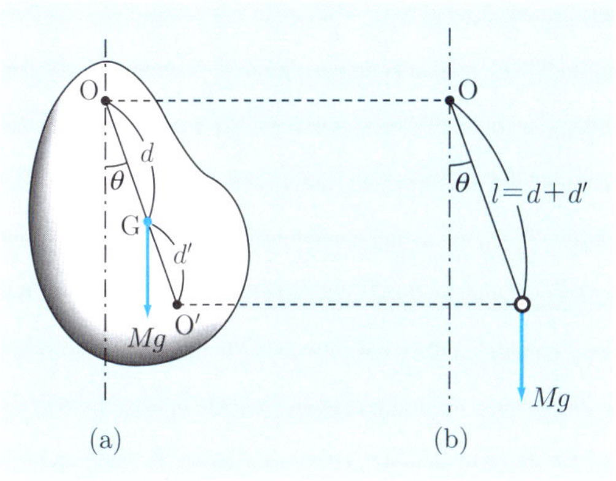

図 10.16　剛体振り子 (a) と単振り子 (b)

図 10.16(a) のように，水平軸が通る支点を O，剛体（質量 M）の質量中心を G とし，O と G を結ぶ線分 OG が鉛直線となす角を θ，OG の長さを d とする．剛体に作用する重力の合力の作用点は G であるから，水平軸 O のまわりの重力のモーメント N は，反時計回りを正にとると

$$N = -Mgd\sin\theta \tag{10.40}$$

となる．ここで，右辺の負符号は，θ を反時計回りにとったためである．そこで，剛体の水平軸 O のまわりの慣性モーメントを I とすると，O のまわりの剛体の運動方程式は，(10.20) から

$$I\frac{d^2\theta}{dt^2} = -Mgd\sin\theta \tag{10.41}$$

と書ける．これは，θ が小さいときは $\sin\theta = \theta$ としてよいので

$$\frac{d^2\theta}{dt^2} = -\left(\frac{Mgd}{I}\right)\theta \equiv -\frac{g}{l}\theta \tag{10.42}$$

と整理することができ，よく知られた単振動の方程式が得られる．すなわち，剛体の O のまわりの振動は，振幅が小さければ，ひもの長さ l が

$$l = \frac{I}{Md} = \frac{k^2}{d} \tag{10.43}$$

で与えられる単振り子と同じ運動になる（図 10.16(b)）．ここで，k は O のまわりの剛体の回転半径である．(10.43) で与えられる l を**相当単振り子の長さ**という．このように，剛体の運動は振幅が小さなければ周期が

$$T = 2\pi\sqrt{\frac{I}{Mgd}} = 2\pi\sqrt{\frac{k^2}{gd}} \tag{10.44}$$

の単振動となる．

OG の延長線上で O から距離 l の点 O$'$ を振動の中心という．GO$' = d'$ とすると，$l = d + d'$ であるから

$$d' = l - d = \frac{k^2}{d} - d \qquad \therefore \quad dd' = k^2 - d^2 \tag{10.45}$$

が成り立つ．

一方，質量中心 G を通り，固定軸に平行な軸のまわりの剛体の慣性モーメントを

$$I_{\mathrm{G}} = Mk_{\mathrm{G}}^2 \tag{10.46}$$

とすると，平行軸の定理 (10.21)

$$I = I_{\mathrm{G}} + Md^2 \tag{10.21}$$

より

$$k^2 = k_{\mathrm{G}}^2 + d^2 \tag{10.47}$$

となる．したがって，(10.45) は

$$dd' = k_{\mathrm{G}}^2 \tag{10.48}$$

と書ける．この式は d と d' を入れ替えてもかまわないから，この剛体を，O$'$

を通る水平な軸で振動させると，振動の中心は O となり，同じ周期で単振動をすることがわかる．

ヨーヨーの運動

回転軸の方向は変わらないが，軸自身が平行移動する運動がある．たとえば，**ヨーヨーの運動**などがそれである．ヨーヨーは木や陶でできた車輪形のものを 2 枚向かい合わせて短い軸でつなぎ，その間の溝に糸を巻きつけておいて，糸の端を持ったまま車輪を放すと，車輪が回転して糸がほどけたり，軸に巻きついたりして，車輪が下降したり上昇したりするのを楽しむ玩具である．ここでは，このヨーヨーの運動を少し単純化したモデルで調べてみよう．

図 10.17 のように，半径 a，質量 M の一様な円板に糸を巻きつけ，糸の一端を天井に固定して放すときの円板の運動を考える．円板は質量中心 G を通り，円板面に垂直な水平軸のまわりを回転しながら，鉛直下方に降下していく．いま，ある時刻における円板の回転角速度を ω，そのときの糸の張力を T とすると，円板の回転運動の方程式は

$$I\frac{d\omega}{dt} = aT \tag{10.49}$$

である．ここで，I $(= Ma^2/2)$ は円板の慣性モーメントである．一方，質

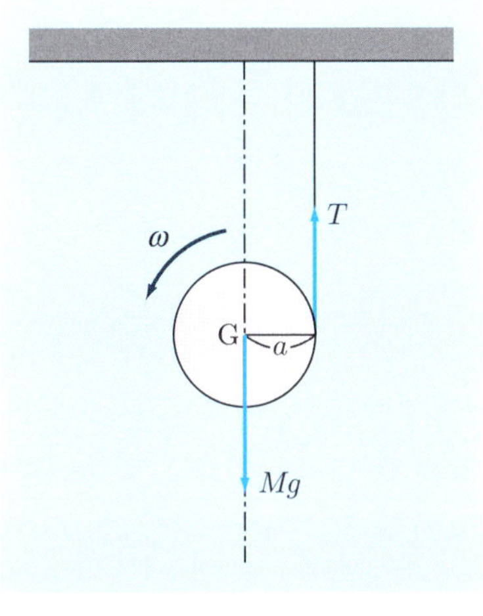

図 10.17 ヨーヨーの運動

量中心（重心）の鉛直線方向の運動方程式は，鉛直下方を正にとると

$$M\frac{dv}{dt} = Mg - T \tag{10.50}$$

となる．そこで，$v = a\omega$ であることを考慮して，(10.49)，(10.50) から T を消去すると

$$I\frac{dv}{dt} + Ma^2\frac{dv}{dt} = Mga^2 \qquad \therefore \quad \frac{dv}{dt} = \frac{Ma^2}{I + Ma^2}g = \frac{2}{3}g \tag{10.51}$$

が得られる．したがって，円板の鉛直線方向の運動は加速度が $(2/3)g$ の等加速度である．また，糸の張力は，(10.51) を (10.50) に代入して

$$T = Mg - M\left(\frac{2}{3}g\right) = \frac{1}{3}Mg \tag{10.52}$$

と得られる．これから分かるように，糸を巻きつけた円板が，回転して糸をほどきながら落下する運動では，糸の張力のため，見かけ上 2/3 になった重力の下での自由落下になる．

ヨーヨーでは，最下点に達すると円板はそこで上向きの撃力を受けて，こんどは逆に糸を巻きつけながら上昇する．その場合も同様に扱うことができて，たとえば，上昇するときの糸の張力はやはり (10.52) で与えられ $Mg/3$ である．

斜面をころがる円柱

半径が a，質量が M の円柱が，水平面と角 θ をなす斜面を滑ることなく転がっていくときの運動を調べてみよう．この場合も円柱の回転軸（中心軸）が，斜面に沿って並進運動する．小物体が滑らかな斜面を自由に滑り降りる場合の運動は，第 4 章で学んだように加速度が $g\sin\theta$ で与えられる等加速度運動であった．斜面上をころがる円柱の質量中心も同様に等加速度運動をするが，その際の加速度は小物体の自由降下の場合にくらべて小さくなる．

円柱に働く力は，図 10.18 に示すように，質量中心 O に働く鉛直下向きの重力 Mg と，斜面との接触部分で働く垂直抗力 T および摩擦力 F である．したがって，斜面に平行に移動する質量中心の運動方程式は，斜面に沿って下向きを正にとると

$$M\frac{dv}{dt} = Mg\sin\theta - F \tag{10.53}$$

となる．これより，質量中心の加速度の大きさ a_G は

$$a_G = \frac{dv}{dt} = g\sin\theta - \frac{F}{M} \tag{10.54}$$

となり，これは，$F = 0$ でない限り，斜面上を自由降下する小物体の加速度よりは小さくなる．この摩擦力 F の値は，円柱の中心軸のまわりの回転運動の方程式から求められる．いま，円柱の中心軸のまわりの慣性モーメントを I とすると，図 10.18 から明らかなように，この軸に関してモーメントをもつ力は摩擦力 F だけで，その大きさは

$$N = aF \tag{10.55}$$

である．そこで，円柱の角速度 ω および摩擦力のモーメント N の方向を，いずれも反時計回りを正にとると，**円柱の回転運動方程式**は

$$I\frac{d\omega}{dt} = aF \tag{10.56}$$

と書ける．ここで，円柱が滑らないでころがるための条件

$$v = a\omega \tag{10.57}$$

を使って，(10.53) と (10.56) から F を消去すると

$$I\frac{d\omega}{dt} = a\left(Mg\sin\theta - Ma\frac{d\omega}{dt}\right)$$

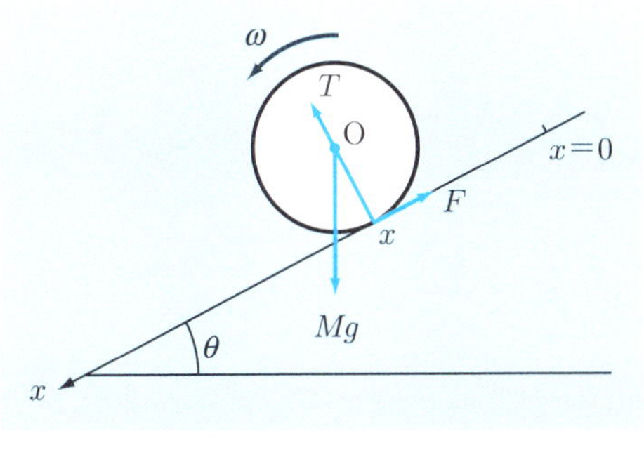

図 10.18　斜面をころがる円柱の運動

が得られる．これは整理すると

$$\frac{d\omega}{dt} = \frac{Mga\sin\theta}{I + Ma^2} \tag{10.58}$$

となる．したがって，これに円柱の中心軸のまわりの慣性モーメント

$$I = \frac{1}{2}Ma^2 \tag{10.59}$$

を代入すると，円柱の回転角加速度および円柱の並進加速度

$$\frac{d\omega}{dt} = \frac{2}{3}\left(\frac{g}{a}\sin\theta\right) \tag{10.60}$$

$$\frac{dv}{dt} = \frac{2}{3}(g\sin\theta) \tag{10.61}$$

が得られる．

この円柱の運動は，運動方程式を用いなくても，エネルギー保存則から求めることもできる．図 10.18 のように，斜面に沿って x 軸をとり，いま，円柱が $x = 0$ の位置からころがり始めたとき，x の位置での質量中心の速度が v，回転角速度が ω であったとすると，次のような力学的エネルギー保存則が成り立つ．

$$\frac{1}{2}Mv^2 + \frac{1}{2}I\omega^2 = Mgx\sin\theta \tag{10.62}$$

これを，(10.57)，(10.59) を用いて整理し，両辺を時間 t で微分すると，(10.60) および (10.61) が導かれる．

第 10 章例題

例題 10.1 吊るされた棒

図 10.19 のように，長さ l，質量が M の一様な細い棒の一端 A を天井から糸で吊るし，他端 B を力 F で水平に引っ張ったところ，鉛直下方から測って糸は角 θ_1 だけ傾き，棒は角 θ_2 だけ傾いて静止した．それぞれの傾き角，および糸の張力 T を求めよ．

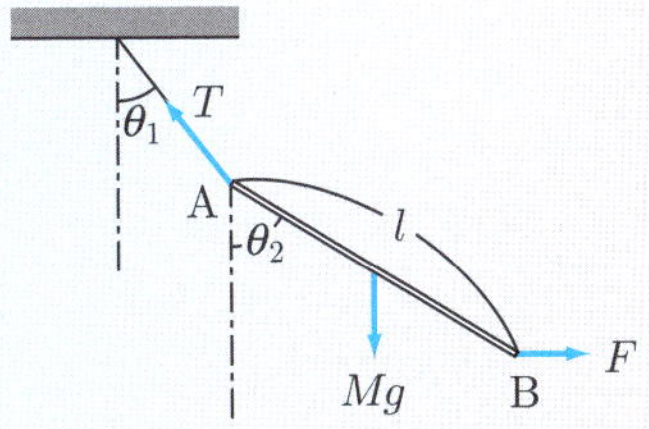

図 10.19

解答 棒には，中心に働く重力 Mg と，糸の張力 T および水平に引っ張る力 F の 3 力が働く．棒がつり合うための第 1 の条件は，それらの合力が 0 であることである．したがって，鉛直方向および水平方向についてのつり合いの条件は

$$T\sin\theta_1 = F \tag{10.63}$$

$$T\cos\theta_1 = Mg \tag{10.64}$$

となり，3 つの力は力の三角形をつくる．さらに，棒のように大きさのある物体の場合は，(10.63)，(10.64) だけでは不十分で，つり合いの第 2 の条件，つまり 3 つの力の任意の点のまわりのモーメントの和が 0 であることが必要になる．そこで，点 A のまわりの力のモーメントの和を 0 とおくと

$$Fl\cos\theta_2 - \frac{l}{2}Mg\sin\theta_2 = 0 \tag{10.65}$$

が得られる．(10.63)，(10.64) より，θ_1 と T が

$$\theta_1 = \tan^{-1}\left(\frac{F}{Mg}\right)$$

$$T = \sqrt{F^2 + (Mg)^2}$$

と求められ．(10.65) より，θ_2 が

$$\theta_2 = \tan^{-1}\left(\frac{2F}{Mg}\right)$$

と求められる．

例題 10.2

図 10.20 のように，滑車にひもを掛け，その両端に質量 m_1 および質量 m_2 のおもりを吊るした装置は**アドウッドの装置**と呼ばれる．$m_1 > m_2$ の場合について，滑車の半径を a，慣性モーメントを I とし，滑車の両側のひもの張力をそれぞれ T_1，T_2，して，アドウッドの滑車の運動を調べよ．

アドウッドの装置

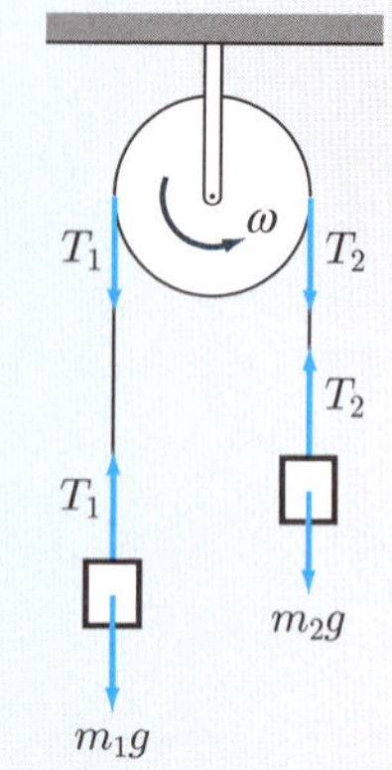

図 10.20

解答 おもりの下降（上昇）の速さを v とすると，滑車の回転角速度は $\omega = v/a$ である．2 つのおもりの運動方程式は

$$m_1 \frac{dv}{dt} = m_1 g - T_1 \tag{10.66}$$

$$m_2 \frac{dv}{dt} = -m_2 g + T_2 \tag{10.67}$$

と書ける．また，滑車の運動方程式は

$$I \frac{d\omega}{dt} = \frac{I}{a} \frac{dv}{dt} = T_1 a - T_2 a \tag{10.68}$$

である．この 3 つの運動方程式を解くと

$$\frac{dv}{dt} = \frac{(m_1 - m_2)a^2 g}{(m_1 + m_2)a^2 + I}$$

$$T_1 = \frac{(2a^2 m_2 + I)m_1 g}{(m_1 + m_2)a^2 + I}$$

$$T_2 = \frac{(2a^2 m_1 + I)m_2 g}{(m_1 + m_2)a^2 + I}$$

が得られる．この装置は，2 つのおもりの質量の差を小さくすると，加速度を小さくすることができるため，g の精密測定に使われる．

例題 10.3 **円板の接触**

図 10.21 のように，2 つの円板 A（質量 M_1，半径 a_1）と B（質量 M_2，半径 a_2）が同一平面上にあって，A は角速度 ω_0 で回転しており，B は静止している．いま，A を静かに B に近づけて，接触させる．はじめ 2 つの円板の縁は互いに滑っているが，やがて，滑らなくなり，A と B はそれぞれ一定の角速度で回転する．このときの A と B の角速度 ω_1，ω_2 を求めよ．

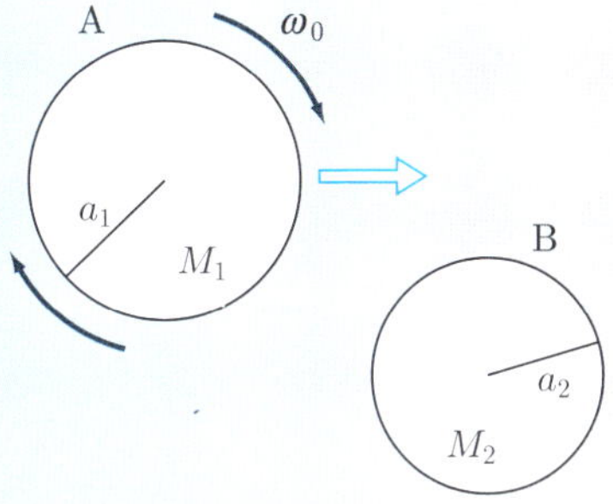

図 10.21

解答 2 つの円板には，縁の接触点で互いに摩擦力が働く．この摩擦力の大きさを F とすると，2 つの円板 A，B の運動方程式は

$$I_1\frac{d\omega_1}{dt} = -Fa_1 \tag{10.69}$$

$$I_2\frac{d\omega_2}{dt} = Fa_2 \tag{10.70}$$

と書ける．I_1, I_2 は A, B の慣性モーメントである．ここで，(10.69)$\times a_2+$(10.70)$\times a_1$ を作ると

$$a_2I_1\frac{d\omega_1}{dt} + a_1I_2\frac{d\omega_2}{dt} = 0 \tag{10.71}$$

が得られ，これからわかるように，$a_2I_1\omega_1 + a_1I_2\omega_2$ は時間によらないで一定である．すなわち

$$a_2I_1\omega_1 + a_1I_2\omega_2 = a_2I_1\omega_0 \tag{10.72}$$

が成り立つ．したがって，やがて縁が滑らなくなった状態では，$a_1\omega_1 = a_2\omega_2$ となり，(10.72) より

$$\omega_1 = \frac{a_2^2I_1\omega_0}{a_2^2I_1 + a_1^2I_2}$$

$$\omega_2 = \frac{a_1a_2I_1\omega_0}{a_2^2I_1 + a_1^2I_2}$$

が得られる．

第 10 章演習問題

[1]　粒子系 $(m_i, \boldsymbol{r}_i)$ をいくつかのグループに分けてみよう．いま，各グループの質量中心の位置 $\boldsymbol{R}_i$（$i = 1, 2, \cdots$）に，そのグループ内の全粒子の質量の和に等しい質量 M_i（$i = 1, 2, \cdots$）をもつ新たな粒子を置くとき，その新しい粒子系の質量中心は，もとの粒子系の質量中心とは一致することを示せ．

[2]　図 10.22 のように，厚さが一様な半径 a の薄い円板に，半径 b の円形の孔が開いている．この孔開き円板の重心（質量中心）を求めよ．ただし，円板の中心と孔の中心の距離は d で，d と a，b との間には，$d + b < a$ の関係があるものとする．

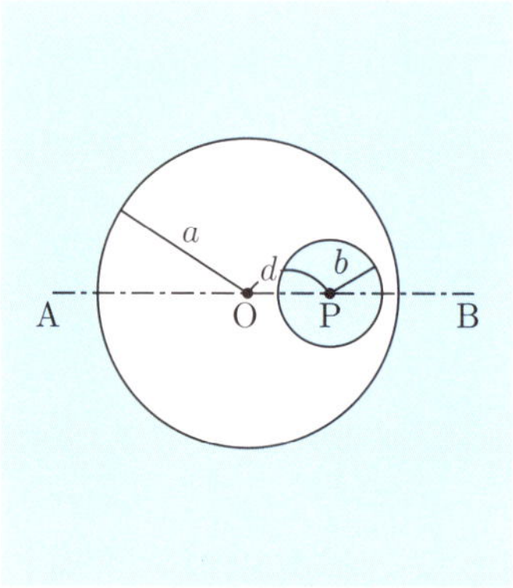

図 10.22

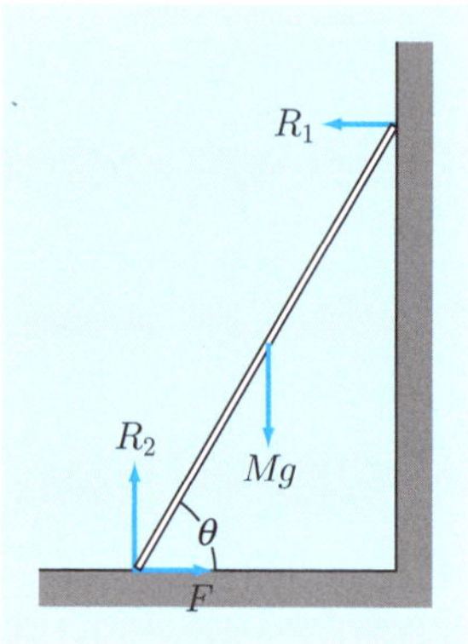

図 10.23

[3]　鉛直な滑らかな壁と水平な床がある．この壁に質量 M，長さ l の一様な棒が，図 10.23 のように立てかけてある．棒と水平面とのなす角が θ であるとき，棒の下端に作用している摩擦力の大きさ F を求めよ．

[4]　図 10.24 のように，半径が r_1，r_2，質量が m_1，m_2 の滑らかな球を長さ l の軽い糸の両端に取り付けて，滑らかなくぎに掛けて吊るしたところ，2 つの球は触れ合って静止した．このとき，くぎの両側の糸が鉛直線となす角 θ_1，θ_2，糸の張力 T，2 つの球のそれぞれの中心 P_1，P_2 とくぎの位置 O との距離 l_1，l_2 を求めよ．

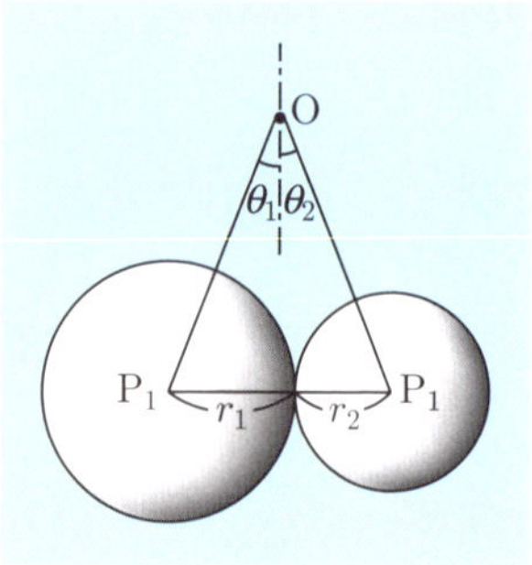

図 10.24

[5]　図 10.18 の斜面を転がり降りる円柱の運動において，円柱の並進運動のエネルギーと，回転運動の運動エネルギーとの比を求めよ．

[6]　図 10.25 のように，点 O を中心とする半径 a の円板から，その半径を直径とする円をくり抜いた質量 M の板がある．この板の，点 O を通り面に垂直な軸のまわりの慣性モーメントを求めよ．

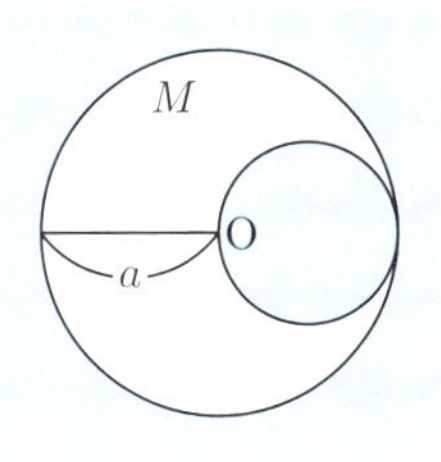

図 10.25

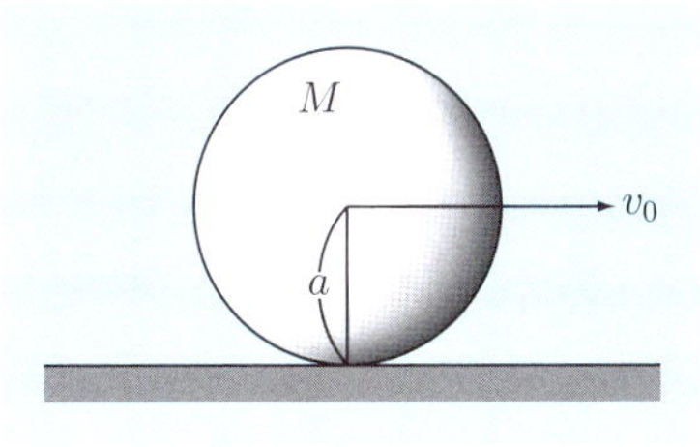

図 10.26

[7]　図 10.26 のように，半径 a，質量 M のボーリングの球を回転させずに初速 v_0 で滑らせたところ，やがて球は滑らずに転がりだした．球と床との動摩擦係数を μ' として，球が転がりだすまでの時間を求めよ．

[8]　アドウッドの装置（例題 10.2）において，2 つのおもりと滑車の系の力学的エネルギーが保存することを示せ．

[9]　図 10.27 のように，野球のバットを点 O で握り，水平に回転させて投手の投げたボールを打ち返したところ，手にはほとんどショックを受けなかった．このとき，ボールはバットのどこに当たったか．ただし，バットの重心の位置を G，ボールが当たった点を P とすると，OG および OP の距離は，それぞれ l_1，l_2 である．また，ボールの質量は M，慣性モーメントは I である．

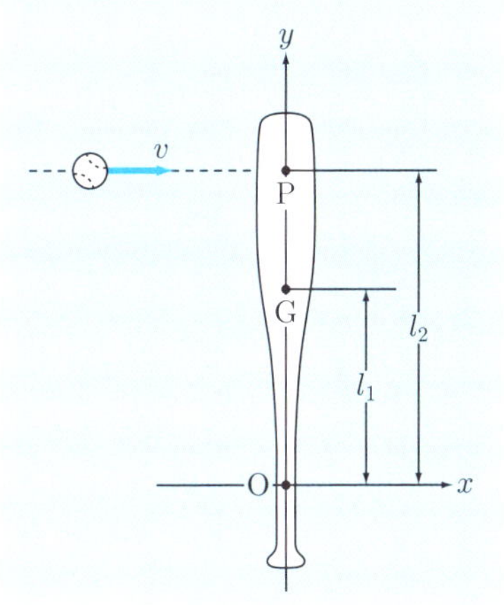

図 10.27

演習問題解答

第1章

［1］ (1) AB 間の距離 $= \sqrt{\{2-(-3)\}^2+(-4-3)^2} = \sqrt{74}$

(2) A 点：$r_{\rm A} = \sqrt{4+16} = 2\sqrt{5}, \quad \theta_{\rm A} = \tan^{-1}(-2)$ （第 4 象限）

B 点：$r_{\rm B} = \sqrt{9+9} = 3\sqrt{2}, \quad \theta_{\rm B} = (3/4)\pi$

［2］ $x = 2.0\cos(\pi/6) = \sqrt{3} = 1.7\,(\mathrm{m}), \quad y = 2.0\sin(\pi/6) = 1.0\,(\mathrm{m})$

［3］ 点 $\boldsymbol{r}_{\rm A}$，$\boldsymbol{r}_{\rm B}$ を $a:b$ に内分する点の位置ベクトル $\boldsymbol{r}_{a:b}$ は

$$\boldsymbol{r}_{a:b} = \boldsymbol{r}_{\rm A} + \frac{a}{a+b}(\boldsymbol{r}_{\rm B}-\boldsymbol{r}_{\rm A}) = \frac{b\boldsymbol{r}_{\rm A}+a\boldsymbol{r}_{\rm B}}{a+b}$$

で与えられる．

(1) $\boldsymbol{r}_{1:1} = \dfrac{7}{2}\boldsymbol{i} + \dfrac{9}{2}\boldsymbol{j}$ (2) $\boldsymbol{r}_{1:2} = 3\boldsymbol{i}+5\boldsymbol{j}$ (3) $-\boldsymbol{r}_{\rm A} = -2\boldsymbol{i}-6\boldsymbol{j}$

［4］ (1) $2\boldsymbol{A}-(1/3)\boldsymbol{B} = 3\boldsymbol{i}+8\boldsymbol{j}-(16/3)\boldsymbol{k}$ (2) $A = \sqrt{38}$

(3) $\boldsymbol{e} = \dfrac{\boldsymbol{A}}{|\boldsymbol{A}|} = \dfrac{2\boldsymbol{i}+5\boldsymbol{j}-3\boldsymbol{k}}{\sqrt{38}}$

［5］ (1) $\boldsymbol{A}$ と $\boldsymbol{B}$ は互いに平行なベクトル． (2) $\boldsymbol{A}$ は任意ベクトル，$\boldsymbol{B}$ は零ベクトル．

(3) $\boldsymbol{A}$ と $\boldsymbol{B}$ は互いに直交するベクトル．

［6］ $x' = x\cos\phi + y\sin\phi, \quad y' = -x\sin\phi + y\cos\phi$

［7］ $S = \Omega r^2$

第2章

［1］ (1) $140\,\mathrm{km/h} = 39\,\mathrm{m/s}$，加速度を a とすると $a = 39/8 = 4.9\,\mathrm{m/s^2}$

(2) 移動距離を x とすると，$x = a\times 8^2/2 = 157\,\mathrm{m}$

(3) 速度 v は，$v = a\times 10 = 49\,\mathrm{m/s}$

［2］ (1) $v - bt = 0 \quad \therefore \quad t = v/b$ (2) $x = vt - bt^2/2 = v^2/(2b)$

［3］ (1) 10 s 間の平均速度 = (10 s 間の移動距離)/10 s = 1 m/s

(2) 図に接線を引いてその勾配から求める．

5 s 後：$v = 1.0\,\mathrm{m/s}$ 10 s 後：$v = 0\,\mathrm{m/s}$ 15 s 後：$v = -1.0\,\mathrm{m/s}$

(3) $x = at^2 + bt$ とおき，グラフから a，b を決める．$x = -0.1t^2 + 2.0t$

(4) 加速度：$d^2x/dt^2 = -0.2\,\mathrm{m/s^2}$ （一定）・・・等加速度運動

［4］ $v_1 = at_1 + v_0$，$v_2 = at_2 + v_0$，また，t_1，t_2 における位置（x 座標）を x_1，x_2 とすると，$x_1 = at_1^2/2 + v_0t_1$，$x_2 = at_2^2/2 + v_0t_2$ となる．よって

$$v_2^2 - v_1^2 = (at_2+v_0)^2 - (at_1+v_0)^2$$

$$= 2a\{(at_2^2/2 + v_0t_2) - (at_1^2/2 + v_0t_1)\} = 2a(x_2 - x_1) = 2as$$

［5］ 与えられた加速度の式は，三角関数の倍角の公式を用いると

$$\frac{d^2x}{dt^2} = g(1 + \cos 2\omega t)$$

となる．これを t で積分して，初期条件を用いると速度が

$$\frac{dx}{dt} = g\left(t + \frac{1}{2\omega}\sin 2\omega t\right)$$

と求められる．位置はこれをさらに t で積分し，初期条件を用いて

$$x = \frac{g}{2}\left\{t^2 + \frac{1}{2\omega^2}(1 - \cos 2\omega t)\right\}$$

と求められる．

[6] (1) 軌道：$y = -\dfrac{g}{2v_0^2}x^2 + h$ （放物線）

速度：$\boldsymbol{v} = v_0\boldsymbol{i} - gt\boldsymbol{j}$, 加速度：$\boldsymbol{a} = -g\boldsymbol{j}$

(2) 軌道：$\left(\dfrac{x}{a}\right)^2 + \left(\dfrac{y}{b}\right)^2 = 1$ （楕円）

速度：$\boldsymbol{v} = -a\omega\sin(\omega t + \alpha)\boldsymbol{i} + b\omega\cos(\omega t + \alpha)\boldsymbol{j}$

加速度：$\boldsymbol{a} = -a\omega^2\cos(\omega t + \alpha)\boldsymbol{i} - b\omega^2\sin(\omega t + \alpha)\boldsymbol{j}$

(3) 平面極座標 (r, θ) を用いると，$r = v_0 t$，$\theta = \omega t$

軌道：$r = \dfrac{v_0}{\omega}\theta$ （アルキメデスの螺旋）

速度：$\boldsymbol{v} = v_0(\cos\omega t - \omega t\sin\omega t)\boldsymbol{i} + v_0(\sin\omega t + \omega t\cos\omega t)\boldsymbol{j}$

加速度：$\boldsymbol{a} = -v_0\omega(2\sin\omega t + \omega t\cos\omega t)\boldsymbol{i} + v_0\omega(2\cos\omega t - \omega t\sin\omega t)\boldsymbol{j}$

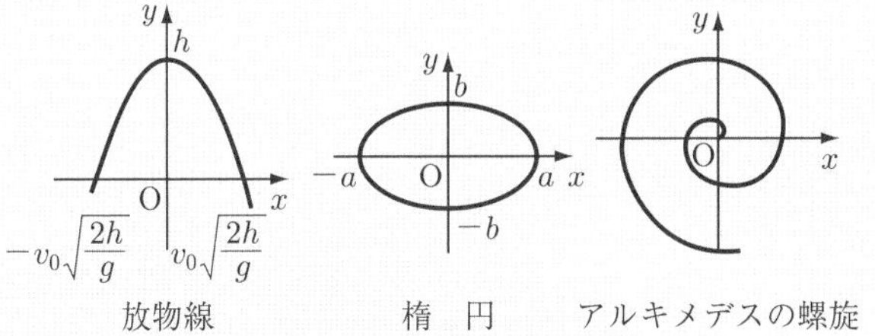

放物線　　楕　円　　アルキメデスの螺旋

[7] (1) 加速度：$a = 0.44\,\mathrm{m/s^2}$ (2) 速度：$v = 1.33\,\mathrm{m/s}$

(3) 中間点に達する時間：$t = 2.1\,\mathrm{s}$ (4) 中間点における速度：$v = 0.94\,\mathrm{m/s}$

[8] (1) $\omega = 0.01\,\mathrm{rad/s}$ (2) $r = 2000\,\mathrm{m}$ (3) $a = r\omega^2 = 0.2\,\mathrm{m/s^2}$

[9] (1) $1600 - 160 = 1440\,\mathrm{km/h}$

(2) 復路の地上速度：$1600 + 160 = 1760\,\mathrm{km/h}$

往路の所要時間：$\dfrac{800}{1440} = 0.5556$ 時間 $=$ 33 分 20 秒

復路の所要時間：$\dfrac{800}{1760} = 0.4545$ 時間 $=$ 27 分 16 秒

往復の所要時間：33 分 20 秒 $+$ 27 分 16 秒 $=$ 1 時間 36 秒

(3) $\sqrt{1600^2 - 160^2} = 1592\,\mathrm{km/h}$

(4) A の所要時間：33 分 20 秒 + 27 分 16 秒 = 1 時間 36 秒

B の所要時間：$\dfrac{1600}{1592} = 1$ 時間 18 秒

よって B の方が 18 秒先に帰還する．

第3章

[1] (1) 力を F とすると $F = m_1 \times 3.0\,(\mathrm{N}) = m_2 \times 1.0\,(\mathrm{N})$ （$\therefore \quad m_1/m_2 = 1/3$）

(2) 結合した物体の加速度を a とすると

$$F = (m_1 + m_2)a = m_1 \times 3.0\,(\mathrm{N})$$

$$a = \frac{m_1}{m_1 + m_2} \times 3.0 = \frac{m_1}{m_1 + 3m_1} \times 3.0 = 0.75\,(\mathrm{m/s^2})$$

[2] 686 N

[3] (1) $4.0\,\mathrm{m/s^2}$

(2) 質量 m (kg) の乗客が機体から受ける力は $m \times 4.0\,(\mathrm{N})$，一方乗客の重量 $mg = m \times 9.8\,(\mathrm{N})$ である．したがって，乗客は重力の 0.41 倍の力を機体から受ける．

[4] 物体は等加速度運動をする．この加速度の大きさを a とすると $4 = (a/2) \times 4^2$ （$\therefore \quad a = 1/2\,(\mathrm{m/s^2})$） よって，力の大きさ F は $F = 3 \times a = 1.5\,(\mathrm{N})$

[5] (1) 腕にかかる力を F とすると，鞄についてニュートンの第 2 法則を適用すると，$5.0 \times 2.0 = F - 5.0 \times 9.8$，これより，$F = 5.0 \times 11.8 = 59\,(\mathrm{N})$

(2) 39 (N)

[6]
$$\frac{6.0 \times 10^{24}}{x^2} = \frac{7.3 \times 10^{22}}{(3.8 \times 10^5 - x)^2}$$

$$\therefore \quad x = 9.1 \times (3.8 \times 10^5 - x), \quad x = 3.4 \times 10^5\,(\mathrm{km})$$

[7] パックは一定の加速度 $-\mu' g$ で等加速度運動する．したがって，初速 v_0 と到達距離 x との間には $v_0^2 - 2\mu' gx = 0$ の関係が成り立つ．これより

$$\mu' = \frac{v_0^2}{2gx} = \frac{(20\,\mathrm{m/s})^2}{2 \times (9.8 \times \mathrm{m/s^2}) \times (120\,\mathrm{m})} = 0.17$$

[8] $\mu = \tan 36^\circ = 0.727, \quad \mu' = \tan 30^\circ = 0.577$

第4章

[1] (1) 水平到達距離 l は，(4.9) より $l = \dfrac{v_0^2 \sin 2\theta}{g}$．ここで，$v_0 = 11\,\mathrm{m/s}$，$\theta = 20^\circ$，$g = 9.80\,\mathrm{m/s^2}$ とおくと，$l = 7.94\,\mathrm{m}$

(2) 最高到達距離 h は，(4.7) から求められ $h = \dfrac{v_0^2 \sin^2 \theta}{2g}$．これに，$v_0$，$\theta$，$g$ の各値を代入すると，$h = 0.722\,\mathrm{m}$

[2] 切り離されたカプセルは，水平方向には，飛行機と同じ速さ $v = 198\,\mathrm{km/h}$ で運動する．したがって，飛行機がちょうど遭難者の真上に到達したとき，カプセルが飛行機の高度

$h = 500\,\mathrm{m}$ だけ落下すればよい．カプセルを切り離した地点から遭難者までの水平距離を l，飛行機が遭難者の真上に到達するまでの時間を t，切り離すときにパイロットが遭難者をみる角度を ϕ とすると

$$l = vt, \quad h = (1/2)gt^2, \quad \tan\phi = h/l$$

第 1 式と第 2 式から，t を消去すると

$$l = v\sqrt{\frac{2h}{g}} \qquad \therefore \quad \tan\phi = \frac{1}{v}\sqrt{\frac{gh}{2}}$$

ここで，$h = 500\,\mathrm{m}$，$v = 198\,\mathrm{km/h} = 55.0\,\mathrm{m/s}$ を代入すると

$$\tan\phi = \frac{49.5}{55.0} = 0.900 \qquad \therefore \quad \phi = 42^\circ$$

[3]　ビルの屋上の石を投げる位置を原点にとり，鉛直上方に y 軸，水平方向に x 軸をとると，石の初速度の x 成分と y 成分は

$$v_{x0} = v_0\cos 30^\circ = 17.3\,\mathrm{m/s}, \quad v_{y0} = v_0\sin 30^\circ = 10.0\,\mathrm{m/s}$$

(1)　y 方向の運動について $y(t) = v_{y0}t - \dfrac{1}{2}gt^2 = -45\,\mathrm{m}$ が成り立つ．これを解いて $t = 4.22\,\mathrm{s}$

(2)　地面に当たる直前の石の速度の x, y 成分は

$$v_x = v_{x0} = 17.3\,\mathrm{m/s}, \quad v_y = v_{y0} - gt = 10.0 - 9.80 \times 4.22 = -31.4\,\mathrm{m/s}$$

よって

$$v = \sqrt{v_x^2 + v_y^2} = \sqrt{(17.3)^2 + (-31.4)^2} = 35.9\,\mathrm{m/s}$$

(3)　ビルの端から $73\,\mathrm{m}$ のところ．

[4]　水の密度を ρ とすると，雨滴の質量は $m = \rho(4\pi/3)r^3$．したがって

$$v_\infty = \frac{mg}{c} = \rho\frac{4\pi}{3}r^3 \times \frac{g}{6\pi\eta r} \propto r^2$$

[5]　空気抵抗が慣性抵抗である場合の，物体の運動方程式は，鉛直下方を正にとると $m\dfrac{dv}{dt} = mg - bv^2$ となる．この微分方程式を v について解いて，$t = 0$ で $v = 0$ となる解を求めると

$$v = \frac{v_\infty\{1 - \exp(-2gt/v_\infty)\}}{1 + \exp(-2gt/v_\infty)}$$

が得られる．ただし，$v_\infty = \sqrt{mg/b}$ である．

[6]　(1)　動径方向の加速度は $-v^2/l$ である．したがって，動径方向の運動方程式は $-m\dfrac{v^2}{l} = -T + mg\cos\phi$ となる．v と ϕ の関係は，力学的エネルギーの保存則（これについては，第 6 章で詳しく述べている）

$$\frac{1}{2}mv_0^2 = \frac{1}{2}mv^2 + mgl(1 - \cos\phi)$$

で与えられる．これより v^2 を求めて運動方程式に代入すると，糸の張力が

$$T = \frac{m}{l}\{v_0^2 - gl(2 - 3\cos\phi)\}$$

と求められる．

(2) 最高点 P（$\phi = \pi$）においても糸がたるまないためには，$\phi = \pi$ のときに $T \geq 0$ でなければならない．したがって $v_0 = \sqrt{5gl}$

[7] 球面からの垂直抗力を R とすると，動径方向の運動方程式は $-\dfrac{mv^2}{a} = R - mg\cos\theta$ となる．また，力学的エネルギーの保存則は $\dfrac{1}{2}mv^2 - mga(1-\cos\theta) = 0$ と表される．

(1) この 2 つの式により，垂直抗力 R は $R = mg(3\cos\theta - 2)$

(2) 小物体が球面を離れる位置を $\theta = \theta_0$ とすると，そこでは $R = 0$ となる．したがって

$$\cos\theta_0 = \frac{2}{3} \qquad \therefore \quad \theta_0 = \cos^{-1}\frac{2}{3}$$

[8] 右図のように C から直線 l に下ろした垂線の足を O，物体の位置を P とし，CP と直線 l とのなす角を θ，OP $= x$ とする．

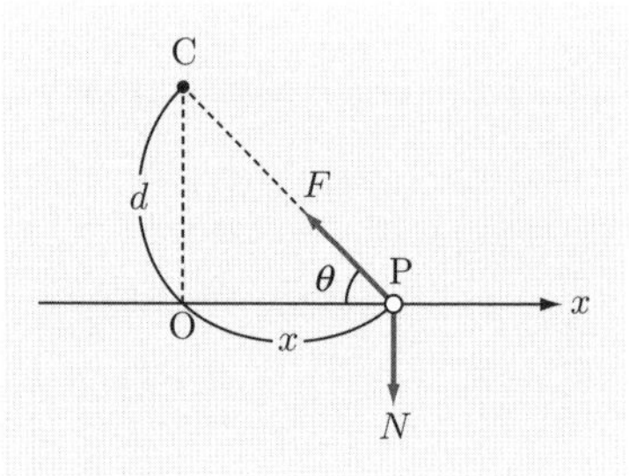

(1) 直線 l 上の物体の運動方程式は

$$m\frac{d^2x}{dt^2} = -F\cos\theta = -kr\cos\theta = -kx$$

これに従う運動は単振動である．

(2) 物体に働く力の直線に垂直な成分は釣り合っていなければならない．したがって直線が物体に及ぼす垂直抗力を N とすると $N = F\sin\theta = kr\sin\theta = kd$

[9] 図 4.13 の状態では，ばねののびの長さは $l - l_0$ である．このときつり合っているためには

$$2k(l-l_0) = mg + k(l-l_0) \qquad \therefore \quad k(l-l_0) = mg$$

いま，鉛直上向きに y 軸をとり，物体が図の状態から y だけ上向きに変位したとすると，運動方程式は

$$m\frac{d^2y}{dt^2} = -mg + 2k(l-l_0-y) - k(l-l_0+y) = -3ky$$

となる．これは単振動の方程式であって，その角振動数 ω および周期 T は

$$\omega = \sqrt{\frac{3k}{m}}, \quad T = \frac{2\pi}{\omega} = 2\pi\sqrt{\frac{m}{3k}}$$

[10] (1) 長さ l の単振り子の振動数が f であるとき，長さを Δl だけ変えると，振動数が Δf だけ変わるとすると $f + \Delta f = \dfrac{1}{2\pi}\sqrt{\dfrac{g}{l+\Delta l}}$，$f = \dfrac{1}{2\pi}\sqrt{\dfrac{g}{l}}$ が成り立つ．したがって，第 1 式から第 2 式を引くと

$$\Delta f = \frac{1}{2\pi}\left(\sqrt{\frac{g}{l+\Delta l}} - \sqrt{\frac{g}{l}}\right) \approx -\frac{1}{4\pi}\sqrt{\frac{g}{l}}\left(\frac{\Delta l}{l}\right) = -\frac{f}{2}\left(\frac{\Delta l}{l}\right)$$

となる．ただし，ここでは $\Delta l/l$ は小さいとして，2 次以上を無視している．これより長

さの変化 Δl は

$$\Delta l = -2l\left(\frac{\Delta f}{f}\right)$$

(2) 振り子の振動数を 1 日に $40f$ だけ減らさなければならないから，必要な振動数の変化 Δf は $\Delta f = -\dfrac{40}{24\times 60\times 60}f = -4.63\times 10^{-4}f$. したがって，(1) の結果に，$l = 50\,\mathrm{cm}$，$\Delta f/f = -4.63\times 10^{-4}$ を代入すると

$$\Delta l = 4.63\times 10^{-4}\,\mathrm{m}$$

だけ伸ばせばよいことがわかる．

第5章

[1] 小物体の質量を m とすると，重力の x 成分は 0，y 成分は $-mg\sin\alpha$. したがって，運動方程式は $m\dfrac{d^2x}{dt^2} = 0$，$m\dfrac{d^2y}{dt^2} = -mg\sin\alpha$ である．これは放物運動の方程式 (4.4) で，$-mg$ の代わりに $-mg\sin\alpha$ と置いたものに等しい．したがって，軌道方程式は (4.7) で g を $g\sin\alpha$ と置けばよい．すなわち

$$y = -\frac{g\sin\alpha}{2v_0^2\cos^2\theta}x^2 + x\tan\theta$$

[2] 斜面に沿って x 軸をとり，下向きを正とする．x 方向の運動方程式は $m\dfrac{dv}{dt} = mg\sin\theta - m\gamma v$ である．これを積分すると $\log\left(v - \dfrac{g}{\gamma}\sin\theta\right) = -\gamma t + C$ となる．ここで，初期条件（$t=0$ で $v=0$）を適用すると，C が $C = \log\left(-\dfrac{g}{\gamma}\sin\theta\right)$ と決まる．

(1) よって求める速度は

$$v(t) = -\frac{g\sin\theta}{\gamma}\exp(-\gamma t) + \frac{g\sin\theta}{\gamma} = \frac{g\sin\theta}{\gamma}\{1-\exp(-\gamma t)\}$$

(2) (1) の $v(t)$ において，$t\to\infty$ とすると，終端速度 v_∞ は $v_\infty = \dfrac{g}{\gamma}\sin\theta$

[3] 水平方向に x 軸をとり，鉛直上方に y 軸をとると，初速 v_0 で x 軸と角 θ の方向に打ち出された小球の軌道は (4.7) である．これを $1/\cos^2\theta = 1+\tan^2\theta$ の関係を用いて変形すると $\tan^2\theta - \dfrac{2v_0^2}{gx}\tan\theta + \left(1 + \dfrac{2v_0^2 y}{gx^2}\right) = 0$ となる．これは $\tan\theta$ の 2 次方程式である．$\tan\theta$ は $-\infty$ から $+\infty$ までの値をとるので，θ が解をもつための条件は判別式より

$$D = \left(\frac{v_0^2}{gx}\right)^2 - \left(1 + \frac{2v_0^2 y}{gx^2}\right) \geq 0$$

である．

よって，小球の到達できる範囲は

$$y \leq \frac{v_0^2}{2g} - \frac{g}{2v_0^2}x^2$$

である．これは完全放物線と呼ばれる（下図）．

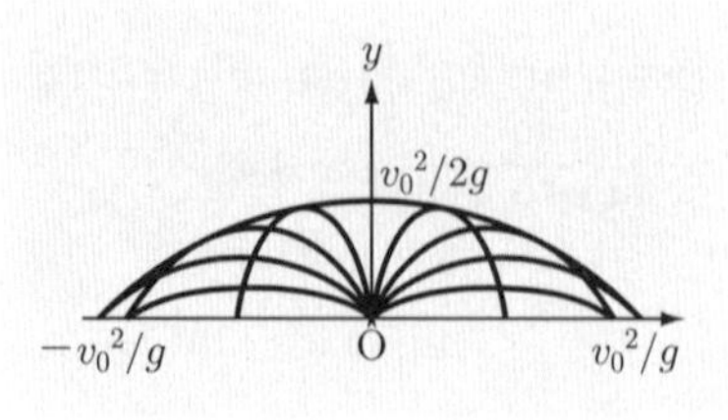

[4] P_1，P_2 の平衡位置からの変位をそれぞれ x_1，x_2 とし，正の変位を図のようにとると，P_1，P_2 の運動方程式は

$$m\frac{d^2x_1}{dt^2} = -k_2x_1 + k_1(x_2 - x_1), \quad m\frac{d^2x_2}{dt^2} = -k_2x_2 - k_1(x_2 - x_1)$$

である．これらの式の和および差をとり，それぞれ両辺を m で割ると

$$\frac{d^2(x_1 + x_2)}{dt^2} = -\omega_A^2(x_1 + x_2), \quad \omega_A = \sqrt{\frac{k_2}{m}}$$

$$\frac{d^2(x_1 - x_2)}{dt^2} = -\omega_B^2(x_1 - x_2), \quad \omega_B = \sqrt{\frac{k_2 + 2k_1}{m}}$$

となる．これらは $X_1 = x_1 + x_2$ と $X_2 = x_1 - x_2$ を改めて独立な 2 つの変数とみなすと，それぞれ X_1 と X_2 単振動の方程式に他ならない．したがって，一般解は

$$X_1 = x_1 + x_2 = 2a\cos(\omega_A t + \alpha), \quad X_2 = x_1 - x_2 = 2b\cos(\omega_B t + \beta)$$

となる．この 2 つの単振動をこの系の基準振動という．よって，P_1，P_2 の運動は一般に

$$x_1 = a\cos(\omega_A t + \alpha) + b\cos(\omega_B t + \beta), \quad x_2 = a\cos(\omega_A t + \alpha) - b\cos(\omega_B t + \beta)$$

となる．ここで，a，b，α，β は 4 つの任意定数である．

第6章

[1] (1) 小球に働く力は重力だけであるから，小球の力学的エネルギーは保存する．すなわち $0 + mgh = \frac{1}{2}mv^2 + mgy$．これより

$$v^2 = 2g(h - y) \qquad \therefore \quad v = \sqrt{2g(h - y)}$$

(2) 力学的エネルギー保存則は $\frac{1}{2}mv_0^2 + mgh = \frac{1}{2}mv^2 + mgy$．これより

$$v^2 = v_0^2 + 2g(h - y) \qquad \therefore \quad v = \sqrt{v_0^2 + 2g(h - y)}$$

[2] A と B の 2 つの状態におけるおもりの力学的エネルギーは等しい．すなわち $K_A + U_A = K_B + U_B$．そこで，おもりの最下点を位置エネルギーの基準にとると

$$0 + mgl(1-\cos\theta_0) = \frac{1}{2}mv_\mathrm{B}^2 \qquad \therefore \quad v_\mathrm{B} = \sqrt{2gl(1-\cos\theta_0)}$$

[3]　例題 6.2 より $\frac{1}{2}mv^2 - mgh = -mgh\mu'\cot\theta$．これより

$$\mu' = -\frac{v^2/2 - gh}{gh\cot\theta} = \frac{0.98 - 0.50}{0.98} = 0.49$$

[4]　(1)　$\boldsymbol{F}$ がなした仕事 W は $W = Fd = 20\,\mathrm{J}$

(2)　この $\boldsymbol{F}$ がなした仕事 W は，木箱の力学的エネルギーの変化 $\varDelta E$ と発生した熱エネルギー Q に寄与する．すなわち $W = \varDelta E + Q$．したがって

$$Q = W - \left(\frac{1}{2}mv_2^2 - \frac{1}{2}mv_1^2\right) \approx 22\,\mathrm{J}$$

[5]　小球に働く力は重力だけであるから力学的エネルギー保存則が成り立つ．したがって，小球の質量を m，屋上の地面からの高さを h，小球の初速を v_0，地上に達したときの速さを v とすると

$$\frac{1}{2}mv_0^2 + mgh = \frac{1}{2}mv^2 \qquad \therefore \quad v^2 = v_0^2 + 2gh$$

となり，投げる方向には関係しない．

[6]　保存力 $\boldsymbol{F}$ がする仕事は途中の経路によらないから，右図のように，点 A から点 B までの 2 つの経路 C_1, C_2 に沿って物体が移動するとき，$\boldsymbol{F}$ が物体にする仕事について

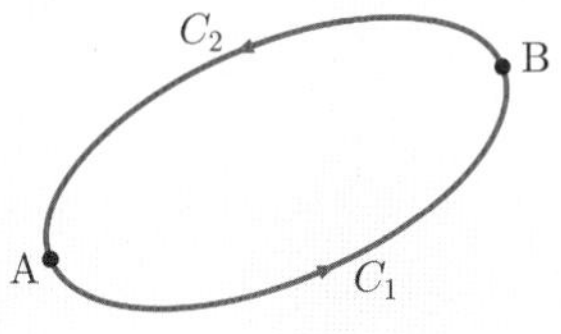

$$\int_{\mathrm{A}(C_1)}^{\mathrm{B}} \boldsymbol{F}\cdot d\boldsymbol{r} = \int_{\mathrm{A}(C_2)}^{\mathrm{B}} \boldsymbol{F}\cdot d\boldsymbol{r}$$

$$\therefore \quad \int_{\mathrm{A}(C_1)}^{\mathrm{B}} \boldsymbol{F}\cdot d\boldsymbol{r} + \int_{\mathrm{B}(C_2)}^{\mathrm{A}} \boldsymbol{F}\cdot d\boldsymbol{r} = 0$$

すなわち

$$\oint_{C_1+C_2} \boldsymbol{F}\cdot d\boldsymbol{r} = 0$$

第7章

[1]　(1)　$$\boldsymbol{A}\times\boldsymbol{B} = (3\boldsymbol{i} - 4\boldsymbol{j})\times(-2\boldsymbol{i} + 3\boldsymbol{k}) = \begin{vmatrix} \boldsymbol{i} & \boldsymbol{j} & \boldsymbol{k} \\ 3 & -4 & 0 \\ -2 & 0 & 3 \end{vmatrix} = -12\boldsymbol{i} - 9\boldsymbol{j} - 8\boldsymbol{k}$$

(2)　$$\boldsymbol{A}\times\boldsymbol{B} = (4\boldsymbol{i}+2\boldsymbol{j}+5\boldsymbol{k})\times(-2\boldsymbol{i}-3\boldsymbol{j}+6\boldsymbol{k}) = \begin{vmatrix} \boldsymbol{i} & \boldsymbol{j} & \boldsymbol{k} \\ 4 & 2 & 5 \\ -2 & -3 & 6 \end{vmatrix} = 27\boldsymbol{i}-34\boldsymbol{j}-8\boldsymbol{k}$$

[2]　両辺の x，y，z 成分同士が等しいことを示せばよい．まず，両辺の x 成分が等しいことを示す．

$$\{\boldsymbol{A}\times(\boldsymbol{B}+\boldsymbol{C})\}_x = A_y(B_z+C_z) - A_z(B_y+C_y)$$

$$= (A_yB_z - A_zB_y) + (A_yC_z - A_zC_y) = (\boldsymbol{A}\times\boldsymbol{B})_x + (\boldsymbol{A}\times\boldsymbol{C})_x$$

y, z 成分についても同様に両辺が等しくなる.

[3]
$$(\boldsymbol{A}\times\boldsymbol{B})\cdot(\boldsymbol{C}\times\boldsymbol{D}) = \boldsymbol{C}\cdot\{\boldsymbol{D}\times(\boldsymbol{A}\times\boldsymbol{B})\} = \boldsymbol{C}\cdot\{\boldsymbol{A}(\boldsymbol{B}\cdot\boldsymbol{D}) - \boldsymbol{B}(\boldsymbol{A}\cdot\boldsymbol{D})\}$$

$$= (\boldsymbol{A}\cdot\boldsymbol{C})(\boldsymbol{B}\cdot\boldsymbol{D}) - (\boldsymbol{A}\cdot\boldsymbol{D})(\boldsymbol{B}\cdot\boldsymbol{C})$$

[4] 中心力のもとでは, 物体の角運動量 $\boldsymbol{L}$ は保存される. 初期位置 $\boldsymbol{r}_0$ と初速度 $\boldsymbol{v}_0$ で決まる平面に対して $\boldsymbol{L}$ は垂直で一定であるから, 運動はこの平面内に限られる.

[5] 定義から $L_x = yp_z - zp_y$, $L_y = zp_x - xp_z$, $L_z = xp_y - yp_x$

[6] $\boldsymbol{r}$ と $\boldsymbol{p}$ は常に垂直なので $L = rp = mrv = mr^2\omega$. ω は原点のまわりの物体の角速度.

[7] 等速直線運動している物体には力は作用していない. したがって, 任意の点に対する力のモーメントは 0 なので, $dL/dt = 0$ となり, $L =$ 一定. これは, 運動の直線軌道と速度 $\boldsymbol{v}$ (したがって運動量 $\boldsymbol{p} = m\boldsymbol{v}$) はつねに平行であるので, 任意の点から直線に下ろした垂線の長さを d とすると $L = pd =$ 一定 となる.

[8] 太陽を原点にとって, 惑星 (質量 m) の位置ベクトルを $\boldsymbol{r}$, 速度ベクトルを $\boldsymbol{v}$ とすると, 太陽に対する惑星の角運動量 $\boldsymbol{L}$ は, $\boldsymbol{L} = m\boldsymbol{r}\times\boldsymbol{v}$ である. 近日点および遠日点での位置ベクトルと速度ベクトルを, それぞれ $\boldsymbol{r}_p$, $\boldsymbol{v}_p$ および $\boldsymbol{r}_a$, $\boldsymbol{v}_a$ とすると, これらの点では $\boldsymbol{v}$ と $\boldsymbol{r}$ は互いに垂直であるため, これらの点における惑星の角運動量の大きさは $L_p = mv_pr_p$ および $L_a = mv_ar_a$ となる. 惑星の角運動量は保存されるので

$$v_pr_p = v_ar_a \qquad \therefore \quad v_a = \frac{r_p}{r_a}v_p$$

惑星の楕円軌道の長半径を a とすると

$$r_p = a(1-e), \quad r_a = a(1+e) \qquad \therefore \quad v_a = \frac{1-e}{1+e}v_p$$

[9] 天王星の周期を T 年とすると $T = \left(\dfrac{28.7}{1.50}\right)^{3/2} = 83.7$ (年)

[10] (1) 円運動の向心力は地球の万有引力である. 人工衛星の速さを v とすると

$$\frac{mv^2}{r} = \frac{GmM}{r^2} \qquad \therefore \quad v^2 = \frac{GM}{r} \qquad \therefore \quad v = \sqrt{\frac{GM}{r}}$$

よって求める周期 T は

$$T = \frac{2\pi r}{v} = \frac{2\pi r^{3/2}}{\sqrt{GM}}$$

(2) (1) で $r = R = 6.4\times10^6\,\mathrm{m}$ とおくと

$$v = \sqrt{\frac{GM}{R}} = \sqrt{gR} = \sqrt{9.8\times6.4\times10^6} = 7.9\times10^3\,\mathrm{m/s} = 7.9\,\mathrm{km/s}$$

よって

$$T = 2\pi\times6.4\times10^3/7.9 = 5.1\times10^3\,\mathrm{s} = 85\ (分)$$

[11] 物体（質量 m）が再び地上に戻ってこないためには，力学的エネルギー E が $E = \frac{1}{2}mv^2 - G\frac{mM}{r} \geq 0$ という条件を満たさなければならない．ここで，M は地球の質量である．地上 $(r = R)$ において上の条件を満たす最小の初速 v_2 は $E = \frac{1}{2}mv_2^2 - G\frac{mM}{R} = 0$ より

$$v_2 = \sqrt{\frac{2GM}{R}} = \sqrt{2gR} = 11.2 \times 10^3\,\mathrm{m/s} = 11.2\,\mathrm{km/s}$$

第 8 章

[1] (1) (8.10) より $\tan\theta = a/g = 3.0/9.8 = 0.306$（$\therefore \quad \theta = 17.0°$）

(2) 鉛直成分の力の釣り合いから $T = \dfrac{mg}{\cos\theta} = \dfrac{0.5 \times 9.8}{\cos 17.0°} = \dfrac{4.9}{0.956} = 5.12\,\mathrm{N}$

[2] この人は，鉛直下向きに，重力 mg と慣性力 ma を受けるので，したがって，この人のみかけの重さは $m(g+a)$ となる．よって，体重計目盛りは $\dfrac{m(g+a)}{g} = 78\,\mathrm{kg}$.

[3] 振り子のおもりに働いている力は，鉛直下方を向く重力 mg と慣性力 ma である．これは重力加速度が見かけ上 $g + a$ になったと考えればよい．したがって，振り子の周期 T は $T = 2\pi\sqrt{\dfrac{l}{g+a}}$.

[4] 斜面を水平に前方へ加速度 a で動かすと，斜面に乗って一緒に動く座標系は非慣性系であって，斜面上の物体には斜面後方に水平に慣性力 $-ma$ が働く（前方を $+$，後方を $-$ で向きを表す）．物体が斜面上で静止するためには，この非慣性系で物体に働く力の合力が 0 でなければならない．この系で，物体に働く力は，鉛直下方を向く重力 mg と，斜面に垂直な垂直抗力 R および水平で斜面後方を向く慣性力 $-ma$ である．いま，これらの力の合力の斜面方向の成分を 0 とおくと $mg\sin\theta - ma\cos\theta = 0 \quad \therefore \quad a = g\tan\theta$

[5] 自動車の質量を m，速さを v，道路の曲率半径を r とすると，遠心力の大きさ F_r および重力 F_G は $F_r = mv^2/r$，$F_G = mg$. よって $\dfrac{F_r}{F_G} = \dfrac{v^2}{gr}$. ここで，$v = 60\,\mathrm{km/h} = 16.7\,\mathrm{m/s}$，$r = 100\,\mathrm{m}$，$g = 9.8\,\mathrm{m/s^2}$ を代入すると $F_r/F_G = 0.28$（倍）

[6] 遠心力が摩擦力を上回るとき物体（質量 m）は滑り出す．すなわち

$$mr\omega^2 \geq \mu mg \qquad \therefore \quad \omega \geq \sqrt{\mu g/r}$$

[7] 半径 a，速度 $v = -a\omega$ の等速円運動（時計回り）になる．コリオリ力と遠心力はともに動径方向の力で，コリオリ力は中心を向き，遠心力は外側を向いている．それぞれの値は $F_v = -2ma\omega^2$，$F_r = ma\omega^2$ である．

[8] 慣性系での P の座標を (x, y, z) とし，z と z' を一致させる．P の運動は xy-面（$x'y'$-面）内に限られる．慣性系での運動方程式は

$$m\frac{d^2x}{dt^2} = F_x \qquad (1)$$
$$m\frac{d^2y}{dt^2} = F_y$$

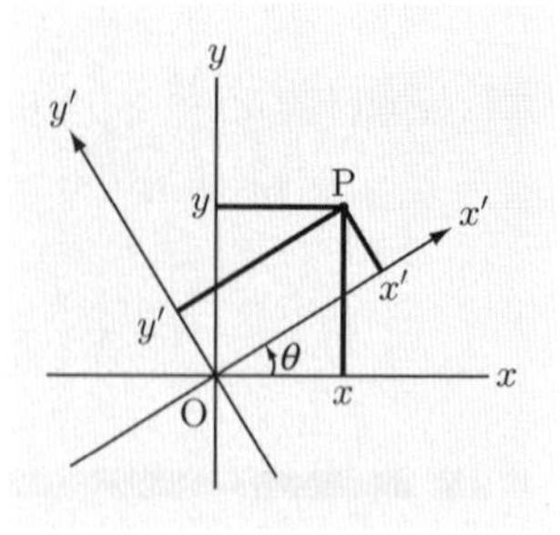

である．ここで力 $\boldsymbol{F}$ は P に働く真の力である．

ここで，(x, y) を (x', y') で表すと

$$x = x'\cos\theta - y'\sin\theta \qquad (2)$$
$$y = x'\sin\theta + y'\cos\theta$$

となる（右図）．

ここで，θ は x' 軸と x 軸とのなす角で $\theta = \omega t$，$d\theta/dt = \omega$ である．そこで，(2) の両辺を時間 t で微分すると

$$\left.\begin{aligned}\frac{dx}{dt} &= \frac{dx'}{dt}\cos\theta - \frac{dy'}{dt}\sin\theta - \omega(x'\sin\theta + y'\cos\theta)\\ \frac{dy}{dt} &= \frac{dx'}{dt}\sin\theta + \frac{dy'}{dt}\cos\theta + \omega(x'\cos\theta - y'\sin\theta)\end{aligned}\right\} \qquad (3)$$

となり，さらにこれをもう一度 t で微分すると

$$\left.\begin{aligned}\frac{d^2x}{dt^2} &= \frac{d^2x'}{dt^2}\cos\theta - \frac{d^2y'}{dt^2}\sin\theta\\ &\qquad - 2\omega\left(\frac{dx'}{dt}\sin\theta + \frac{dy'}{dt}\cos\theta\right) - \omega^2(x'\cos\theta - y'\sin\theta)\\ \frac{d^2y}{dt^2} &= \frac{d^2x'}{dt^2}\sin\theta + \frac{d^2y'}{dt^2}\cos\theta\\ &\qquad + 2\omega\left(\frac{dx'}{dt}\cos\theta - \frac{dy'}{dt}\sin\theta\right) - \omega^2(x'\sin\theta + y'\cos\theta)\end{aligned}\right\} \qquad (4)$$

となる．ところで，力 $\boldsymbol{F}$ の x'，y' 成分を，それぞれ $F_{x'}$，$F_{y'}$ とすると

$$F_{x'} = F_x\cos\theta + F_y\sin\theta, \quad F_{y'} = -F_x\sin\theta + F_y\cos\theta \qquad (5)$$

であるから，(1) の運動方程式は

$$\left.\begin{aligned}m\left(\frac{d^2x}{dt^2}\cos\theta + \frac{d^2y}{dt^2}\sin\theta\right) &= F_{x'}\\ m\left(-\frac{d^2x}{dt^2}\sin\theta + \frac{d^2y}{dt^2}\cos\theta\right) &= F_{y'}\end{aligned}\right\} \qquad (6)$$

と書ける．そこで，これに (4) を代入して，整理すると

$$\left.\begin{aligned}m\left(\frac{d^2x'}{dt^2} - 2\omega\frac{dy'}{dt} - \omega^2x'\right) &= F_{x'}\\ m\left(\frac{d^2y'}{dt} + 2\omega\frac{dx'}{dt} - \omega^2y'\right) &= F_{y'}\end{aligned}\right\} \qquad (7)$$

となる．これより，回転座標系における運動方程式が

$$m\frac{d^2x'}{dt^2} = F_{x'} + 2m\omega\frac{dy'}{dt} + m\omega^2 x' \\ m\frac{d^2y'}{dt^2} = F_{y'} - 2m\omega\frac{dx'}{dt} + m\omega^2 y' \quad (8)$$

と導かれる．ここで，右辺の第 2 項および第 3 項は回転系に現れる慣性力である．第 2 項をそれぞれ x'，y' 成分とする力はコリオリの力と呼ばれ，回転系での速度 $\boldsymbol{v}'$ に垂直で，大きさは

$$2m\omega\sqrt{\left(\frac{dx'}{dt}\right)^2 + \left(\frac{dy'}{dt}\right)^2} = 2m\omega v' \ (= F_v) \quad (9)$$

となる．また，第 3 項をそれぞれ x'，y' 成分とする力は遠心力で，$\boldsymbol{r}'$ に平行で，大きさは

$$m\omega^2\sqrt{(x')^2 + (y')^2} = m\omega^2\sqrt{x^2 + y^2} \ (= F_r)$$

となる．

第 9 章

［1］ (1) 図形の性質から正方形と三角形の各重心間の距離は 2 cm である．そこで求める五角形の重心 G が x 軸上で正方形の重心 O の右 x cm の位置にあるとすると（1 cm² あたりの質量を m として）

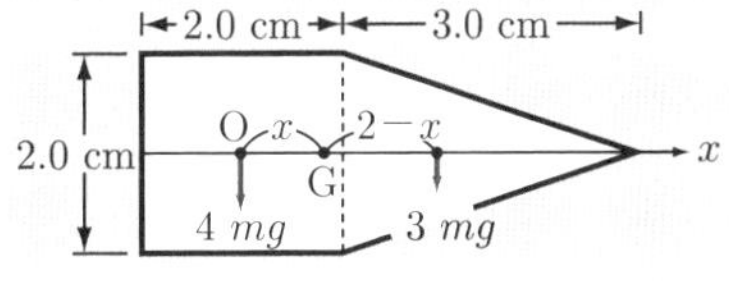

$$4m \times x = 3m \times (2 - x)$$

$$\therefore \quad x = 6/7 = 0.86\,\text{cm}$$

(2) 2 等辺三角形 △BOC を切り取ったものである．重心を求める場合，切り取るということは，その部分に働いている重力をちょうど打ち消すように，それと同じ大きさの力が同時に働いてると考えればよい．すなわち，この図形の重心は，△ABC の重心 O に働く重力と，△BOC の重心に働く重力の大きさに等しい鉛直上方の力との合力の作用点（その点に関する各力のモーメントの和が 0 になる点）である．したがって，求める重心が x 軸上の O 点の左 $x$cm の位置にあるとすると（△ABC の質量を M として）

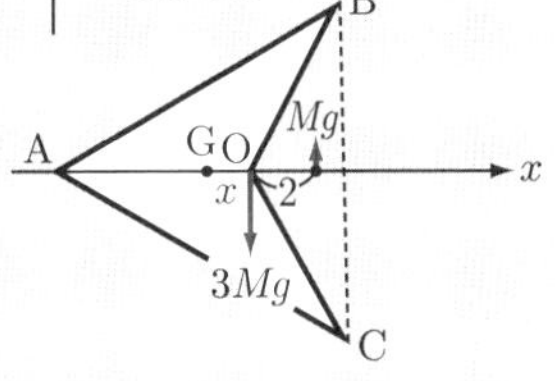

$$(3M \times x) - \{M \times (2 + x)\} = 0$$

$$\therefore \quad x = 1\,\text{cm}$$

[2] 右図のように，底面の中心 O から底面に垂直に x 軸をとると，対称性より重心はこの軸上にある．いま，直円錐を底面から距離 x と $x+dx$ の 2 つの平面で切り取ると，切り取られた円板の体積 dV は

$$dV = \frac{\pi a^2}{h^2}(h-x)^2\,dx$$

となる．したがって，重心の位置（底面からの距離）x_{G} は

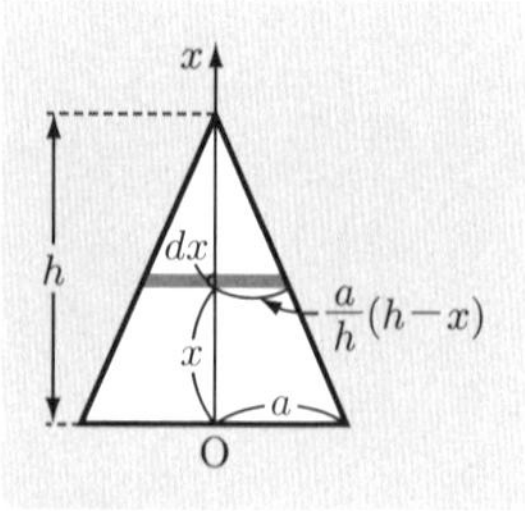

$$x_{\mathrm{G}} = \frac{\displaystyle\int_0^h x \times \frac{\pi a^2}{h^2}(h-x)^2\,dx}{\displaystyle\int_0^h \frac{\pi a^2}{h^2}(h-x)^2\,dx} = \frac{\dfrac{1}{12}\pi a^2 h^2}{\dfrac{1}{3}\pi a^2 h} = \frac{h}{4}$$

と求められる．

[3] 右図のように，扇形の中心角の 2 等分線を x 軸にとり，平面極座標 (r, φ) を用いる．対称性より重心は x 軸上にある．単位面積あたりの質量（面積密度）を σ とすると，微小面積（図の斜線部分，距離 r と $r+dr$，および角 φ と $\varphi + d\varphi$ とに囲まれた微小面積）の部分の質量 dM は $dM = \sigma r\,dr\,d\varphi$ である．したがって，重心の位置 x_{G} は

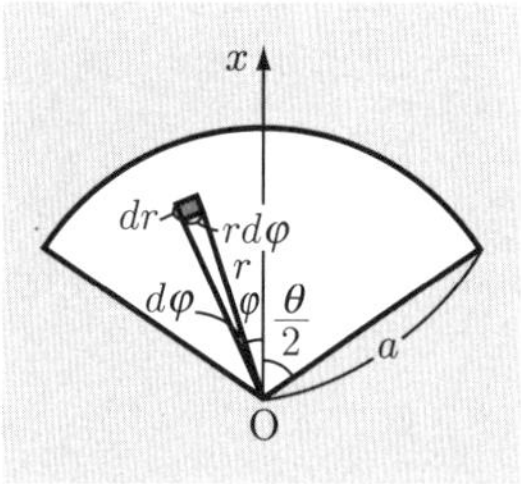

$$x_{\mathrm{G}} = \frac{\displaystyle\int x\,dM}{\displaystyle\int dM} = \frac{\displaystyle\int_0^a \int_{-\theta/2}^{\theta/2} (r\cos\varphi)\cdot \sigma r\,dr\,d\varphi}{\displaystyle\int_0^a \int_{-\theta/2}^{\theta/2} \sigma r\,dr\,d\varphi} = \frac{\dfrac{2}{3}a^3 \sin\dfrac{\theta}{2}}{\dfrac{1}{2}a^2\theta} = \left(\frac{4\sin\dfrac{\theta}{2}}{3\theta}\right)a$$

と求められる．

[4] 氷に対して考える．ボールを投げた向きを正にとると，A, B は，水平速度 $v_{\mathrm{A}} = -\dfrac{m}{M_{\mathrm{A}}}v$, $v_{\mathrm{B}} = \dfrac{m}{m+M_{\mathrm{B}}}v$ で，それぞれ後方に等速運動する．

[5] 板に沿って人が歩き出す方向に x 軸をとり，人が歩きはじめる前の板の重心の位置を x とする．このとき板と人の全体の重心の位置 x_{G} は $x_{\mathrm{G}} = \dfrac{Mx + m\left(x - \dfrac{l}{2}\right)}{M+m}$ と表される．また，人が板の他端に立ったときの板の重心の位置を x' とすると，全体の重心の

位置は変わらないので，$x_G = \dfrac{Mx' + m\left(x' + \dfrac{l}{2}\right)}{M+m}$ である．この 2 つの式から，板の移動した距離 $x' - x$ は $x' - x = -\dfrac{ml}{M+m}$ と求められる．したがって，板は人の進む方向とは逆に $ml/(M+m)$ だけ移動する．

[6] (1) $\boldsymbol{r}_G = -\boldsymbol{i} + \dfrac{8}{3}\boldsymbol{j}\,(\mathrm{m})$　(2) $\boldsymbol{v}_G = -\dfrac{1}{3}\boldsymbol{i} + \dfrac{5}{3}\boldsymbol{j}\,(\mathrm{m/s})$

(3) $\boldsymbol{r}_{1G} = 2\boldsymbol{i} - \dfrac{2}{3}\boldsymbol{j}\,(\mathrm{m})$,　$\boldsymbol{r}_{2G} = -\boldsymbol{i} + \dfrac{1}{3}\boldsymbol{j}\,(\mathrm{m})$

(4) $\boldsymbol{p} = -m\boldsymbol{i} + 5m\boldsymbol{j}\,(\mathrm{kgm/s})$　(5) $K = 7m\,(\mathrm{J})$

(6) $K_G = \dfrac{1}{2}Mv_G^2 = \dfrac{13}{3}m\,(\mathrm{J})$

(7) $K' = \dfrac{1}{2}m_1\left(\dfrac{d\boldsymbol{r}_{1G}}{dt}\right)^2 + \dfrac{1}{2}m_2\left(\dfrac{d\boldsymbol{r}_{2G}}{dt}\right)^2 = \dfrac{8}{3}m\,(\mathrm{J})$

(8) $\boldsymbol{l} = m_1\boldsymbol{r}_{1G} \times \dfrac{d\boldsymbol{r}_{1G}}{dt} + m_2\boldsymbol{r}_{2G} \times \dfrac{d\boldsymbol{r}_{2G}}{dt} = \dfrac{48}{9}m\boldsymbol{k}\,(\mathrm{kgm^2/s})$

[7] 2 つの粒子の衝突の前後の速度を，それぞれ v_1，v_2 および u_1，u_2 とすると，$v_1 = v$，$v_2 = 0$ であるから，ニュートンの衝突の法則 (9.50) と運動量の保存則は $ev = u_2 - u_1$，$m_1 v = m_1 u_1 + m_2 u_2$ となる．この 2 つの式を解くと

$$u_1 = \frac{m_1 - m_2 e}{m_1 + m_2}v, \quad u_2 = \frac{m_1(1+e)}{m_1 + m_2}v$$

となる．

[8] この問題のように瞬間衝突の場合は，ばねの力や重力のような外力による力積は非常に小さいため，衝突の際には外力は無視して運動量の保存式をたててよい．図 9.18 のように，鉛直上方に $+z$ 軸をとれば，衝突の直前の小球および板の速度を v，V とすると

$$v = -\sqrt{2gh}, \quad V = 0$$

また，衝突後の速度を v'，V' とすると，(9.53)，(9.54) を用いて $e = 1$ とおくと

$$v' = \frac{m-M}{m+M}v = -\frac{m-M}{m+M}\sqrt{2gh}, \quad V' = \frac{2m}{m+M}v = -\frac{2m}{m+M}\sqrt{2gh}$$

となる．衝突後の小球はこの初速度 v' で鉛直上方に投げ上げられた物体と同じ運動をするから，最高点の高さ z_m は

$$z_m = \frac{1}{2}\frac{v'^2}{g} = \left(\frac{M-m}{M+m}\right)^2 h$$

[9] 破裂の際に働く力はすべて内力であって，外力は重力だけである．したがって，破片の重心は初速 v_0 で真上に打ち上げられた小球が最高点から落下する場合と同じ運動をする．

[10] A，B に働く水平方向の力は，ばねによる力（内力）だけである．したがって，A と B 重心は動かない．そこで，A，B の運動方向を x 軸にとり，質量中心 O を原点にとる．A と B の座標を x_A，x_B とし A の B に対する相対座標を x（$= x_A - x_B$）とすると

$$x_A = \frac{M}{m+M}x, \quad x_B = -\frac{m}{m+M}x$$

となる．ばねが自然の状態にあるときの A と B 間の距離を x_0 とすると，B が A に及ぼす力 $F=-k(x-x_0)$ であるから，A の B に対する相対運動のを表す方程式は $\dfrac{mM}{m+M}\dfrac{d^2x}{dt^2}=-k(x-x_0)$ である．これは，$y=x-x_0$ とおけば

$$\frac{d^2y}{dt^2}+\omega^2y=0 \qquad \left(\omega=\sqrt{\frac{m+M}{mM}k}\right)$$

となり，単振動の方程式を表す．したがって，A，B はそれぞれ

$$x_{A0}=\frac{M}{m+M}x_0, \quad x_{B0}=-\frac{m}{m+M}x_0$$

を中心に互いに逆位相で，角振動数 ω で単振動する．

[11] 粒子 A および B と，質量中心 G との距離をそれぞれ r_A，r_B とすれば

$$r_A=\frac{m_B}{m_A+m_B}r, \quad r_B=\frac{m_A}{m_A+m_B}r$$

である．したがって，G のまわりの全角運動量 L' は

$$L'=r_A(m_Ar_A\omega)+r_B(m_Br_B\omega)=\frac{m_Am_B}{m_A+m_B}r^2\omega$$

また，A，B の重心の O のまわりの角運動量 L_G は $L_G=(m_A+m_B)R^2\omega_0$．したがって，O のまわりの全角運動量 L は

$$L=L'+L_G=\frac{m_Am_B}{m_A+m_B}r^2\omega+(m_A+m_B)R^2\omega_0$$

と求められる．

第10章

[1] i 番目のグループ内の粒子についての和を $\sum\limits_{(i)}$ で表すと，定義により

$$\boldsymbol{R}_i=\frac{\sum\limits_{(i)}m_i\boldsymbol{r}_i}{\sum\limits_{(i)}m_i}, \quad M_i=\sum_{(i)}m_i$$

一方，全体の質量中心は

$$\boldsymbol{r}_G=\frac{\sum\limits_{(1)}m_i\boldsymbol{r}_i+\sum\limits_{(2)}m_i\boldsymbol{r}_i+\cdots}{\sum\limits_{(1)}m_i+\sum\limits_{(2)}m_i+\cdots}=\frac{M_1\boldsymbol{R}_1+M_2\boldsymbol{R}_2\cdots}{M_1+M_2\cdots}$$

となる．これは，$\boldsymbol{R}_i$ にある質量 M_i の粒子系の質量中心の定義である．

[2] 下図は円板の AB に沿った断面である．円板はこの面に対して対称であるから，円板の中心 O，重心 G，孔の中心 P はいずれも直線 AB 上にある．いま，孔開き円板の質量を M，孔がないとしたもとの円板の質量を M'，孔に相当する円板の質量を m とする．孔

開き円板の重心 G に働く重力 Mg は，孔のないもとの円板の中心 O に働く重力 $M'g$ と，孔に相当する円板の重力を打ち消すための，点 P に働く上向きの力 mg との合力である．したがって，まず

$$Mg = M'g - mg \tag{1}$$

となる．次に重心 G に関する力のモーメントのつり合いから

$$mg(x+d) - M'gx = 0 \tag{2}$$

が成り立つ．ただし，x は GO 間の距離である．(1) と (2) から

$$x = \frac{m}{M'-m}d = \frac{m}{M}d \tag{3}$$

が導かれる．ここで，円板の面積密度を ρ とすると

$$M' = M + m = \rho\pi a^2, \quad m = \rho\pi b^2$$

であり，(3) の右辺の m/M は

$$\frac{m}{M} = \frac{b^2}{a^2-b^2}$$

と書ける．したがって，重心の位置は

$$x = \frac{b^2}{a^2-b^2}d$$

で与えられる．

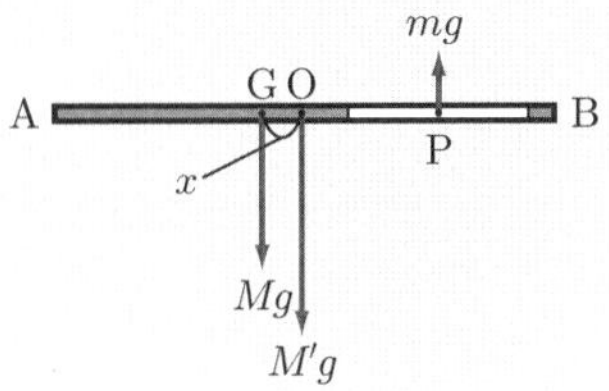

[3] 図 10.23 のように，棒に働く壁と床からの垂直抗力の大きさを R_1，R_2 とすると，これらは，それぞれ棒の下端に働く床との摩擦力 F および重力 Mg とつり合っている．したがって

$$F - R_1 = 0, \quad R_2 - Mg = 0$$

が成り立つ．一方，これらの力のモーメントのつり合い条件を棒の下端に適用すると

$$\frac{Mgl}{2}\cos\theta - R_1 l \sin\theta = 0$$

となる．したがって，$F = R_1 = \dfrac{1}{2}Mg\cot\theta$.

[4] つり合いの条件は

鉛直方向の力については

$$T\cos\theta_1 + T\cos\theta_2 = m_1 g + m_2 g \tag{1}$$

水平方向の力については

$$T\sin\theta_1 = T\sin\theta_2 \tag{2}$$

くぎのまわりの力のモーメントのつり合いについては

$$m_1 g l_1 \sin\theta_1 = m_2 g l_2 \sin\theta_2 \tag{3}$$

となる．また，l_2，l_2 と l および r_1，r_2 との間には，その定義から

$$l_1 - r_1 + l_2 - r_2 = l \tag{4}$$

の関係が成り立つ．これらの 4 式から

$$\theta_1 = \theta_2 \equiv \theta, \quad T = \frac{(m_1 + m_2)g}{2\cos\theta}$$
$$l_1 = \frac{m_2(l + r_1 + r_2)}{m_1 + m_2}, \quad l_2 = \frac{m_1(l + r_1 + r_2)}{m_1 + m_2}$$

が得られる．ここで，θ は三角形 $\mathrm{OP_1P_2}$ について，余弦定理を適用し

$$\cos 2\theta = \frac{l_1^2 + l_2^2 - (r_1 + r_2)^2}{2l_1 l_2}$$

これに上の l_1，l_2 を代入して整理すると

$$\cos 2\theta = \frac{(m_1 + m_2)^2 l(l + 2r_1 + 2r_2)}{2m_1 m_2(l + r_1 + r_2)^2} - 1$$

と求められる．

[5] 時刻 $t = 0$ で円柱は静止しているとすると，時刻 t における円柱の並進運動速度を $v(t)$，および回転角速度を $\omega(t)$ とすると，(10.61)，(10.60) から

$$v(t) = \left(\frac{2}{3}g\sin\theta\right)t, \quad \omega(t) = \frac{v}{a} = \left(\frac{2g}{3a}\sin\theta\right)t$$

となる．したがって，円柱の並進運動エネルギー K および回転運動エネルギー K_R はそれぞれ

$$K = \frac{1}{2}Mv^2 = \frac{2}{9}M(gt\sin\theta)^2, \quad K_R = \frac{1}{2}I\omega^2 = \frac{a^2}{4}M\omega^2 = \frac{1}{9}M(gt\sin\theta)^2$$

となる．よって，求める比は

$$\frac{K_R}{K} = \frac{1}{2}$$

となる．

[6] くり抜く前の円板の質量を m とすると，くり抜かれた直径 a の円板の質量は $m/4$，孔の開いた半径 a の円板の質量は $M = 3m/4$ である．いま，くり抜かれる前の円板の，O のまわりの慣性モーメントを I_0 は $I_0 = \dfrac{1}{2}ma^2$ である．また，くり抜かれた孔の部分に相当する円板の O のまわりの慣性モーメント I_1 は平行軸の定理から

$$I_1 = \frac{1}{2}\left(\frac{m}{4}\right)\left(\frac{a}{2}\right)^2 + \frac{m}{4}\left(\frac{a}{2}\right)^2 = \frac{3}{32}ma^2$$

である．よって，求める慣性モーメント I は

$$I = I_0 - I_1 = \frac{13}{32}ma^2 = \frac{13}{24}Ma^2$$

となる．

[7] 時刻 t における球の進行方向の並進速度を $v(t)$，回転角速度を $\omega(t)$ とすると，球の並進

運動および回転運動の運動方程式は

$$M\frac{dv}{dt} = -\mu' Mg, \quad I\frac{d\omega}{dt} = a\mu' Mg \qquad (I = \frac{2}{5}Ma^2)$$

である．この両式を，$t=0$ で，$v(0)=V_0$，$\omega(0)=0$ という初期条件で解くと

$$v(t) = V_0 - \mu' gt, \quad \omega(t) = \frac{a\mu' Mg}{I}t \tag{1}$$

となる．滑らなくなる条件は $v(t) = a\omega(t)$ であるから，この両辺に (1) の 2 式を代入して，t について解くと，転がりだすまでの時間 t は

$$t = \frac{V_0}{\left\{1 + \left(\dfrac{Ma^2}{I}\right)\right\}\mu' g} = \frac{2}{7}\frac{V_0}{\mu' g}$$

と得られる．

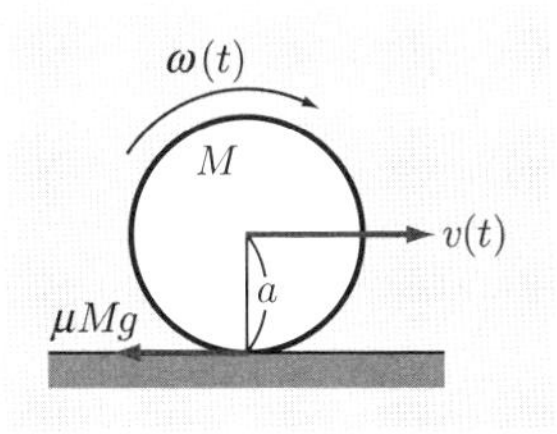

[8] 時刻 t における，ひもの運動方向に沿って基準点から測った位置を $x(t)$，速さを $v(t)$ とすると，例題 10.2 より $\dfrac{dv(t)}{dt} = \dfrac{(m_1-m_2)a^2 g}{(m_1+m_2)a^2+I}$．この両辺に $v(t) = dx(t)/dt$ を掛けて，t について t_1 から t_2 まで積分すると

$$\int_{t_1}^{t_2} v(t)\frac{dv(t)}{dt}dt = \int_{t_1}^{t_2} \frac{(m_1-m_2)a^2 g}{(m_1+m_2)a^2+I}\frac{dx(t)}{dt}dt$$

$$\therefore \quad \frac{1}{2}(v_2^2 - v_1^2) = \frac{(m_1-m_2)a^2 g}{(m_1+m_2)a^2+I}(x_2 - x_1)$$

これは，変形すると

$$\frac{1}{2}m_1 v(t_1)^2 + \frac{1}{2}m_2 v(t_1)^2 + \frac{1}{2}I\left\{\frac{v(t_1)}{a}\right\}^2 - (m_1-m_2)gx_1$$
$$= \frac{1}{2}m_1 v(t_2)^2 + \frac{1}{2}m_2 v(t_2)^2 + \frac{1}{2}I\left\{\frac{v(t_2)}{a}\right\}^2 - (m_1-m_2)gx_2$$

となり，2 つのおもりと滑車の運動エネルギーと 2 つのおもりの位置エネルギーの和は一定になる．

[9] ボールがバットに当たった瞬間，手は衝撃を受けなかったということは，作用と反作用の関係から，このとき手によってバットに加えられた力積は 0 であったことになる．したがって，ボールがバットに当たった瞬間にバットがボールから受ける力積を $F\Delta t$ とし，この力積によって，短い時間 Δt に，バットの重心 G の x 方向の速度は 0 から Δv となり，点 O のまわりの（時計回り）回転角速度は 0 から $\Delta\omega$ になったとすると $M\Delta v = F\Delta t$，$I\Delta\omega = l_1 F\Delta t$ となる．いま，点 O は動かないので，重心の速度 Δv については $\Delta v = l_2\Delta\omega$ が成り立つ．これらの 3 つの式から Δv と $\Delta\omega$ を消去すると

$$l_1 l_2 = \frac{I}{M}$$

が得られる．このときの点 O を点 P に対する打撃の中心という．

索　　引

た　行

な　行

は　行

ま　行

や　行

ら　行

欧　字

著 者 略 歴

永田一清（ながた かずきよ）

1962年　大阪大学大学院理学研究科修士課程修了
1972年　理学博士（大阪大学）
2012年　逝去
　　　　東京工業大学名誉教授，神奈川大学名誉教授

主 要 著 書

電磁気学（朝倉書店，1981）
静電気（培風館，1987）
基礎物理学 上，下（学術図書，1987，共著）
基礎物理学演習 I，II（サイエンス社，1991，編）
サイエンス物理学辞典（サイエンス社，1994，監訳）
物性物理学（裳華房，2009）
新・基礎物理学（サイエンス社，2010）

ライブラリ新・基礎物理学＝1

新・基礎 力学

2005年7月25日 ©　　初版発行
2024年2月10日　　初版第22刷発行

著 者　永田一清　　発行者　森平敏孝
　　　　　　　　　印刷者　小宮山恒敏

発行所　株式会社　サイエンス社
〒151–0051　東京都渋谷区千駄ヶ谷1丁目3番25号
営 業　☎(03)5474–8500(代)　振替 00170–7–2387
編 集　☎(03)5474–8600(代)
FAX　☎(03)5474–8900

印刷・製本　小宮山印刷工業（株）
≪検印省略≫

ISBN 4–7819–1097–1

PRINTED IN JAPAN

サイエンス社のホームページのご案内
https://www.saiensu.co.jp
ご意見・ご要望は
rikei@saiensu.co.jp　まで．